高等学校力学核心课程系列教材

振动力学与控制基础

杨 恺 主编

机械工业出版社

本书的主要特色在于其创新的统一方法，即针对单自由度、多自由度、连续体等振动系统分别给出统一的建模、求解与分析方法。这种统一方法不仅有助于学生深入地理解振动学的基本原理，还能显著提高学生解决实际振动问题的能力。书中通过大量的实例和练习，并配套经典例习题讲解视频（扫描随书二维码获取），展示了如何将统一方法应用于实际问题，使得学习更加直观和实用。

本书首先从振动问题的起源出发，阐述了为什么要研究振动问题，介绍了研究振动问题所需要的数学工具。然后，分别给出单自由度振动系统、离散多体动力学、连续体振动的动力学建模、求解与振动特性分析的统一方法。最后，介绍了典型的振动控制方法，包括被动隔振、被动吸振、反馈主动振动控制与自适应前馈主动振动控制。

本书主要面向力学、机械工程、航空航天、土木工程等专业的本科生与教师，也可供相关专业技术人员参考。

图书在版编目（CIP）数据

振动力学与控制基础 / 杨恺主编. -- 北京 : 机械工业出版社，2024. 9. --（高等学校力学核心课程系列教材）. -- ISBN 978-7-111-76931-6

Ⅰ. TB123

中国国家版本馆 CIP 数据核字第 20244TV648 号

机械工业出版社（北京市百万庄大街22号　邮政编码100037）

策划编辑：李　彤　　责任编辑：李　彤

责任校对：张爱妮　李小宝　　封面设计：王　旭

责任印制：常天培

固安县铭成印刷有限公司印刷

2025年1月第1版第1次印刷

184mm×260mm・11印张・268千字

标准书号：ISBN 978-7-111-76931-6

定价：42.00 元

电话服务　　网络服务

客服电话：010-88361066　　机　工　官　网：www.cmpbook.com

010-88379833　　机　工　官　博：weibo.com/cmp1952

010-68326294　　金　书　网：www.golden-book.com

封底无防伪标均为盗版　　机工教育服务网：www.cmpedu.com

前 言

从古老的建筑到现代的高速列车，从精密的机械臂到宏大的桥梁结构，振动现象无处不在，对人类的生活和工作产生着深远的影响。正确理解和控制振动，不仅可以防止产生潜在的灾难性后果，还能够提升机械系统的性能和寿命，从而在各个领域实现技术突破。

本书主要内容可从如下导图预览，读者可以通过导图浏览本书结构框架，也可快速定位到相关内容点：

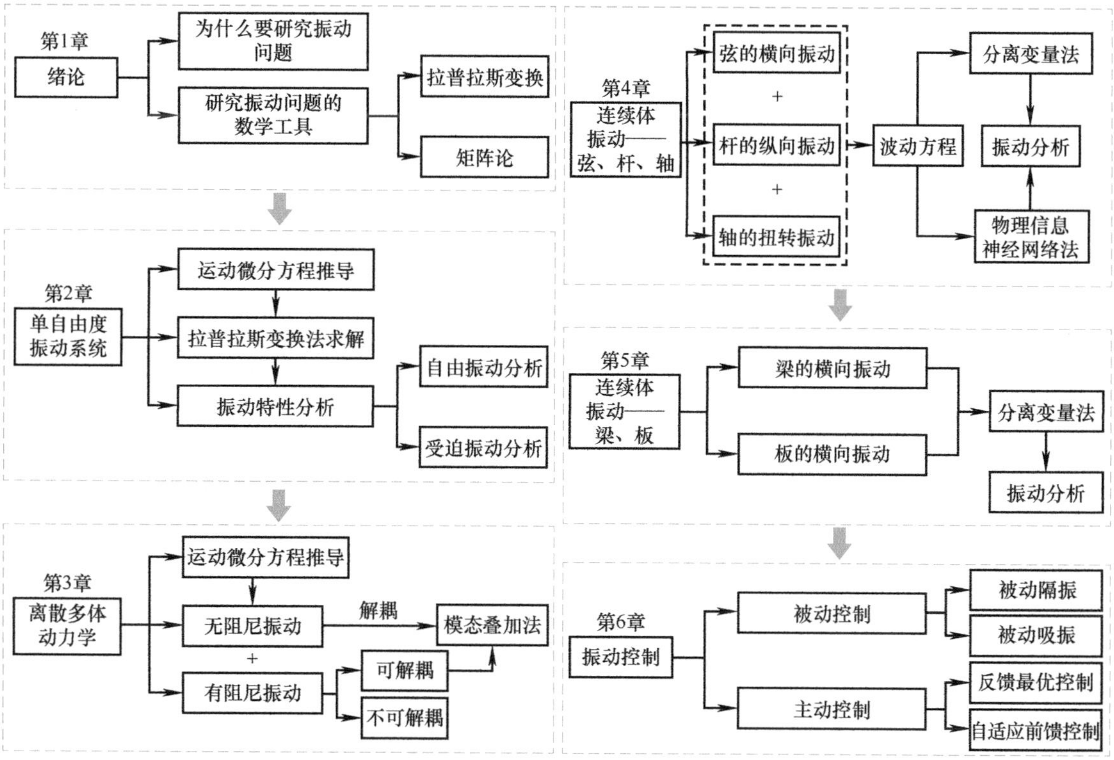

振动问题是极其复杂的，主要体现于其研究对象的多变性、控制方程的复杂性以及求解方法的多样性。在传统的振动力学教材中，不同类型的振动问题常常被独立对待，每一类问题都采用特定的解析方法。这种方法虽然详尽，学生却难以把握各类问题之间的内在联系，影响理论到实际应用的转化效率。与现有教材相比，本书以线性振动系统为研究对象，基于拉普拉斯变换基本方法，从控制的角度将同一类型的振动问题统一化，分别给出针对单自由度、多自由度以及连续体等不同类型振动问题的建模、求解与

振动特性分析的方法。此外，本书结合常见的振动控制技术，阐述了如何利用控制方法消除、减弱与抑制振动。编者希望本书能够帮助读者在短期内掌握振动分析与控制的基本方法，在本书中能够找到关于基本振动问题的解答。

本书是根据编者授课讲义与国内外优秀教材等资料编写而成的，其主要特点是针对单自由度、多自由度、连续体等振动系统分别提出统一的求解分析方法，内容简明精炼、逻辑鲜明、实用性强。

本书还对一些经典例习题等配套了视频讲解资源。读者可以扫描随书二维码，免费获得例题视频；教师可登录机械工业出版社教育服务网（www. cmpedu. com），注册后免费下载教学课件。

杨恺任主编，负责本书总体规划和审校。本书编写分工如下：童伟豪、任梦媛编写第 1 章，杨恺、童伟豪、贾宇航编写第 2 章，魏博远、潘雨豪编写第 3 章，张宇航编写第 4、5 章，杨恺、童伟豪编写第 6 章。由于编者水平所限，书中难免存在一些缺点和错误，衷心希望广大读者批评指正，使本书不断完善。

编　者

目录

第1章 绪论

1.1 为什么要研究振动问题

1.1.1 振动问题的起源

振动是指一个物体或系统在平衡位置周围沿着某一路径的往复运动。振动问题的应用可以追溯到古代。早在公元前1500年，人类便开始研究利用振动发声的乐器——竖琴，竖琴的声音源自弦振动。公元前600年，古希腊学者通过实验发现了弦振动发出的声音与弦长、张力之间的关系。虽然古人早就开始探索乐器发声以及变声的机理，但直到17世纪频率和音调的关系才被伽利略等科学家认识到。伽利略发现了单摆小幅度运动的等时性，并通过自由落体公式计算出了摆动周期。随着17世纪末期牛顿三大定律的提出以及微积分理论的成熟，探索振动问题的工具也日趋成熟。牛顿第二定律在现在的振动问题研究中依然是推导运动微分方程的常规方法。另一位科学家泰勒在提出泰勒级数定理后，推导了弦的运动微分方程，并得到了弦的固有频率，这与早期伽利略得到的实验结果是一致的。随后，拉格朗日推导了弦振动的解析解。在他的研究中，弦被假设由有限多个等长微段对应的相同质点组成，并得到了与质点个数相同的多个相互无关的频率，这也成了振动问题研究的基础。

欧拉和伯努利进一步研究了梁的振动，并提出了著名的欧拉-伯努利梁理论。到了20世纪早期，铁摩辛柯考虑转动惯量和剪切变形的影响，提出了关于梁振动的改进理论，后续被称为铁摩辛柯梁理论。明德林考虑转动惯量和剪切变形的影响，提出了适用于厚板振动分析的理论，称为明德林厚板理论。即使相关振动研究理论不断完善和改进，但在之前的振动分析过程中，振动问题仍然通过仅具有有限个自由度的模型来分析。直到20世纪50年代，随着计算机的诞生，复杂系统的振动问题才逐步得到较为精确的解。

如今，针对不同振动系统已发展出成熟的单自由度、多自由度以及连续体等振动理论，随着数学工具的运用日趋深入和处理问题的日趋复杂，振动问题的研究从物理学中独立出来，形成了振动力学这门学科。

1.1.2 振动的危害性

随着科学技术不断更新迭代，所建造的工程结构越来越复杂，所研制的产品越来越精密。如果不做振动分析，轻则将造成产品的使用者不适，重则将造成严重的工程事故。例如，汽车在不平路面上行驶时所产生的剧烈颠簸，会给使用者带来严重的不适，长此以往，汽车零件之间的配合可能失效，产生极大的安全隐患。在内燃机和汽轮机等往复运动的机械中，如蒸汽发动机和活塞泵中，承受振动的结构或机械零件会由于振动引起交变应力而疲劳失效。在切削金属时，由于机床的切削颤振，会导致表面加工质量变差，影响工件的使用。在航空航天领域中，飞行器在飞行时机翼的颤振，会导致结构产生剧烈振幅，危及结构的安全。更为典型的是，一旦结构的固有频率与外部环境的激励频率相近时，结构会产生共振现象，从而引起结构剧烈的变形。图 1-1 是塔科马海峡大桥由于卡门涡街效应而坍塌，其本质是风吹过桥面时，形成了卡门涡街，结构产生了涡振现象，使得结构在短时间被破坏。

图 1-1　塔科马海峡大桥风致振动坍塌

1.1.3　振动的有利性

任何事情都具有两面性，合理地利用振动，也能带来诸多益处。例如，振动传感器是一种常用的工业检测设备，可以用于监测机械设备的运行状态。在发动机中安装振动传感器，可以实时监测发动机的振动情况，及时发现故障并采取措施修复。振动筛分是一种常用的固体物料分选技术，可以将粒状物料按照大小进行筛分。振动筛分机可以将石子、沙子等物料进行分级，提高施工效率。振动清洗是一种常用的清洗方法，通过振动将污垢从物体表面去除。超声波清洗机利用振动产生的微小气泡爆破，可以高效清洗各种物体，并利用压电等智能材料，将某些振动环境中产生的能量回收并转换为电能，用于供电。

在本书的学习中，我们不仅要掌握理论知识和技术方法，更要深刻认识到这门学科在航空、航天、航海等领域中的重要意义。振动问题直接关系到飞行器、航天器和舰船的稳定性、安全性及性能优化。在航空航天领域，精确的振动控制可以确保飞行器、航天器在复杂环境下稳定飞行，延长设备使用寿命，提升任务成功率。在航海领域，有效的振动管理能够提高船舶的抗风浪能力、潜艇的隐身能力，保障航行安全。

作为新时代的青年，我们肩负着推动科技进步和国家发展的重任。通过深入研究振动力学与控制技术，我们不仅为实现“航空强国、航天强国、海洋强国”的战略目标贡献力量，还将振奋民族精神，激发创新热情。我们要树立家国情怀，勇于攻坚克难，以振动控制技术的突破，助力我国在航空航天、航海领域的腾飞，为实现中华民族伟大复兴的中国梦不懈奋斗。

1.2 数学工具——拉普拉斯变换

振动问题在数学上往往以微分方程的形式呈现，本书主要研究线性系统的振动问题，拉普拉斯变换是线性微分方程求解最简易的方法。

1.2.1 复数和复变函数

1. 复数的概念

复数是指形如 $s=\sigma+j\omega$ 的数，其有一个实部 σ 和一个虚部 ω，σ 和 ω 均为实数，$j=\sqrt{-1}$ 称为虚数单位。若两个复数 $s_1=\sigma_1+j\omega_1$ 与 $s_2=\sigma_2+j\omega_2$ 相等，则当且仅当 $\sigma_1=\sigma_2$，$\omega_1=\omega_2$。若一个复数等于零，则当且仅当它的实部与虚部同时为零。

以 σ 为横坐标(实轴)、ω 为纵坐标(虚轴)所构成的平面称为复平面，用平面[s]表示。复数 $s=\sigma+j\omega$ 可在复平面[s]中用点(σ,ω)表示，一个复数对应于复平面上的一个点，如图 1-2所示。

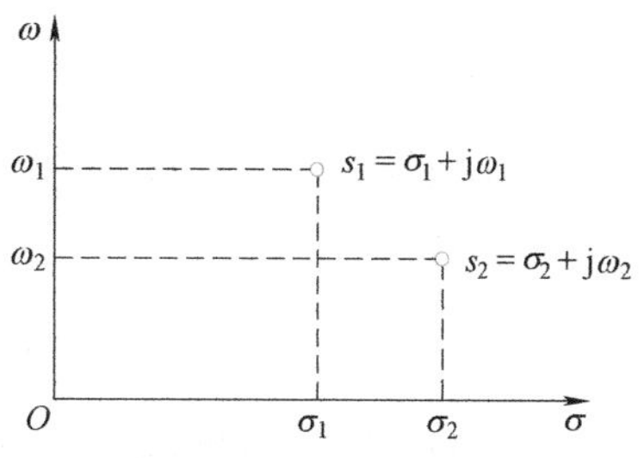

图 1-2 复数在复平面[s]上的表示

2. 复数的表示法

复数有三种常用的表示法，分别为向量表示法、三角函数表示法与指数表示法。

1）向量表示法是指复数 $s=\sigma+j\omega$ 可以用从原点指向点(σ,ω)的向量表示，如图 1-3 所示。向量的长度称为复数的模，记作

$$|s|=r=\sqrt{\sigma^2+\omega^2} \tag{1-1}$$

向量与 σ 轴的夹角 θ 称为复数 s 的复角，即

$$\theta=\arctan\left(\frac{\omega}{\sigma}\right) \tag{1-2}$$

2）复数的三角函数表示法为

$$s=r(\cos\theta+j\sin\theta) \tag{1-3}$$

3）根据欧拉公式 $e^{j\theta}=\cos\theta+j\sin\theta$，可以得到复数的指数表达式

$$s=re^{j\theta} \tag{1-4}$$

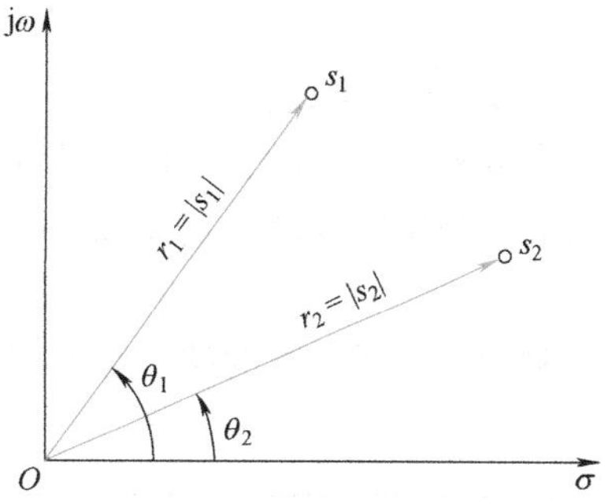

图 1-3 复数的向量表示法

3. 复变函数、极点与零点

以复数 $s=\sigma+j\omega$ 为自变量构成的函数 $G(s)$ 称为复变函数，表达式如下：

$$G(s)=u+jv \tag{1-5}$$

式中，u、v 分别为复变函数的实部和虚部。

在线性系统中，复变函数 $G(s)$ 是复数 s 的单值函数，即对应于 s 的一个给定值，$G(s)$ 就有一个唯一确定的值与之相对应。

将复变函数表示成

$$G(s)=\frac{k\prod(s+z_i)}{\prod(s+p_j)} \tag{1-6}$$

当 $s=-z_i$ 时，$G(s)=0$，则 $s=-z_i$ 称为 $G(s)$ 的零点；当 $s=-p_j$ 时，$G(s)$ 趋于∞，则 $s=-p_j$ 称为 $G(s)$ 的极点。

例 1.1　当 $s=\sigma+\mathrm{j}\omega$ 时，求复变函数 $G(s)=s^2+1$ 的实部 u 和虚部 v。

解：
$$G(s)=s^2+1=(\sigma+\mathrm{j}\omega)^2+1$$
$$=\sigma^2+\mathrm{j}(2\sigma\omega)-\omega^2+1=(\sigma^2-\omega^2+1)+\mathrm{j}(2\sigma\omega)$$

解得复变函数的实部为 $u=\sigma^2-\omega^2+1$，虚部为 $v=2\sigma\omega$。

1.2.2　拉普拉斯变换及其性质

1. 拉普拉斯变换(拉氏变换)

设时间函数 $f(t)$，当 $t<0$ 时，$f(t)=0$；在 $t\geqslant0$ 时，定义函数 $f(t)$ 的拉普拉斯变换(简称拉氏变换)为

$$F(s)=L[f(t)]=\int_0^{\infty}f(t)\mathrm{e}^{-st}\mathrm{d}t \tag{1-7}$$

式中，$F(s)$ 称为 $f(t)$ 的象函数，它是复变量 s 的函数；$f(t)$ 称为 $F(s)$ 的原函数，它是变量 t 的函数；L 为拉普拉斯变换符号。

拉氏变换是否存在，取决于定义的积分是否收敛。拉氏变换存在的条件如下：

1）当 $t\geqslant0$ 时，$f(t)$ 分段连续，只存在有限个间断点；

2）当 $t\to\infty$ 时，$f(t)$ 的增长速度不超过某一指数函数，即

$$|f(t)|\leqslant M\mathrm{e}^{at} \tag{1-8}$$

式中，M、a 为实数。

在复平面上，对于 s 的实部 $\mathrm{Re}(s)>a$ 的所有复数 s 都使拉氏变换积分式绝对收敛，故 $\mathrm{Re}(s)>a$ 是拉氏变换的定义域，即收敛域。

2. 典型时间函数的拉普拉斯变换

常用的时间函数的拉氏变换列于表 1-1 中。

表 1-1　拉普拉斯变换简表

序号	原函数 $f(t)\,(t>0)$	象函数 $F(s)=L[f(t)]$
1	1(单位阶跃函数)	$\frac{1}{s}$
2	$\delta(t)$(单位脉冲函数)	1
3	K(常数)	$\frac{K}{s}$
4	t(单位斜坡函数)	$\frac{1}{s^2}$
5	$t^n(n=1,2,\cdots)$	$\frac{n!}{s^{n+1}}$
6	e^{-at}	$\frac{1}{s+a}$

（续）

序号	原函数$f(t)$（$t>0$）	象函数$F(s)=L[f(t)]$
7	$t^n e^{-at}(n=1,2,\cdots)$	$\frac{n!}{(s+a)^{n+1}}$
8	$\frac{1}{T}e^{-\frac{t}{T}}$	$\frac{1}{Ts+1}$
9	$\sin(\omega t)$	$\frac{\omega}{s^2+\omega^2}$
10	$\cos(\omega t)$	$\frac{s}{s^2+\omega^2}$
11	$e^{-at}\sin(\omega t)$	$\frac{\omega}{(s+a)^2+\omega^2}$
12	$e^{-at}\cos(\omega t)$	$\frac{s+a}{(s+a)^2+\omega^2}$
13	$\frac{1}{a}(1-e^{-at})$	$\frac{1}{s(s+a)}$
14	$\frac{1}{b-a}(e^{-at}-e^{-bt})$	$\frac{1}{(s+a)(s+b)}$
15	$\frac{1}{b-a}(be^{-bt}-ae^{-at})$	$\frac{s}{(s+a)(s+b)}$
16	$\sin(\omega t+\varphi)$	$\frac{\omega\cos\varphi+s\sin\varphi}{s^2+\omega^2}$
17	$\frac{\omega_n}{\sqrt{1-\zeta^2}}e^{-\zeta\omega_n t}\sin(\omega_n t\sqrt{1-\zeta^2})$	$\frac{\omega_n^2}{s^2+2\zeta\omega_n s+\omega_n^2}$
18	$\frac{1}{\omega_n\sqrt{1-\zeta^2}}e^{-\zeta\omega_n t}\sin(\omega_n t\sqrt{1-\zeta^2})$	$\frac{1}{s^2+2\zeta\omega_n s+\omega_n^2}$
19	$-\frac{1}{\sqrt{1-\zeta^2}}e^{-\zeta\omega_n t}\sin(\omega_n t\sqrt{1-\zeta^2}-\varphi)$ $\varphi=\arctan\left(\frac{\sqrt{1-\zeta^2}}{\zeta}\right)$	$\frac{s}{s^2+2\zeta\omega_n s+\omega_n^2}$
20	$1-\frac{1}{\sqrt{1-\zeta^2}}e^{-\zeta\omega_n t}\sin(\omega_n t\sqrt{1-\zeta^2}+\varphi)$ $\varphi=\arctan\left(\frac{\sqrt{1-\zeta^2}}{\zeta}\right)$	$\frac{\omega_n^2}{s(s^2+2\zeta\omega_n s+\omega_n^2)}$
21	$1-\cos(\omega t)$	$\frac{\omega^2}{s(s^2+\omega^2)}$
22	$\omega t-\sin(\omega t)$	$\frac{\omega^2}{s(s^2+\omega^2)}$
23	$t\sin(\omega t)$	$\frac{2\omega s}{(s^2+\omega^2)^2}$

注：t 表示时间变量，单位为 s；e 表示自然指数；a，b 表示任意常数；T 表示系统的响应速度；ω 表示角频率，单位为 rad/s；φ 表示相位角，单位为 rad；ω_n 表示系统固有频率，单位为 rad/s；ζ 表示阻尼比，是一个无量纲的参数，用来描述系统的阻尼特性。

3. 拉普拉斯变换的基本性质

(1) 线性定理

若 α、β 是任意两个复常数，且

$$L[f_1(t)]=F_1(s),\ L[f_2(t)]=F_2(s) \tag{1-9}$$

则

$$L[\alpha f_1(t)+\beta f_2(t)]=\alpha F_1(s)+\beta F_2(s) \tag{1-10}$$

证明：

$$\begin{aligned} L[\alpha f_1(t)+\beta f_2(t)] &= \int_0^{\infty}[\alpha f_1(t)+\beta f_2(t)]\cdot \mathrm{e}^{-st}\mathrm{d}t \\ &= \int_0^{\infty}\alpha f_1(t)\mathrm{e}^{-st}\mathrm{d}t+\int_0^{\infty}\beta f_2(t)\mathrm{e}^{-st}\mathrm{d}t=\alpha F_1(s)+\beta F_2(s) \end{aligned} \tag{1-11}$$

(2) 平移定理

若

$$L[f(t)]=F(s) \tag{1-12}$$

则

$$L[\mathrm{e}^{-at}f(t)]=F(s+a) \tag{1-13}$$

证明：

$$L[\mathrm{e}^{-at}f(t)]=\int_0^{\infty}f(t)\mathrm{e}^{-at}\mathrm{e}^{-st}\mathrm{d}t=\int_0^{\infty}f(t)\mathrm{e}^{-(s+a)t}\mathrm{d}t=F(s+a) \tag{1-14}$$

(3) 微分定理

若

$$L[f(t)]=F(s) \tag{1-15}$$

则

$$L\left[\frac{\mathrm{d}f(t)}{\mathrm{d}t}\right]=sF(s)-f(0) \tag{1-16}$$

证明：

$$\begin{aligned} L\left[\frac{\mathrm{d}f(t)}{\mathrm{d}t}\right] &= \int_0^{\infty}\frac{\mathrm{d}f(t)}{\mathrm{d}t}\mathrm{e}^{-st}\mathrm{d}t=\int_0^{\infty}\mathrm{e}^{-st}\mathrm{d}f(t)=\mathrm{e}^{-st}f(t)\Big|_0^{\infty}+s\int_0^{\infty}f(t)\mathrm{e}^{-st}\mathrm{d}t \\ &= sF(s)-f(0) \end{aligned} \tag{1-17}$$

同理，对于二阶导数的拉普拉斯变换

$$L\left[\frac{\mathrm{d}^2f(t)}{\mathrm{d}t^2}\right]=s^2F(s)-sf(0)-\frac{\mathrm{d}f(0)}{\mathrm{d}t} \tag{1-18}$$

推广到 n 阶导数的拉普拉斯变换

$$L\left[\frac{\mathrm{d}^nf(t)}{\mathrm{d}t^n}\right]=s^nF(s)-s^{n-1}f(0)-s^{n-2}f'(0)-\cdots-sf^{(n-2)}(0)-f^{(n-1)}(0) \tag{1-19}$$

如果函数 $f(t)$ 及其各阶导数的初始值均为零，即

$$f(0)=f'(0)=f''(0)=\cdots=f^{(n-2)}(0)=f^{(n-1)}(0)=0 \tag{1-20}$$

则

$$L\left[\frac{\mathrm{d}^n f(t)}{\mathrm{d}t^n}\right]=s^n F(s) \tag{1-21}$$

(4) 积分定理

若

$$L[f(t)]=F(s) \tag{1-22}$$

则

$$L\left[\int f(t)\,\mathrm{d}t\right]=\frac{1}{s}F(s)+\frac{1}{s}\int f(0)\,\mathrm{d}t \tag{1-23}$$

证明：

$$\begin{aligned}L\left[\int f(t)\,\mathrm{d}t\right]&=\int_0^\infty\left[\int f(t)\,\mathrm{d}t\right]\cdot \mathrm{e}^{-st}\mathrm{d}t=\int_0^\infty\left[\int f(t)\,\mathrm{d}t\right]\frac{1}{-s}\mathrm{d}\mathrm{e}^{-st}\\&=\left[\int f(t)\,\mathrm{d}t\right]\frac{\mathrm{e}^{-st}}{-s}\Bigg|_0^\infty-\int_0^\infty\frac{\mathrm{e}^{-st}}{-s}f(t)\,\mathrm{d}t=\frac{1}{s}\int f(0)\,\mathrm{d}t+\frac{1}{s}F(s)\end{aligned} \tag{1-24}$$

同理，对于 n 重积分的拉普拉斯变换有

$$L\left[\int^{(n)} f(t)\,\mathrm{d}t\right]=\frac{1}{s^n}F(s)+\frac{1}{s^n}\int f(0)\,\mathrm{d}t+\frac{1}{s^{n-1}}\int^{(2)} f(0)\,\mathrm{d}t+\cdots+\frac{1}{s}\int^{(n)} f(0)\,\mathrm{d}t \tag{1-25}$$

若函数 $f(t)$ 各重积分的初始值均为零，则有

$$L\left[\int^{(n)} f(t)\,\mathrm{d}t\right]=\frac{1}{s^n}F(s) \tag{1-26}$$

利用积分定理，可以求时间函数的拉普拉斯变换。利用微分定理和积分定理，可将微分-积分方程变为代数方程。

(5) 卷积定理

两个时间函数 $f_1(t)$、$f_2(t)$ 卷积的拉普拉斯变换等于这两个时间函数的拉普拉斯变换，即

$$L\left[\int_0^t f_1(t-\tau)f_2(\tau)\,\mathrm{d}\tau\right]=F_1(s)F_2(s) \tag{1-27}$$

式中，

$$\begin{cases}L[f_1(t)]=F_1(s)\\L[f_2(t)]=F_2(s)\end{cases} \tag{1-28}$$

而

$$\int_0^t f_1(t-\tau)f_2(\tau)\,\mathrm{d}\tau=f_1(t)*f_2(t) \tag{1-29}$$

称为函数 $f_1(t)$ 与 $f_2(t)$ 的卷积，“ * ”为卷积计算符号。

4. 拉普拉斯反变换

将象函数 $F(s)$ 变换成与之相对应的原函数 $f(t)$ 的过程，称之为拉普拉斯反变换，简称拉氏反变换。其公式为

$$f(t)=\frac{1}{2\pi \mathrm{j}}\int_{a-\mathrm{j}\infty}^{a+\mathrm{j}\infty}F(s)\,\mathrm{e}^{at}\mathrm{d}s \tag{1-30}$$

简写为

$$f(t)=L^{-1}[F(s)] \tag{1-31}$$

拉氏反变换的求算有多种方法，如果是简单的象函数，可直接查拉氏变换表；对于复杂的，可利用部分分式展开法。当 $F(s)$ 不能很简单地分解成各个部分之和时，将 $F(s)$ 分解成各个部分之和，然后对每一个部分查拉氏变换表，得到其对应的拉氏反变换函数，其和就是要求得的 $F(s)$ 的拉氏反变换 $f(t)$ 函数。

如果把 $f(t)$ 的拉氏变换 $F(s)$ 分成各个部分之和，即

$$F(s)=F_1(s)+F_2(s)+\cdots+F_n(s) \tag{1-32}$$

假若 $F_1(s),F_2(s),\cdots,F_n(s)$ 的拉氏反变换很容易由拉氏变换表查得，那么

$$\begin{aligned}f(t)&=L^{-1}[F(s)]=L^{-1}[F_1(s)]+L^{-1}[F_2(s)]+\cdots+L^{-1}[F_n(s)]\\&=f_1(t)+f_2(t)+\cdots+f_n(t)\end{aligned} \tag{1-33}$$

在系统分析问题中，$F(s)$ 常具有如下形式：

$$F(s)=\frac{A(s)}{B(s)} \tag{1-34}$$

式中，$A(s)$ 和 $B(s)$ 是 s 的多项式，$B(s)$ 的阶次较 $A(s)$ 的阶次要高。

式(1-34)称为有理真分式的象函数 $F(s)$，分母 $B(s)$ 应首先进行因子分解，才能用部分分式展开法，得到 $F(s)$ 的拉氏反变换函数。

将分母 $B(s)$ 进行因子分解，写成

$$F(s)=\frac{A(s)}{B(s)}=\frac{A(s)}{(s+p_1)(s+p_2)\cdots(s+p_n)} \tag{1-35}$$

式中，$p_1,p_2,\cdots,p_n$ 称为 $B(s)$ 的根，或 $F(s)$ 的极点，它们可以是实数，也可能是复数。如果是复数，则一定成对共轭。

当 $A(s)$ 的阶次高于 $B(s)$ 时，则应首先用分母 $B(s)$ 去除分子 $A(s)$，由此得到一个 s 的多项式，再加上一项具有分式形式的余项，其分子 s 多项式的阶次就化为低于分母 s 多项式阶次了。

当分母 $B(s)$ 无重根时，$F(s)$ 总可以展成简单的部分分式之和，即

$$\begin{aligned}F(s)&=\frac{A(s)}{B(s)}=\frac{A(s)}{(s+p_1)(s+p_2)\cdots(s+p_n)}\\&=\frac{a_1}{s+p_1}+\frac{a_2}{s+p_2}+\cdots+\frac{a_n}{s+p_n}\end{aligned} \tag{1-36}$$

式中，$a_k(k=1,2,\cdots,n)$ 是常数，系数 a_k 称为极点 $s=-p_k$ 处的留数。a_k 的值可以通过在等式两边乘以 $(s+p_k)$，并把 $s=-p_k$ 代入的方法求出，即

$$\begin{aligned}\left[(s+p_k)\frac{A(s)}{B(s)}\right]_{s=-p_k}&=\left[\frac{a_1}{s+p_1}(s+p_k)+\frac{a_2}{s+p_2}(s+p_k)+\cdots+\frac{a_k}{s+p_k}(s+p_k)+\cdots+\frac{a_n}{s+p_n}(s+p_k)\right]_{s=-p_k}\\&=a_k\end{aligned} \tag{1-37}$$

在所有展开项中，除含有 a_k 的项外，其余项都消失了，因此留数 a_k 可由

$$a_k=\left[(s+p_k)\frac{A(s)}{B(s)}\right]_{s=-p_k} \tag{1-38}$$

得到。因为 $f(t)$ 是时间的实函数，如 p_1 和 p_2 是共轭复数时，则留数 a_1 和 a_2 也必然是共轭

复数。这种情况下，上式照样可以应用。共轭复留数中，只需计算一个复留数 a_1(或 a_2)，而另一个复留数 a_2(或 a_1)，自然也就知道了。

当分母 $B(s)$ 有重根时，若有三重根，并为 p_1，则 $F(s)$ 的一般表达式为

$$F(s)=\frac{A(s)}{(s+p_1)^3(s+p_2)(s+p_3)\cdots(s+p_n)}$$

$$=\frac{\alpha_{11}}{(s+p_1)^3}+\frac{\alpha_{12}}{(s+p_1)^2}+\frac{\alpha_{13}}{s+p_1}+\frac{\alpha_2}{s+p_2}+\frac{\alpha_3}{s+p_3}+\cdots+\frac{\alpha_n}{s+p_n} \tag{1-39}$$

式中，系数 $\alpha_2,\alpha_3,\cdots,\alpha_n$ 仍按照上述无重根的方法，即留数计算公式(1-37)或式(1-38)计算，而重根的系数 α_{11}，α_{12}，α_{13} 可按以下方法求得：

$$\begin{cases}\alpha_{11}=[(s+p_1)^3F(s)]_{s=-p_1}\\ \alpha_{12}=\left[\dfrac{\mathrm{d}}{\mathrm{d}s}((s+p_1)^3F(s))\right]_{s=-p_1}\\ \alpha_{13}=\dfrac{1}{2!}\left[\dfrac{\mathrm{d}^2}{\mathrm{d}s^2}((s+p_1)^3F(s))\right]_{s=-p_1}\end{cases} \tag{1-40}$$

依此类推，当 p_1 为 k 重根时，其系数为

$$\alpha_{1m}=\frac{1}{(m-1)!}\left[\frac{\mathrm{d}^{(m-1)}}{\mathrm{d}s^{(m-1)}}((s+p_1)^kF(s))\right]_{s=-p_1},\quad m=1,2,\cdots,k \tag{1-41}$$

例 1.2 求 $F(s)=\dfrac{s+3}{s^2+3s+2}$的拉氏反变换。

解：
$$F(s)=\frac{s+3}{s^2+3s+2}=\frac{s+3}{(s+1)(s+2)}=\frac{\alpha_1}{s+1}+\frac{\alpha_2}{s+2}$$

由留数的计算公式(1-38)，得

$$\alpha_1=\left[(s+1)\frac{s+3}{(s+1)(s+2)}\right]_{s=-1}=2$$

$$\alpha_2=\left[(s+2)\frac{s+3}{(s+1)(s+2)}\right]_{s=-2}=-1$$

因此

$$f(t)=L^{-1}[F(s)]=L^{-1}\left[\frac{2}{s+1}\right]+L^{-1}\left[\frac{-1}{s+2}\right]$$

查拉氏变换表，得

$$f(t)=2\mathrm{e}^{-t}+\mathrm{e}^{-2t}$$

例 1.3 求 $L^{-1}[F(s)]$，已知 $F(s)=\dfrac{2s+12}{s^2+2s+5}$。

解：分母多项式可以因子分解为

$$s^2+2s+5=(s+1+2\mathrm{j})(s+1-2\mathrm{j})$$

进行因子分解后，可对 $F(s)$ 展开成部分分式，即

$$F(s)=\frac{2s+12}{s^2+2s+5}=\frac{\alpha_1}{s+1+2\mathrm{j}}+\frac{\alpha_2}{s+1-2\mathrm{j}}$$

由留数的计算公式(1-38)得

$$\begin{aligned}\alpha_1&=\left[(s+1+2\mathrm{j})\frac{2s+12}{(s+1+2\mathrm{j})(s+1-2\mathrm{j})}\right]_{s=-1-2\mathrm{j}}\\&=\left[\frac{2s+12}{(s+1-2\mathrm{j})}\right]_{s=-1-2\mathrm{j}}\\&=\frac{2\times(-1-2\mathrm{j})+12}{(-1-2\mathrm{j})+1-2\mathrm{j}}\\&=1+\frac{5}{2}\mathrm{j}\end{aligned}$$

由于 α_1 与 α_2 共轭，故

$$\alpha_2=1-\frac{5}{2}\mathrm{j}$$

所以

$$\begin{aligned}f(t)=L^{-1}[F(s)]&=L^{-1}\left[\frac{1+\frac{5}{2}\mathrm{j}}{s+1+2\mathrm{j}}+\frac{1-\frac{5}{2}\mathrm{j}}{s+1-2\mathrm{j}}\right]\\&=L^{-1}\left[\frac{1+\frac{5}{2}\mathrm{j}}{s+1+2\mathrm{j}}\right]+L^{-1}\left[\frac{1-\frac{5}{2}\mathrm{j}}{s+1-2\mathrm{j}}\right]\end{aligned}$$

查拉氏变换表，得

$$\begin{aligned}f(t)&=\left(1+\frac{5}{2}\mathrm{j}\right)\mathrm{e}^{-(1+2\mathrm{j})t}+\left(1-\frac{5}{2}\mathrm{j}\right)\mathrm{e}^{-(1-2\mathrm{j})t}\\&=\mathrm{e}^{-(1+2\mathrm{j})t}+\mathrm{e}^{-(1-2\mathrm{j})t}+\frac{5}{2}\mathrm{j}\left[\mathrm{e}^{-(1+2\mathrm{j})t}-\mathrm{e}^{-(1-2\mathrm{j})t}\right]\\&=\mathrm{e}^{-t}(\mathrm{e}^{-2t\mathrm{j}}+\mathrm{e}^{2t\mathrm{j}})+\frac{5}{2}\mathrm{e}^{-t}\mathrm{j}(\mathrm{e}^{-2t\mathrm{j}}-\mathrm{e}^{2t\mathrm{j}})\\&=2\mathrm{e}^{-t}\left(\frac{\mathrm{e}^{2t\mathrm{j}}+\mathrm{e}^{-2t\mathrm{j}}}{2}\right)-5\mathrm{e}^{-t}\mathrm{j}^2\left(\frac{\mathrm{e}^{2t\mathrm{j}}-\mathrm{e}^{-2t\mathrm{j}}}{2\mathrm{j}}\right)\\&=2\mathrm{e}^{-t}\cos2t+5\mathrm{e}^{-t}\sin2t\end{aligned}$$

采用拉氏反变换的方法，可以求得线性定常微分方程的全解。求解微分方程，可以采用数学分析方法(经典方法)，也可以采用拉氏变换方法。采用拉氏变换法求解微分方程是带初值进行运算的，许多情况下应用更为方便。

利用拉氏变换法求解微分方程的步骤如下：

1）对给定的微分方程等式两端取拉氏变换，将微分方程变为 s 变量的代数方程。

2）对以 s 为拉氏变换的代数方程加以整理，得到微分方程求解的变量的拉氏表达式。对这个变量求拉氏反变换，即得到在时域中(以时间 t 为参变量)微分方程的解。

例 1.4 解方程 $\frac{\mathrm{d}^2y(t)}{\mathrm{d}t^2}+5\frac{\mathrm{d}y(t)}{\mathrm{d}t}+6y(t)=6$，其中 $\frac{\mathrm{d}y(0)}{\mathrm{d}t}=2$，$y(0)=2$。

解：将方程两边取拉氏变换，得

$$s^2Y(s)-sy(0)-\frac{dy(0)}{dt}+5[sY(s)-y(0)]+6Y(s)=\frac{6}{s}$$

将 $\frac{dy(0)}{dt}=2$，$y(0)=2$ 代入，整理得

$$Y(s)=\frac{2s^2+12s+6}{s(s+2)(s+3)}=\frac{1}{s}+\frac{5}{s+2}-\frac{4}{s+3}$$

所以

$$y(t)=1+5e^{-2t}-4e^{-3t}$$

例 1.4 讲解

例 1.5　用 MATLAB 计算拉氏变换 $f(t)=-1.25+3.5te^{-2t}+1.25e^{-2t}$。

解：MATLAB 程序如下：

```
syms t s                                        %定义符号
f=-1.25+3.5*t*exp(-2*t)+1.25*exp(-2*t);         %函数 f(t)
F=laplace(f,t,s)                                %利用 laplace 函数
                                                 求拉氏变换
simplify(F)
pretty(ans)                                     %整理结果显示方式
```

结果如下：

```
F=5/(4*(s+2))+7/(2*(s+2)^2)-5/(4*s)
ans=(s-5)/(s*(s+2)^2)
```

1.2.3　频率特性

自动控制理论将线性系统某输出量的拉氏变换象函数对某输入量的拉氏变换象函数的比值定义为该输出量对该输入量的传递函数，即

$$G(s)=\frac{X(s)}{U(s)} \tag{1-42}$$

式中，$X(s)$ 为输出量的拉氏变换象函数，$U(s)$ 为输入量的拉氏变换象函数。

频率特性是研究线性动力学系统的有效工具，特别是它具有明确的物理意义，可以用它准确地描述系统受简谐激励时的响应。一旦导出线性动力学系统某输出量对某输入量的传递函数 $G(s)$，只要用虚数 $j\omega$ 代替复数 s，使 $G(s)$ 变为 $G(j\omega)$，$G(j\omega)$ 就是该系统某输出量对某输入量的频率特性。

频率特性可以表示为以下形式：

$$G(j\omega)=\frac{A(\omega)+jB(\omega)}{C(\omega)+jD(\omega)} \tag{1-43}$$

用因式 $C(\omega)-jD(\omega)$ 乘以式(1-43)的分子和分母，得

$$G(j\omega)=U(\omega)+jV(\omega) \tag{1-44}$$

其中，

$$\begin{cases}U(\omega)=\dfrac{A(\omega)C(\omega)+B(\omega)D(\omega)}{C^2(\omega)+D^2(\omega)}\\ V(\omega)=\dfrac{B(\omega)C(\omega)-A(\omega)D(\omega)}{C^2(\omega)+D^2(\omega)}\end{cases} \tag{1-45}$$

式中，$U(\omega)$称为实频特性，它是$G(\mathrm{j}\omega)$的实部；$V(\omega)$称为虚频特性，它是$G(\mathrm{j}\omega)$的虚部。

频率特性$G(\mathrm{j}\omega)$的幅值为

$$R(\omega)=|G(\mathrm{j}\omega)|=\sqrt{U^2(\omega)+V^2(\omega)} \tag{1-46}$$

相角为

$$\theta(\omega)=\arctan\frac{V(\omega)}{U(\omega)} \tag{1-47}$$

式中，$R(\omega)$称为幅频特性，$\theta(\omega)$称为相频特性。

1.3 数学工具——矩阵的特征值和特征向量

对于一个n阶方阵$\boldsymbol{A}$，如果对于数λ_0存在列向量$\boldsymbol{\alpha}\in R^n$，使得

$$\boldsymbol{A}_{n\times n}\boldsymbol{\alpha}_{n\times 1}=\lambda_0\boldsymbol{\alpha}_{n\times 1} \tag{1-48}$$

则称λ_0为$\boldsymbol{A}$的特征值，该特征值对应的$\boldsymbol{\alpha}$为特征向量。

从几何意思上，列向量$\boldsymbol{\alpha}$经过若干次线性变换$\boldsymbol{A}$后所得到的向量$\boldsymbol{A\alpha}$，与原向量$\boldsymbol{\alpha}$共线。

对式(1-48)进行移项可得

$$(\lambda_0\boldsymbol{E}-\boldsymbol{A})\alpha=0 \tag{1-49}$$

由于$\boldsymbol{\alpha}$为非零向量，对于式(1-49)存在非零解的充分必要条件是

$$|\lambda_0\boldsymbol{E}-\boldsymbol{A}|=0 \tag{1-50}$$

通过求解一个关于λ_0的一元n次方程，可以得到n个特征值。将特征值代入式(1-49)中所得到的任意非零解$\boldsymbol{\alpha}$，即为矩阵$\boldsymbol{A}$的特征向量。

例 1.6　假设$\boldsymbol{A}=(a_{ij})$为n阶方阵，存在含有未知数λ_0的矩阵$(\lambda_0\boldsymbol{E}-\boldsymbol{A})$称为$\boldsymbol{A}$的特征矩阵，求解矩阵$\boldsymbol{A}$的特征值。

解：特征矩阵行列式可以写为

$$|\lambda_0\boldsymbol{E}-\boldsymbol{A}|=\begin{vmatrix}\lambda_0-a_{11} & -a_{12} & \cdots & -a_{1n}\\ -a_{21} & \lambda_0-a_{22} & \cdots & -a_{2n}\\ \vdots & \vdots & \ddots & \vdots\\ -a_{n1} & -a_{n2} & \cdots & \lambda_0-a_{nn}\end{vmatrix}=0$$

通过求解该行列式，即可得到n个特征值。

将特征值代入齐次线性方程组$(\lambda_0\boldsymbol{E}-\boldsymbol{A})\boldsymbol{\alpha}=\boldsymbol{0}$可求得该特征值对应的特征向量$\boldsymbol{\alpha}$。根据齐次线性方程组解的性质，有以下结论：

1) 如果$\boldsymbol{\alpha}$是矩阵$\boldsymbol{A}$对应特征值λ_0的特征向量，则$c\boldsymbol{\alpha}$(c为非零的任意常数)也是矩阵$\boldsymbol{A}$

对应特征值 λ_0 的特征向量，即 $A\boldsymbol{\alpha}=\lambda_0\boldsymbol{\alpha}$，则 $A(c\boldsymbol{\alpha})=\lambda_0(c\boldsymbol{\alpha})$。

2）如果 $\boldsymbol{\alpha}_1$，$\boldsymbol{\alpha}_2$ 都是矩阵 A 对应特征值 λ_0 的特征向量，且 $\boldsymbol{\alpha}_1+\boldsymbol{\alpha}_2\neq\mathbf{0}$，则 $\boldsymbol{\alpha}_1+\boldsymbol{\alpha}_2$ 也是矩阵 A 对应特征值 λ_0 的特征向量，即 $A\boldsymbol{\alpha}_1=\lambda_0\boldsymbol{\alpha}_1$，$A\boldsymbol{\alpha}_2=\lambda_0\boldsymbol{\alpha}_2$，则 $A(\boldsymbol{\alpha}_1+\boldsymbol{\alpha}_2)=\lambda_0(\boldsymbol{\alpha}_1+\boldsymbol{\alpha}_2)$。

因此，矩阵 A 对应特征值 λ_0 的特征向量的任一非零线性组合仍是矩阵 A 对应特征值 λ_0 的特征向量。

例 1.7　求矩阵 A 的特征值和特征向量，其中

$$A=\begin{pmatrix}1&-1&1\\0&2&-3\\0&0&1\end{pmatrix}$$

解：矩阵 A 的特征多项式为

$$|\lambda E-A|=\begin{vmatrix}\lambda-1&1&-1\\0&\lambda-2&3\\0&0&\lambda-1\end{vmatrix}=(\lambda-1)^2(\lambda-2)$$

因此，矩阵 A 的特征值为 $\lambda_1=\lambda_2=1$，$\lambda_3=2$。

对于 $\lambda_1=\lambda_2=1$，解对应的齐次线性方程组 $(E-A)X=\mathbf{0}$，可得

$$\begin{pmatrix}0&1&-1\\0&-1&3\\0&0&0\end{pmatrix}\begin{pmatrix}x_1\\x_2\\x_3\end{pmatrix}=\begin{pmatrix}0\\0\\0\end{pmatrix}$$

得到它的一个基础解系 $\boldsymbol{\alpha}_1=(1,0,0)^{\mathrm{T}}$，矩阵 A 对应特征值 1 的全部特征向量为 $c_1\boldsymbol{\alpha}_1$（c_1 为非零任意常数）。

对于 $\lambda_3=2$，解对应的齐次线性方程组 $(2E-A)X=\mathbf{0}$，可得

$$\begin{pmatrix}1&1&-1\\0&0&3\\0&0&1\end{pmatrix}\begin{pmatrix}x_1\\x_2\\x_3\end{pmatrix}=\begin{pmatrix}0\\0\\0\end{pmatrix}$$

得到它的一个基础解系 $\boldsymbol{\alpha}_2=(1,-1,0)^{\mathrm{T}}$，矩阵 A 对应特征值 2 的全部特征向量为 $c_2\boldsymbol{\alpha}_2$（c_2 为非零任意常数）。

通过以上分析可以看到，如果 λ_0 是 n 阶矩阵 A 的一个特征值，由 A 对应 λ_0 的全部特征向量再添加零向量，就构成了 R^n（表示一个 n 维向量空间，其维数取决于矩阵 A 的维数）的一个子空间，一般称为矩阵 A 对应于 λ_0 的特征子空间，记为 V_{λ_0}。而方程组 $(\lambda_0E-A)X=\mathbf{0}$ 的一个基础解系，就是特征子空间 V_{λ_0} 的一组基。

例 1.8　设 λ_0 是方阵 A 的一个特征值，试证明：λ_0^2 是矩阵 A^2 的一个特征值。

证明：设 $\boldsymbol{\alpha}$ 是 A 对应 λ_0 的特征向量，则

$$A\boldsymbol{\alpha}=\lambda_0\boldsymbol{\alpha}$$

在上式两边左乘 A，得

$$A^2\boldsymbol{\alpha}=\lambda_0^2\boldsymbol{\alpha}$$

因此，λ_0^2 是矩阵 A^2 的一个特征值，且 $\boldsymbol{\alpha}$ 是 A^2 对应 λ_0^2 的特征向量。

例 1.9　设矩阵 A 是 n 阶矩阵，试证明：矩阵 A 与矩阵 A^{T} 有相同的特征值。

证明：由于

$$\det(\lambda \boldsymbol{E}-\boldsymbol{A})=\det(\lambda \boldsymbol{E}-\boldsymbol{A})^{\mathrm{T}}=\det(\lambda \boldsymbol{E}-\boldsymbol{A}^{\mathrm{T}})$$

式中，det 为行列式计算。因此，求解矩阵 $\boldsymbol{A}$ 与矩阵 $\boldsymbol{A}^{\mathrm{T}}$ 对应的特征方程，可以得到相同的根，即两个矩阵具有相同的特征值。

例 1.10 证明：n 阶矩阵 $\boldsymbol{A}$ 可逆的充要条件是它的任一特征值不等于零。

证明：1）必要性。设 $\boldsymbol{A}$ 可逆，则 $\det(\boldsymbol{A})\neq 0$，所以

$$\det(0\boldsymbol{E}-\boldsymbol{A})=\det(-\boldsymbol{A})=(-1)^n\det(\boldsymbol{A})\neq 0$$

即 0 不是 $\boldsymbol{A}$ 的特征值，或者 $\boldsymbol{A}$ 的任一特征值不等于零。

2）充分性。设 $\boldsymbol{A}$ 的任一特征值不等于零，假设 $\boldsymbol{A}$ 不可逆，则 $\det(\boldsymbol{A})=0$，于是 $\det(0\boldsymbol{E}-\boldsymbol{A})=\det(-\boldsymbol{A})=(-1)^n\det(\boldsymbol{A})=0$，所以 $\lambda=0$ 是 $\boldsymbol{A}$ 的一个特征值，这“与 $\boldsymbol{A}$ 的任一特征值不等于 0”矛盾，因此充分性得证。

1.4 本章习题

习题 1.1 已知 $F(s)=\dfrac{s^2+2s+3}{(s+1)^3}$，求 $L^{-1}[F(s)]$。

解：

$$F(s)=\frac{s^2+2s+3}{(s+1)^3}=\frac{\alpha_{11}}{(s+1)^3}+\frac{\alpha_{12}}{(s+1)^2}+\frac{\alpha_{13}}{(s+1)}$$

则 $p_1=-1$，p_1 有三重根，由留数的计算公式(1-38)得

$$\alpha_{11}=\left[(s+1)^3\frac{s^2+2s+3}{(s+1)^3}\right]_{s=-1}=2$$

$$\alpha_{12}=\left[\frac{\mathrm{d}}{\mathrm{d}s}\left((s+1)^3\frac{s^2+2s+3}{(s+1)^3}\right)\right]_{s=-1}=[2s+2]_{s=-1}=0$$

$$\alpha_{13}=\frac{1}{2!}\left[\frac{\mathrm{d}^2}{\mathrm{d}s^2}\left((s+1)^3\frac{s^2+2s+3}{(s+1)^3}\right)\right]_{s=-1}=\frac{1}{2}[2]_{s=-1}=1$$

因此，

$$f(t)=L^{-1}[F(s)]=L^{-1}\left[\frac{2}{(s+1)^3}\right]+L^{-1}\left[\frac{0}{(s+1)^2}\right]+L^{-1}\left[\frac{1}{(s+1)}\right]$$

查拉氏变换表，有

$$f(t)=t^2\mathrm{e}^{-t}+0+\mathrm{e}^{-t}=(t^2+1)\mathrm{e}^{-t}$$

习题 1.2 用 MATLAB 计算 $F(s)=\dfrac{(s-5)}{s(s+2)^2}$的拉氏反变换。

解：MATLAB 程序如下：

```
syms t s                       %定义符号
F=(s-5)/(s*(s+2)^2);           %函数 f(t)
laplace(F)                     %利用 laplace 函数求拉氏变换
pretty(ans)                    %整理结果显示方式
```

结果如下：

```
ans=-5/4+(7/2)*t*exp(-2*t)+(5/4)*exp(-2*t)
```

习题 1.3　求矩阵 $A=\begin{pmatrix}3&2&4\\2&0&2\\4&2&3\end{pmatrix}$ 的特征值和特征向量。

解：矩阵 A 的特征多项式为

$$\det(\lambda E-A)=\begin{vmatrix}\lambda-3&-2&-4\\-2&\lambda&-2\\-4&-2&\lambda-3\end{vmatrix}=(\lambda+1)^2(\lambda-8)$$

因此，矩阵 A 的特征值为 $\lambda_1=\lambda_2=-1$，$\lambda_3=8$

对于 $\lambda_1=\lambda_2=-1$，解对应的齐次线性方程组 $(-E-A)X=0$，可得

$$\begin{pmatrix}4&2&4\\2&1&2\\4&2&4\end{pmatrix}\begin{pmatrix}x_1\\x_2\\x_3\end{pmatrix}=\begin{pmatrix}0\\0\\0\end{pmatrix}$$

则可得它的一个基础解系

$$\alpha_1=(1,0,-1)^{\mathrm{T}},\ \alpha_2=(1,-2,0)^{\mathrm{T}}$$

所以，矩阵 A 的属于特征值-1 的全部特征向量为 $c_1\boldsymbol{\alpha}_1+c_2\boldsymbol{\alpha}_2$，即

$$c_1\begin{pmatrix}1\\0\\-1\end{pmatrix}+c_2\begin{pmatrix}1\\-2\\0\end{pmatrix}$$

其中，c_1，c_2 为非零任意常数。

对于 $\lambda_3=8$，解对应的齐次线性方程组 $(8E-A)X=0$，可得

$$\begin{pmatrix}5&-2&-4\\-2&8&-2\\-4&-2&3\end{pmatrix}\begin{pmatrix}x_1\\x_2\\x_3\end{pmatrix}=\begin{pmatrix}0\\0\\0\end{pmatrix}$$

则可得它的基础解系 $\boldsymbol{\alpha}_3=(2,1,2)^{\mathrm{T}}$。

所以，矩阵 A 的属于特征值 8 的全部特征向量为 $c_3\boldsymbol{\alpha}_3$，即

$$c_3\begin{pmatrix}2\\1\\2\end{pmatrix}$$

其中，c_3 为非零任意常数。

习题 1.4　设矩阵 A 为 n 阶矩阵，试证明：$\lambda_1,\lambda_2,\cdots,\lambda_n$ 是 A 的 n 个不同特征值，$\boldsymbol{\alpha}_1,\boldsymbol{\alpha}_2,\cdots,\boldsymbol{\alpha}_n$ 是 A 的特征值对应的特征向量，则 $\boldsymbol{\alpha}_1,\boldsymbol{\alpha}_2,\cdots,\boldsymbol{\alpha}_n$ 线性无关。

证明：对不同的特征值个数做数学归纳。

当 $n=1$，A 对应特征值 λ_1 的特征向量 $\boldsymbol{\alpha}_1\neq\mathbf{0}$，而单个的非零向量 $\boldsymbol{\alpha}_1$ 线性无关。

设 $n=s-1$，上述结论同样成立。只需证明 $n=s$，向量 $\boldsymbol{\alpha}_1,\boldsymbol{\alpha}_2,\cdots,\boldsymbol{\alpha}_s$ 线性无关。

设有数 $k_1,k_2,\cdots,k_s$，使得

$$k_1\boldsymbol{\alpha}_1+k_2\boldsymbol{\alpha}_2+\cdots+k_s\boldsymbol{\alpha}_s=\mathbf{0} \tag{*}$$

当式（*）两边左乘矩阵 $\boldsymbol{A}$，由于 $\boldsymbol{A}\boldsymbol{\alpha}_i=\lambda_i\boldsymbol{\alpha}_i$，可得

$$k_1\lambda_1\boldsymbol{\alpha}_1+k_2\lambda_2\boldsymbol{\alpha}_2+\cdots+k_s\lambda_s\boldsymbol{\alpha}_s=\mathbf{0}$$

当式（*）两边左乘 λ_s，可得

$$k_1\lambda_s\boldsymbol{\alpha}_1+k_2\lambda_s\boldsymbol{\alpha}_2+\cdots+k_s\lambda_s\boldsymbol{\alpha}_s=\mathbf{0}$$

将两式作差，得

$$k_1(\lambda_1-\lambda_s)\boldsymbol{\alpha}_1+k_2(\lambda_2-\lambda_s)\boldsymbol{\alpha}_2+\cdots+k_{s-1}(\lambda_{s-1}-\lambda_s)\boldsymbol{\alpha}_{s-1}=\mathbf{0}$$

考虑归纳假设，$\boldsymbol{\alpha}_1,\boldsymbol{\alpha}_2,\cdots,\boldsymbol{\alpha}_{s-1}$ 线性无关，所以 $k_i(\lambda_i-\lambda_s)=0(i=1,2,\cdots,s-1)$，但是 $\lambda_i\neq\lambda_s$，所以 $k_1=k_2=\cdots=k_{s-1}=0$，易知 $k_s\boldsymbol{\alpha}_s=\mathbf{0}$，因此 $k_s=0$，即 $\boldsymbol{\alpha}_1,\boldsymbol{\alpha}_2,\cdots,\boldsymbol{\alpha}_s$ 线性无关。

第2章 单自由度振动系统

2.1 引言

振动系统的自由度数是指在振动过程中能完全确定系统在空间位置所需要的独立坐标的数目。只需一个独立坐标就可完全确定其几何位置的系统，称为单自由度系统。研究单自由度系统的振动理论具有极其重要的实际意义。一方面，单自由度系统的振动理论是进一步研究复杂系统振动问题的基础，单自由度系统振动的基本概念具有普遍意义，在研究多自由度系统和弹性系统的振动中，当利用某些特殊坐标讨论问题时，系统显示出与单自由度系统类似的性质；另一方面，工程上有许多实际振动系统通过适当简化后，用单自由度系统的振动理论就可以得到较为满意的结果。

本章主要内容如图 2-1 所示。

1）首先，根据拉格朗日方程介绍含外激励的单自由度振动系统的统一建模方法。

2）然后，介绍针对任意激励的单自由度振动系统运动微分方程的统一求解方法：采用拉普拉斯变换将运动微分方程转换到频域，解出响应的频域表达式，通过拉普拉斯反变换转换到时域，直接得到系统的总振动响应。特别地，对于简谐激励，可直接由拉普拉斯变换得到稳态幅频、相频特性。

3）最后，分析单自由度系统的振动特性，包括无阻尼自由振动、有阻尼自由振动、简谐激励下的受迫振动、由偏心质量引起的受迫振动，以及由支承运动引起的受迫振动等。

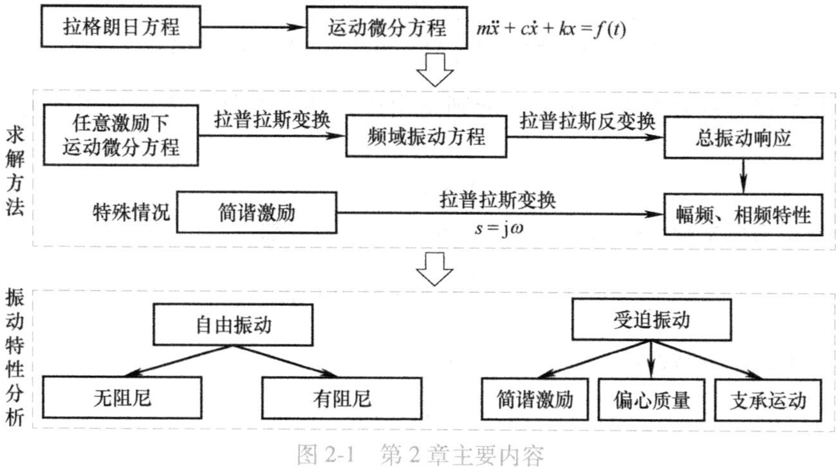

图 2-1 第 2 章主要内容

2.2 单自由度振动系统动力学建模

典型单自由度振动系统如图 2-2 所示，通常由一个定向振动的质量块 m、连接质量块和基础支承结构的刚度为 k 的弹簧以及阻尼系数为 c 的阻尼器组成。该系统被限制为只能在竖直方向运动，因此确定系统在空间的位置以及描述系统的振动过程只需要一个坐标变量 x，即一个自由度。

取系统的静平衡位置为坐标原点，坐标变量 x 为质量块偏离静平衡位置的绝对位移。设弹簧原长与静平衡位置之间的距离为 λ，考虑作用在质量块上的激励力 $P(t)$ 与基础支承运动 $z(t)$。

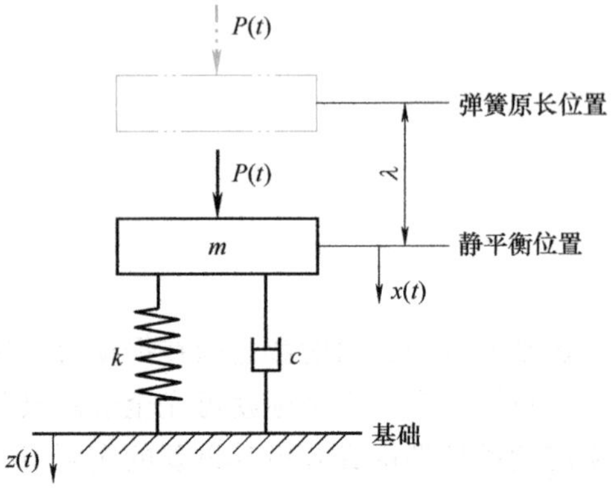

图 2-2 典型单自由度振动系统

系统处于静平衡位置时，弹簧压缩量为 λ，因此平衡关系为

$$k\lambda=mg \tag{2-1}$$

质量块的绝对位移为 x，绝对速度为 $\dot{x}$，因此，系统动能为

$$T=\frac{1}{2}m\dot{x}^2 \tag{2-2}$$

系统势能包括弹簧弹性势能与质量块重力势能。以系统静平衡位置为零势能点，首先计算系统的弹性势能。弹簧弹性势能的计算公式如下：

$$V_s=\frac{1}{2}k(\Delta x)^2 \tag{2-3}$$

式中，V_s 表示弹簧弹性势能；k 表示弹簧刚度系数；Δx 表示弹簧相对于原长的形变量。

在上述振动系统中，当质量块绝对位移为 x 时，质量块与基础之间的相对位移为 $x-z$，弹簧形变量为 $x-z+\lambda$，弹簧内储存的弹性势能为 $k(x-z+\lambda)^2/2$。当以系统静平衡位置为零势能点进行分析时，需减去质量块处于静平衡位置时弹簧变形产生的弹性势能（此时还应考虑基础运动 z 的影响），即 $k(\lambda-z)^2/2$，因此上述系统的弹簧弹性势能为

$$V_s=\frac{1}{2}k(x-z+\lambda)^2-\frac{1}{2}k(\lambda-z)^2=\frac{1}{2}kx^2-kzx+k\lambda x \tag{2-4}$$

然后计算系统的重力势能，重力势能则是由质量块离开静平衡位置引起的，重力势能 V_g 计算如下：

$$V_g=-mgx \tag{2-5}$$

系统总势能为弹簧弹性势能与质量块重力势能之和，即

$$V=V_s+V_g=\frac{1}{2}kx^2-kzx+(k\lambda-mg)x \tag{2-6}$$

将平衡关系式(2-1)代入上式，得

$$V=\frac{1}{2}kx^2-kzx \tag{2-7}$$

质量块与基础之间的相对速度为 $\dot{x}-\dot{z}$，因此系统耗散功为

$$D=\frac{1}{2}c(\dot{x}-\dot{z})^2 \tag{2-8}$$

式中，c 为黏滞阻尼系数。

本系统仅有一个广义坐标 x，根据附录可知，适用于本系统的拉格朗日方程为

$$\frac{\mathrm{d}}{\mathrm{d}t}\left(\frac{\partial L}{\partial \dot{x}}\right)-\frac{\partial L}{\partial x}+\frac{\partial D}{\partial \dot{x}}=Q_x \tag{2-9}$$

式中，$L=T-V$ 为拉格朗日函数，T 为系统总动能，V 为系统总势能；D 为系统总耗散功；x 为广义坐标；Q_x 为除有势力（作用在物体上的力所做之功仅与力作用点的起始位置和终止位置有关，而与其作用点经过的路径无关，这样的力称为有势力）、阻尼力之外的其他作用力的广义力。

下面分别计算$\frac{\partial L}{\partial \dot{x}}$，$\frac{\mathrm{d}}{\mathrm{d}t}\left(\frac{\partial L}{\partial \dot{x}}\right)$，$\frac{\partial L}{\partial x}$，$\frac{\partial D}{\partial \dot{x}}$与 Q_x。由式(2-2)和式(2-7)可得本系统的拉格朗日函数为

$$L=T-V=\frac{1}{2}m\dot{x}^2-\left(\frac{1}{2}kx^2-kzx\right) \tag{2-10}$$

因此，

$$\begin{cases}\dfrac{\partial L}{\partial \dot{x}}=m\dot{x}\\[2mm] \dfrac{\mathrm{d}}{\mathrm{d}t}\left(\dfrac{\partial L}{\partial \dot{x}}\right)=m\ddot{x}\\[2mm] \dfrac{\partial L}{\partial x}=-k(x-z)\\[2mm] \dfrac{\partial D}{\partial \dot{x}}=c(\dot{x}-\dot{z})\end{cases} \tag{2-11}$$

下面求广义力 Q_x。假设系统产生位移 x，则外力所做功为

$$W=Px \tag{2-12}$$

可得对应广义坐标 x 的广义力为

$$Q_x=\frac{\partial W}{\partial x}=P \tag{2-13}$$

将式(2-11)与式(2-13)代入拉格朗日方程(2-9)，得

$$m\ddot{x}+c\dot{x}+kx=P(t)+c\dot{z}+kz \tag{2-14}$$

式(2-14)为一般单自由度振动系统运动微分方程的通式。式中，k 为弹簧的刚度系数，单位为 N/m；c 为黏滞阻尼系数，单位为 N·s/m。

根据不同参数取值，单自由度系统振动可分为无阻尼自由振动、有阻尼自由振动、无阻尼受迫振动与有阻尼受迫振动四种情况。

1）系统黏滞阻尼系数 $c=0$，且无激励力与基础支承运动作用，即 $P(t)=0$，$z(t)=0$ 时，为单自由度系统无阻尼自由振动，运动微分方程为

$$m\ddot{x}+kx=0 \tag{2-15}$$

2）系统黏滞阻尼系数 $c\neq0$，且无激励力与基础支承运动作用，即 $P(t)=0$，$z(t)=0$ 时，为单自由度系统有阻尼自由振动，运动微分方程为

$$m\ddot{x}+c\dot{x}+kx=0 \tag{2-16}$$

3）系统黏滞阻尼系数 $c=0$，为单自由度系统无阻尼受迫振动，分为两种情况：

一是仅受激励力作用，即 $P(t)\neq0$，$z(t)=0$，运动微分方程为

$$m\ddot{x}+kx=P(t) \tag{2-17}$$

二是仅受基础支承运动作用，即 $P(t)=0$，$z(t)\neq0$，运动微分方程为

$$m\ddot{x}+kx=c\dot{z}+kz \tag{2-18}$$

4）系统黏滞阻尼系数 $c\neq0$，为单自由度系统有阻尼受迫振动，也分为两种情况：

一是仅受激励力作用，即 $P(t)\neq0$，$z(t)=0$，运动微分方程为

$$m\ddot{x}+c\dot{x}+kx=P(t) \tag{2-19}$$

二是仅受基础支承运动作用，即 $P(t)=0$，$z(t)\neq0$，运动微分方程为

$$m\ddot{x}+c\dot{x}+kx=c\dot{z}+kz \tag{2-20}$$

如果基础支承运动以加速度 $\ddot{z}$ 的形式给出，可先考虑相对位移 $y=x-z$，代入式(2-20)得

$$m\ddot{y}+c\dot{y}+ky=-m\ddot{z} \tag{2-21}$$

然后再计算绝对位移 $x=y+z$。

例 2.1　试求图 2-3 所示系统的势能，x 为质量块偏离平衡位置的绝对位移，以系统静平衡位置为势能零点。

解：静平衡时，有

$$2mg=k\lambda$$

当质量块偏离平衡位置的绝对位移为 x 时，弹簧形变量为 $x+\lambda$，弹簧内储存的弹性势能为 $k(x+\lambda)^2/2$。当以系统静平衡位置为零势能点进行分析时，还需减去质量块处于静平衡位置时弹簧静变形产生的弹性势能，即 $k\lambda^2/2$，因此上述系统的弹簧弹性势能为

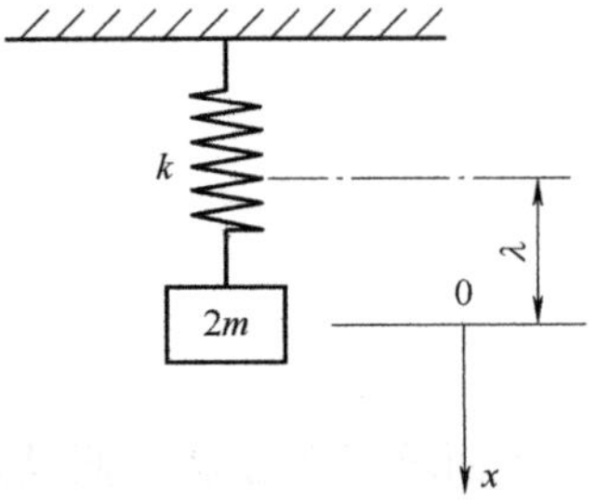

图 2-3　例 2.1 图

$$V_s=\frac{1}{2}k(x+\lambda)^2-\frac{1}{2}k\lambda^2=\frac{1}{2}kx^2+k\lambda x$$

然后计算系统的重力势能，重力势能则是由质量块离开静平衡位置而引起的，则重力势能 V_g 为

$$V_g=-2mgx$$

系统总势能为弹簧弹性势能与质量块重力势能之和，即

$$V=V_s+V_g=\frac{1}{2}kx^2+(k\lambda-2mg)x$$

将静平衡关系 $2mg=k\lambda$ 代入上式，得

$$V=\frac{1}{2}kx^2$$

可以发现，系统的总势能最终化为了一个仅包含质量块偏离静平衡位置的绝对位移 x 的式子。对于考虑重力作用且无基础支承运动的振动系统，当以系统静平衡位置为坐标原点和

势能零点时，可直接使用 $kx^2/2$(其中，k 为弹簧刚度，x 为弹簧相对于静平衡位置时的长度变化量)计算系统的总势能，无须再考虑重力与弹簧的静变形。这种势能计算方法可以理解为仅考虑弹簧在偏离平衡位置时存储的能量，重力对系统的影响已经通过选择静平衡位置作为零势能点隐式考虑了。

需要注意的是，上述系统势能计算方法仅适用于不存在基础支承运动的系统或者存在基础支承运动的系统中不直接受基础支承运动影响的质量块与弹簧。因此，对于图 2-2 所示的含基础支承运动的振动系统，不可采用上述方法简化计算。

例 2.2　如图 2-4 所示，一质量块 m 固定在杆的一端，杆的另一端铰支，弹簧的刚度为 $k/2$。忽略杆的重力，求系统运动微分方程(系统做小角度微幅振动)。

解：图 2-4 所示的系统是一个单自由度无阻尼自由振动系统，设初始时杆处于竖直状态，弹簧无形变，以杆偏离竖直位置的角度 θ 为广义坐标，以初始状态为零势能点。

由于忽略杆的重力，系统动能仅由质量块的动能组成。杆转动角速度为 $\dot{\theta}$，因此质量块 m 的线速度为

$$v=\dot{\theta}l$$

系统动能为

$$T=\frac{1}{2}mv^2=\frac{1}{2}ml^2\dot{\theta}^2$$

接下来计算系统的势能。系统的势能由质量块的重力势能和弹簧的弹性势能组成。杆竖直状态为零重力势能位置，则当杆转动 θ 角度后，在小角度假设下，几何关系示意图如图 2-5 所示。

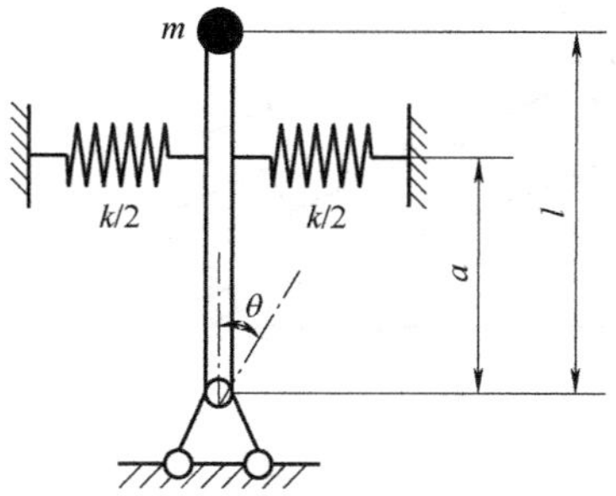

图 2-4　例 2.2 图

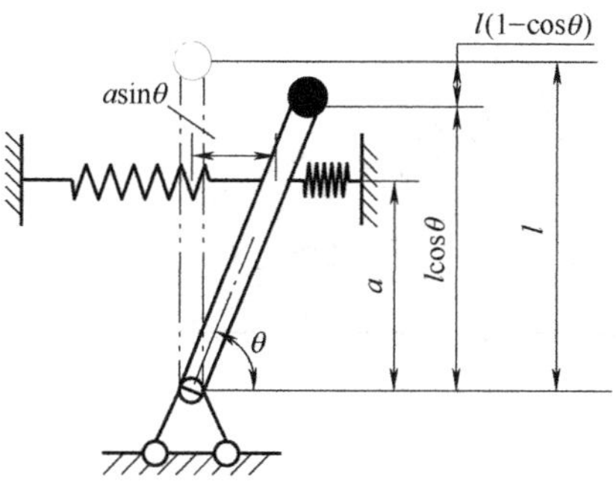

图 2-5　例 2.2 变形示意图

对于质量块，当杆转动 θ 角度后，质量块竖直向下的运动距离为 $l(1-\cos\theta)$，因此质量块重力势能为

$$V_g=-mgl(1-\cos\theta)$$

对于弹簧，当杆转动 θ 角度后，杆左侧与右侧弹簧的变形量均为 $a\sin\theta$，因此弹簧弹性势能为

$$V_s=2\cdot\left(\frac{1}{2}\cdot\frac{k}{2}\cdot(a\sin\theta)^2\right)=\frac{1}{2}ka^2\sin^2\theta$$

系统总势能为

$$V=V_g+V_s=\frac{1}{2}ka^2\sin^2\theta-mgl(1-\cos\theta)=\frac{1}{2}ka^2\sin^2\theta-2mgl\sin^2\frac{\theta}{2}$$

当 θ 为小角度时，$\sin\theta\approx\theta$，则有

$$V=\frac{1}{2}ka^2\theta^2-2mgl\frac{\theta^2}{4}=\frac{1}{2}ka^2\theta^2-\frac{1}{2}mgl\theta^2=\frac{1}{2}(ka^2-mgl)\theta^2$$

因此，系统的拉格朗日函数为

$$L=T-V=\frac{1}{2}ml^2\dot{\theta}^2-\frac{1}{2}(ka^2-mgl)\theta^2$$

因系统无阻尼，耗散功 $D=0$。系统无外力作用，广义力 $Q_\theta=0$。分别计算 $\frac{\partial L}{\partial\dot{\theta}}$，$\frac{\mathrm{d}}{\mathrm{d}t}\left(\frac{\partial L}{\partial\dot{\theta}}\right)$，$\frac{\partial L}{\partial\theta}$，$\frac{\partial D}{\partial\dot{\theta}}$，代入拉格朗日方程，即

$$\frac{\mathrm{d}}{\mathrm{d}t}\left(\frac{\partial L}{\partial\dot{\theta}}\right)-\frac{\partial L}{\partial\theta}+\frac{\partial D}{\partial\dot{\theta}}=Q_\theta$$

得到系统的运动微分方程为

$$\ddot{\theta}+\frac{ka^2-mgl}{ml^2}\theta=0$$

例 2.3　如图 2-6 所示，弹簧-质量系统沿光滑斜面做自由振动，斜面倾角为 θ，质量块质量为 m，弹簧刚度为 k，分别以系统静平衡位置与弹簧原长位置为坐标原点，求系统的运动微分方程。

解：1）以系统静平衡位置为坐标原点，定义广义坐标 x 为质量块偏离静平衡位置的绝对位移，如图 2-7 所示。

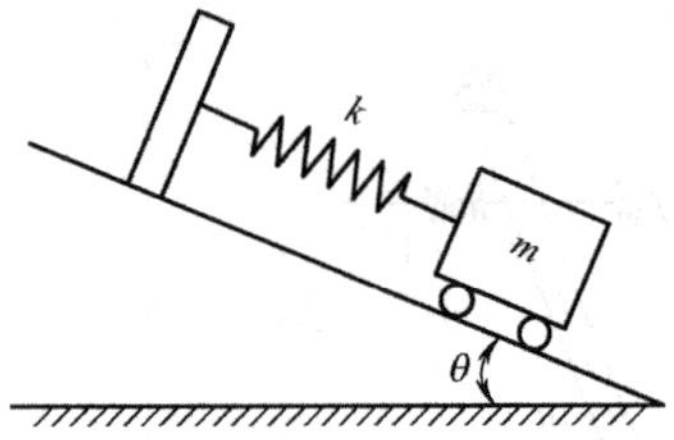

图 2-6　例 2.3 图

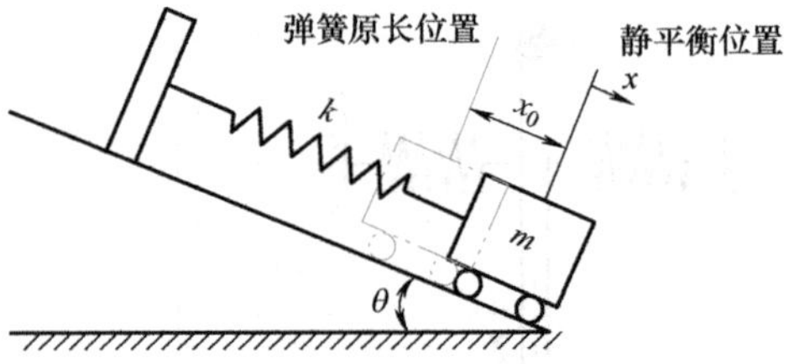

图 2-7　例 2.3 广义坐标定义（偏离静平衡位置的绝对位移）

静平衡状态下，有

$$mg\sin\theta=kx_0$$

质量块速度为 $\dot{x}$，系统动能为

$$T=\frac{1}{2}m\dot{x}^2$$

以静平衡位置为势能零点，由例 2.1 可知，系统势能为

$$V=\frac{1}{2}kx^2$$

因此，系统的拉格朗日函数为

$$L=T-V=\frac{1}{2}m\dot{x}^2-\frac{1}{2}kx^2$$

因系统无阻尼，则耗散功 $D=0$。系统无外力作用，则广义力 $Q_x=0$。分别计算$\frac{\partial L}{\partial \dot{x}}$，$\frac{\mathrm{d}}{\mathrm{d}t}\left(\frac{\partial L}{\partial \dot{x}}\right)$，$\frac{\partial L}{\partial x}$，$\frac{\partial D}{\partial \dot{x}}$，代入拉格朗日方程，即

$$\frac{\mathrm{d}}{\mathrm{d}t}\left(\frac{\partial L}{\partial \dot{x}}\right)-\frac{\partial L}{\partial x}+\frac{\partial D}{\partial \dot{x}}=Q_x$$

得到系统运动微分方程为

$$m\ddot{x}+kx=0$$

2）以弹簧原长位置为坐标原点，定义广义坐标 x 为质量块偏离弹簧原长位置的绝对位移，如图 2-8 所示。

质量块速度为 $\dot{x}$，系统动能为

$$T=\frac{1}{2}m\dot{x}^2$$

弹簧形变量为 x，系统弹性势能为

$$V_s=\frac{1}{2}kx^2$$

系统重力势能为

$$V_g=-mgx\sin\theta$$

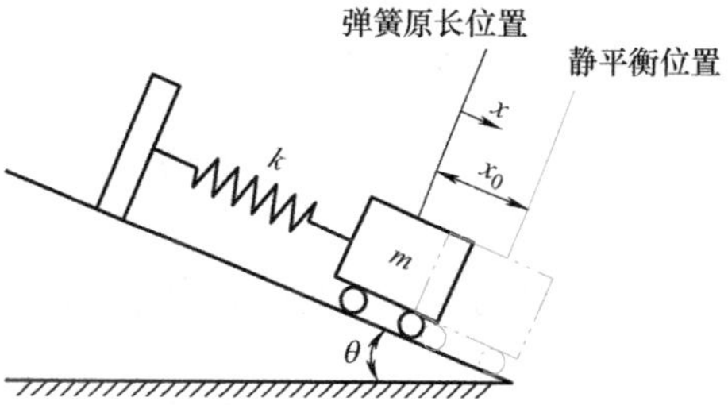

图 2-8　例 2.3 广义坐标定义（偏离弹簧原长位置的绝对位移）

系统势能为弹性势能与重力势能之和

$$V=V_s+V_g=\frac{1}{2}kx^2-mgx\sin\theta$$

因此，系统的拉格朗日函数为

$$L=T-V=\frac{1}{2}m\dot{x}^2-\left(\frac{1}{2}kx^2-mgx\sin\theta\right)$$

系统无阻尼，则耗散功 $D=0$。系统无外力作用，则广义力 $Q_x=0$。分别计算$\frac{\partial L}{\partial \dot{x}}$，$\frac{\mathrm{d}}{\mathrm{d}t}\left(\frac{\partial L}{\partial \dot{x}}\right)$，$\frac{\partial L}{\partial x}$，$\frac{\partial D}{\partial \dot{x}}$，代入拉格朗日方程，即

$$\frac{\mathrm{d}}{\mathrm{d}t}\left(\frac{\partial L}{\partial \dot{x}}\right)-\frac{\partial L}{\partial x}+\frac{\partial D}{\partial \dot{x}}=Q_x$$

得到系统运动微分方程为

$$m\ddot{x}+kx-mg\sin\theta=0$$

例 2.4　求图 2-9 所示系统的运动微分方程，杆质量为 M，系统做微振动。

解：以系统静平衡位置为坐标原点，定义广义坐标 θ 为杆偏离静平衡位置的绝对角度。系统动能为杆动能与小球动能之和，杆转动角速度为 $\dot{\theta}$，其动能为

$$T_M=\frac{1}{2}\cdot\frac{1}{3}Ml^2\cdot\dot{\theta}^2$$

小球的线速度为 $\dot{\theta}l$，其动能为

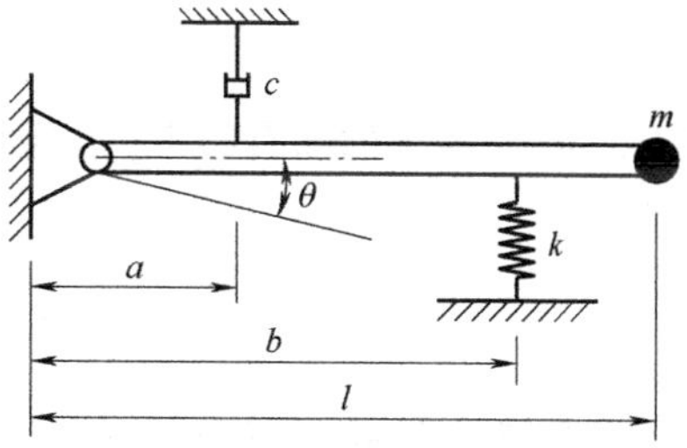

图 2-9　例 2.4 图

$$T_m=\frac{1}{2}m(\dot{\theta}l)^2$$

因此，系统动能为

$$T=T_M+T_m=\left(\frac{1}{6}Ml^2+\frac{1}{2}ml^2\right)\dot{\theta}^2$$

杆在弹簧位置的位移为 θb，以静平衡位置为势能零点，由例 2. 1 可知，系统势能为

$$V=\frac{1}{2}k(\theta b)^2=\frac{1}{2}kb^2\theta^2$$

系统耗散功为

$$D=\frac{1}{2}c(\dot{\theta}a)^2=\frac{1}{2}ca^2\dot{\theta}^2$$

系统的拉格朗日函数为

$$L=T-V=\left(\frac{1}{6}Ml^2+\frac{1}{2}ml^2\right)\dot{\theta}^2-\frac{1}{2}kb^2\theta^2$$

系统无外力作用，则广义力 $Q_\theta=0$。分别计算$\frac{\partial L}{\partial\dot{\theta}}$，$\frac{\mathrm{d}}{\mathrm{d}t}\left(\frac{\partial L}{\partial\dot{\theta}}\right)$，$\frac{\partial L}{\partial\theta}$,$\frac{\partial D}{\partial\dot{\theta}}$，代入拉格朗日方程

$$\frac{\mathrm{d}}{\mathrm{d}t}\left(\frac{\partial L}{\partial\dot{\theta}}\right)-\frac{\partial L}{\partial\theta}+\frac{\partial D}{\partial\dot{\theta}}=Q_\theta$$

得到系统运动微分方程为

$$\left(\frac{1}{3}Ml^2+ml^2\right)\ddot{\theta}+ca^2\dot{\theta}+kb^2\theta=0$$

例 2. 4 讲解

2.3 单自由度系统振动求解方法

本节将介绍单自由度系统振动的求解方法，针对单自由度振动系统运动微分方程通式(2-14)，令 $f(t)=P(t)+c\dot{z}+kz$，则式(2-14)变为

$$m\ddot{x}+c\dot{x}+kx=f(t) \tag{2-22}$$

上式为任意激励 $f(t)$ 作用下单自由度振动系统的运动微分方程。下面利用第 1 章所介绍的拉普拉斯变换进行求解。

令

$$\omega_0^2=\frac{k}{m},\quad \frac{c}{m}=2\zeta\omega_0 \tag{2-23}$$

式中，ω_0 为系统的固有频率；ζ 为相对阻尼系数或阻尼比，是一个无量纲的值。式(2-22)可改写为

$$\ddot{x}(t)+2\zeta\omega_0\dot{x}(t)+\omega_0^2x(t)=\frac{f(t)}{m} \tag{2-24}$$

设系统初始位移为 x_0，初始速度为 $\dot{x}_0$，对式(2-24)两边取拉普拉斯变换，设 $X=L[x(t)]$，由拉普拉斯变换的微分性质可知

$$\begin{cases}L[\dot{x}]=sX-x_0\\L[\ddot{x}]=s^2X-sx_0-\dot{x}_0\end{cases}\tag{2-25}$$

则系统运动微分方程可改写为

$$s^2X-sx_0-\dot{x}_0+2\zeta\omega_0 sX-2\zeta\omega_0 x_0+\omega_0^2X=\frac{F(s)}{m}\tag{2-26}$$

其中，$F(s)$为$f(t)$的拉普拉斯变换，$F(s)=L[f(t)]$。整理得：

$$X=\frac{s}{s^2+2\zeta\omega_0 s+\omega_0^2}x_0+\frac{1}{s^2+2\zeta\omega_0 s+\omega_0^2}(\dot{x}_0+2\zeta\omega_0 x_0)+\frac{1}{s^2+2\zeta\omega_0 s+\omega_0^2}\frac{F(s)}{m}\tag{2-27}$$

需要注意的是，如果阻尼比较大，系统几乎没有振动产生，因此本节主要关注阻尼比ζ小于 1 的情况。下面分别推导在阻尼比$0\leqslant\zeta<1$与$\zeta=1$两种情况下系统的振动响应。

1）当$0\leqslant\zeta<1$时，通过查拉普拉斯变换表 1-1，可得式(2-27)中等号右侧前两项的拉普拉斯反变换分别为

$$\begin{cases}L^{-1}\left[\dfrac{sx_0}{s^2+2\zeta\omega_0 s+\omega_0^2}\right]=-\dfrac{x_0}{\sqrt{1-\zeta^2}}e^{-\zeta\omega_0 t}\sin(\omega_d t-\varphi)\\L^{-1}\left[\dfrac{\dot{x}_0+2\zeta\omega_0 x_0}{s^2+2\zeta\omega_0 s+\omega_0^2}\right]=\dfrac{\dot{x}_0+2\zeta\omega_0 x_0}{\omega_d}e^{-\zeta\omega_0 t}\sin(\omega_d t)\end{cases}\tag{2-28}$$

式中，$\omega_d=\omega_0\sqrt{1-\zeta^2}$，称为有阻尼的自由振动频率；$\varphi=\arctan\dfrac{\sqrt{1-\zeta^2}}{\zeta}$。

根据 1.2.1 节中介绍的拉普拉斯变换的卷积定理，可知式(2-27)中等号右侧第三项的拉普拉斯反变换为

$$L^{-1}\left[\frac{1}{s^2+2\zeta\omega_0 s+\omega_0^2}\frac{F(s)}{m}\right]=\frac{1}{m\omega_d}\int_0^t e^{-\zeta\omega_0(t-\tau)}\sin[\omega_d(t-\tau)]f(\tau)d\tau\tag{2-29}$$

式(2-29)也称作杜阿梅尔(Duhamel)积分式。积分时应注意，t是位移响应的时间，是常量，而τ是个变量。因此，当$0\leqslant\zeta<1$时，在激励$f(t)$作用下，单自由度系统有阻尼振动的总响应为式(2-28)与式(2-29)之和，即

$$\begin{aligned}x(t)&=-\frac{x_0}{\sqrt{1-\zeta^2}}e^{-\zeta\omega_0 t}\sin(\omega_d t-\varphi)+\frac{\dot{x}_0+2\zeta\omega_0 x_0}{\omega_d}e^{-\zeta\omega_0 t}\sin(\omega_d t)+\frac{1}{m\omega_d}\int_0^t e^{-\zeta\omega_0(t-\tau)}\sin[\omega_d(t-\tau)]f(\tau)d\tau\\&=e^{-\zeta\omega_0 t}\left[x_0\cos(\omega_d t)+\frac{\dot{x}_0+\zeta\omega_0 x_0}{\omega_d}\sin(\omega_d t)\right]+\frac{1}{m\omega_d}\int_0^t e^{-\zeta\omega_0(t-\tau)}\sin[\omega_d(t-\tau)]f(\tau)d\tau\end{aligned}\tag{2-30}$$

特别地，如果系统无阻尼，即$\zeta=0$，则系统总响应变为

$$x(t)=x_0\cos(\omega_0 t)+\frac{\dot{x}_0}{\omega_0}\sin(\omega_0 t)+\frac{1}{m\omega_0}\int_0^t f(\tau)\sin[\omega_0(t-\tau)]d\tau\tag{2-31}$$

式(2-31)即为当$0\leqslant\zeta<1$时，在激励$f(t)$作用下单自由度系统无阻尼振动的总响应。

2）当$\zeta=1$时，式(2-27)变为

$$X=\frac{x_0}{s+\omega_0}+\frac{\dot{x}_0+\omega_0 x_0}{(s+\omega_0)^2}+\frac{1}{(s+\omega_0)^2}\frac{F(s)}{m}\tag{2-32}$$

通过查拉普拉斯变换表 1-1，可得式(2-32)中等号右侧前两项的拉普拉斯反变换分别为

$$\begin{cases}L^{-1}\left(\dfrac{x_0}{s+\omega_0}\right)=x_0\mathrm{e}^{-\omega_0 t}\\ L^{-1}\left[\dfrac{\dot{x}_0+\omega_0 x_0}{(s+\omega_0)^2}\right]=(\dot{x}_0+\omega_0 x_0)t\mathrm{e}^{-\omega_0 t}\end{cases} \tag{2-33}$$

同样地，根据 1.2.1 节中介绍的拉普拉斯变换的卷积定理，可得式(2-32)中等号右侧第三项的拉普拉斯反变换为

$$L^{-1}\left[\frac{1}{(s+\omega_0)^2}\frac{F(s)}{m}\right]=\frac{1}{m}\int_0^t(t-\tau)\mathrm{e}^{-\omega_0(t-\tau)}f(\tau)\mathrm{d}\tau \tag{2-34}$$

因此，当 $\zeta=1$ 时，在激励 $f(t)$ 作用下有阻尼单自由度系统振动的总响应为

$$x(t)=\mathrm{e}^{-\omega_0 t}[x_0+(\dot{x}_0+\omega_0 x_0)t]+\frac{1}{m}\int_0^t(t-\tau)\mathrm{e}^{-\omega_0(t-\tau)}f(\tau)\mathrm{d}\tau \tag{2-35}$$

综上所述，在激励 $f(t)$ 作用下，当系统初始位移为 x_0，初始速度为 $\dot{x}_0$ 时，单自由度系统振动的总响应为

$$x(t)=\begin{cases}\mathrm{e}^{-\zeta\omega_0 t}\left[x_0\cos(\omega_\mathrm{d}t)+\dfrac{\dot{x}_0+\zeta\omega_0 x_0}{\omega_\mathrm{d}}\sin(\omega_\mathrm{d}t)\right]+\dfrac{1}{m\omega_\mathrm{d}}\displaystyle\int_0^t\mathrm{e}^{-\zeta\omega_0(t-\tau)}\sin[\omega_\mathrm{d}(t-\tau)]f(\tau)\mathrm{d}\tau\,(0\leqslant\zeta<1)\\ \mathrm{e}^{-\omega_0 t}[x_0+(\dot{x}_0+\omega_0 x_0)t]+\dfrac{1}{m}\displaystyle\int_0^t(t-\tau)\mathrm{e}^{-\omega_0(t-\tau)}f(\tau)\mathrm{d}\tau\,(\zeta=1)\end{cases} \tag{2-36}$$

式中，$\omega_\mathrm{d}=\omega_0\sqrt{1-\zeta^2}$。

式(2-36)给出的系统总响应包括了系统的瞬态振动及稳态振动。由于阻尼的影响，系统振动的振幅将随时间延续逐渐减小，不久后便会消失，称为**瞬态振动**或**瞬态响应**。由于激励持续作用而产生一种持续的等幅振动，称为**稳态振动**或**稳态响应**。系统在刚受到外界激励时，其振动响应是上述瞬态振动和稳态响应之和。在经过充分长的时间后，瞬态振动趋于零，这一阶段称为瞬态阶段，之后则进入稳态阶段，系统只有稳态振动。因此，在分析系统的受迫振动响应时，通常关注的是系统的稳态振动。

如果激励 $f(t)$ 为简谐激励，即满足 $f(t)=P_0\sin(\omega t+\varphi)$，则由式(2-27)可知，系统稳态响应为

$$X_\mathrm{s}(s)=\frac{F(s)}{m(s^2+2\zeta\omega_0 s+\omega_0^2)} \tag{2-37}$$

稳态响应 $X_\mathrm{s}(s)$ 对激励 $F(s)$ 的传递函数为

$$G(s)=\frac{X_\mathrm{s}(s)}{F(s)}=\frac{1}{m(s^2+2\zeta\omega_0 s+\omega_0^2)} \tag{2-38}$$

用 $\mathrm{j}\omega$ 代替 s，即得到稳态响应 X_s 对激励 $F(s)$ 的频率特性为

$$G(\mathrm{j}\omega)=\frac{X_\mathrm{s}(\mathrm{j}\omega)}{F(\mathrm{j}\omega)}=\frac{1}{m(\omega_0^2-\omega^2+2\zeta\omega_0\omega\mathrm{j})} \tag{2-39}$$

式中，幅频特性 $R(\omega)$ 与相频特性 $\theta(\omega)$ 分别为

$$\begin{cases}R(\omega)=|G(\mathrm{j}\omega)|=\dfrac{\omega_0^2}{\sqrt{(\omega_0^2-\omega^2)^2+(2\zeta\omega_0\omega)^2}}\\ \theta(\omega)=\arctan\left(\dfrac{2\zeta\omega_0\omega}{\omega_0^2-\omega^2}\right)\end{cases} \tag{2-40}$$

根据上式可直接求得系统稳态响应的幅值 A 与相位 θ，为

$$\begin{cases} A=|X_s(\mathrm{j}\omega)|=|G(\mathrm{j}\omega)|\cdot|F(\mathrm{j}\omega)|=\dfrac{P_0}{k}\dfrac{\omega_0^2}{\sqrt{(\omega_0^2-\omega^2)^2+(2\zeta\omega_0\omega)^2}} \\ \theta=\arctan\dfrac{2\zeta\omega_0\omega}{\omega_0^2-\omega^2} \end{cases} \tag{2-41}$$

令 $r=\dfrac{\omega}{\omega_0}$，$r$ 称为频率比，则式(2-41)可改写为

$$\begin{cases} A=\dfrac{P_0/k}{\sqrt{(1-r^2)^2+(2\zeta r)^2}} \\ \theta=\arctan\dfrac{2\zeta r}{1-r^2} \end{cases} \tag{2-42}$$

例 2.5　一个受简谐激励作用的弹簧-质量系统如图 2-10 所示，求系统的受迫振动响应。假设激励形式为 $F(t)=F_0\sin(\omega t)$，弹簧刚度为 k，质量块质量为 m。

解：由本节的内容，易知该系统的运动微分方程为

$$m\ddot{x}+kx=F_0\sin(\omega t)$$

故系统的固有频率为

$$\omega_0=\sqrt{\frac{k}{m}}$$

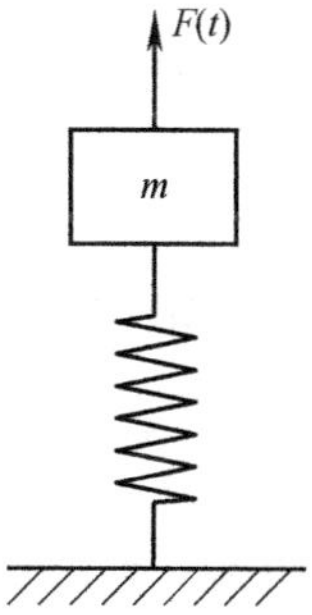

图 2-10　例 2.5 图

由式(2-36)可得系统的响应为

$$\begin{aligned} x(t)&=\frac{\dot{x}_0}{\omega_0}\sin\omega_0 t+x_0\cos(\omega_0 t)+\frac{1}{m\omega_0}\int_0^t F_0\sin(\omega\tau)\sin[\omega_0(t-\tau)]\,\mathrm{d}\tau \\ &=\frac{\dot{x}_0}{\omega_0}\sin(\omega_0 t)+x_0\cos(\omega_0 t)-\frac{F_0}{m}\frac{\omega/\omega_0}{\omega_0^2-\omega^2}\sin(\omega_0 t)+\frac{F_0}{m}\frac{1}{\omega_0^2-\omega^2}\sin(\omega t) \end{aligned}$$

式中，x_0 和 $\dot{x}_0$ 表示初始条件。

需要说明的是，响应的前两项为初始条件引起的自由振动响应；第三项与第四项表示受激励作用时，系统自由伴随振动以及受迫振动响应，其与系统的固有频率有关。因此，系统的振动响应是由自由振动响应、自由伴随振动响应以及受迫振动响应叠加而成的。

通常情况下，只关注系统在激励频率 ω 下振动的响应，因此，需要消除自由振动与自由伴随振动对系统的扰动，故初始条件应该满足

$$\begin{cases} x_0=0 \\ \dfrac{\dot{x}_0}{\omega_0}\sin(\omega_0 t)=\dfrac{F_0}{m}\dfrac{\omega/\omega_0}{\omega_0^2-\omega^2}\sin(\omega_0 t) \end{cases}$$

即

$$\dot{x}_0=\frac{F_0}{m}\frac{\omega}{\omega_0^2-\omega^2}$$

此时，系统受迫振动响应为

$$x=\frac{F_0}{m}\frac{1}{\omega_0^2-\omega^2}\sin(\omega t)$$

该结果与2.5.1节中给出的简谐激励作用下系统受迫振动稳态响应是一致的。

例2.6　在图2-11所示系统中，已知$m=5\text{kg}$，$c=100\text{N}\cdot\text{s/m}$，$k=2000\text{N/m}$，且$t=0$时，$x=x_0=0.2$，$\dot{x}=v_0=0$，求系统的响应。

解：以弹簧原长位置为坐标原点，广义坐标为质量块偏离弹簧原长位置的绝对位移x，容易推导得到系统的运动微分方程：

$$m\ddot{x}+c\dot{x}+kx=F(t)$$

计算系统固有频率ω_0、阻尼比ζ与阻尼固有频率ω_d：

$$\begin{cases}\omega_0=\sqrt{\dfrac{k}{m}}=\sqrt{\dfrac{2000\text{N/m}}{5\text{kg}}}=20\text{rad/s}\\ \zeta=\dfrac{c}{2m\omega_0}=\dfrac{100\text{N}\cdot\text{s/m}}{2\times5\text{kg}\times20\text{rad/s}}=0.5\\ \omega_d=\omega_0\sqrt{1-\zeta^2}=17.32\text{rad/s}\end{cases}$$

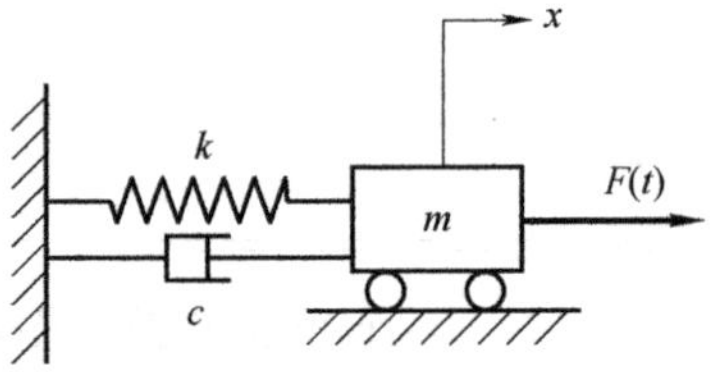

图2-11　例2.6图

则系统的运动微分方程可化为

$$\ddot{x}(t)+2\zeta\omega_0\dot{x}(t)+\omega_0^2x(t)=\frac{F(t)}{m}$$

阻尼比$\zeta=0.5<1$，根据式(2-36)可得上式的解为

$$x(t)=e^{-\zeta\omega_0 t}\left[x_0\cos(\omega_d t)+\frac{v_0+\zeta\omega_0x_0}{\omega_d}\sin(\omega_d t)\right]+\frac{1}{m\omega_d}\int_0^t e^{-\zeta\omega_0(t-\tau)}\sin[\omega_d(t-\tau)]F(\tau)d\tau$$

将x_0，v_0，ω_0，ζ，ω_d的值代入上式，得

$$x(t)=e^{-10t}[0.2\cos(17.32t)+0.1155\sin(17.32t)]+\frac{1}{86.6}\int_0^t e^{-10(t-\tau)}\sin[17.32(t-\tau)]F(\tau)d\tau$$

1）如图2-12所示，假设$F(t)$为简谐激励，即$F(t)=F_0\sin(\omega t)$，F_0为激励幅值，取值为100N，ω为激励频率，取值为10rad/s，将$F(t)$代入$x(t)$中并积分，可求得系统的全响应为

$$x(t)=e^{-10t}[0.23077\cos(17.32t)+0.10662\sin(17.32t)]+0.046155\sin(10t)-0.030771\cos(10t)$$

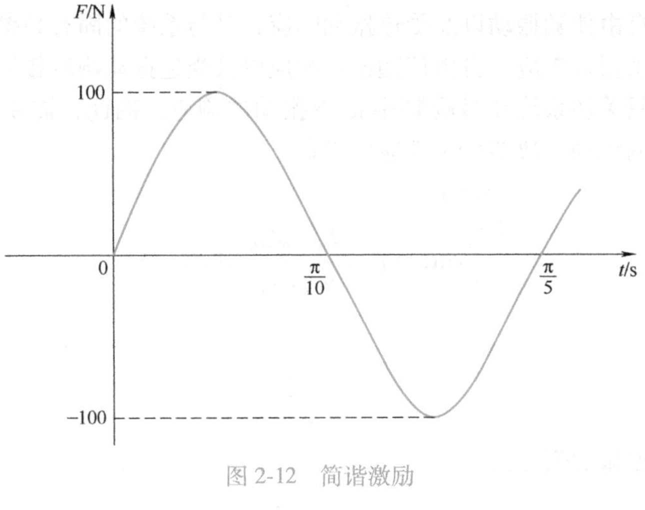

图2-12　简谐激励

2）如图 2-13 所示，假设 $F(t)$ 为周期性方波激励，其周期为 $T=20\text{s}$，幅值为 1，则其表达式可写为

$$F(t)=\begin{cases}1, 0+nT\leqslant t\leqslant 10+nT\\-1, 10+nT\leqslant t\leqslant 20+nT\end{cases}\quad (n=0,1,2,\cdots)$$

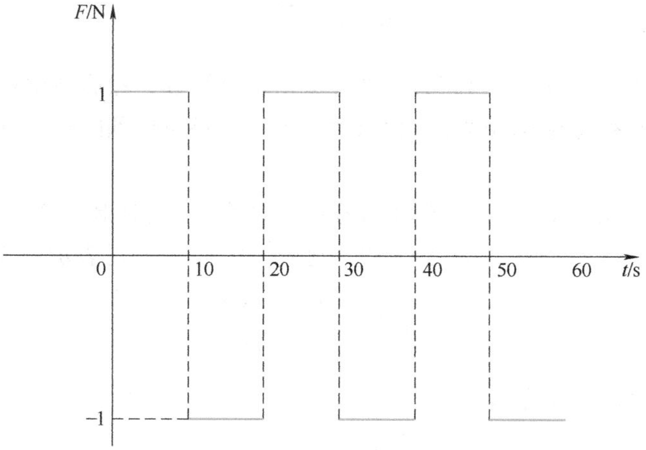

图 2-13　方波周期激励

将方波激励展开为傅里叶级数，即

$$F(t)=\frac{a_0}{2}+\sum_{n=1}^{\infty}\left[a_n\cos(n\omega t)+b_n\sin(n\omega t)\right]\quad (n=1,2,3,\cdots)$$

式中，ω 表示方波的频率，即 $\omega=2\pi/T=\pi/10$。根据线性系统叠加原理，系统运动微分方程可以表示为 $2n+1$ 个：

$$\begin{cases}m\ddot{x}+c\dot{x}+kx=\dfrac{a_0}{2}\\m\ddot{x}+c\dot{x}+kx=a_n\cos(n\omega t)\quad (n=1,2,3,\cdots)\\m\ddot{x}+c\dot{x}+kx=b_n\sin(n\omega t)\quad (n=1,2,3,\cdots)\end{cases}$$

只需根据式(2-36)求得各个微分方程的解并加和，即可得到系统的全响应。接下来，求解傅里叶级数中的相关系数。

$$a_0=\frac{2}{T}\int_0^T F(t)\,\mathrm{d}t=0$$

$$a_n=\frac{2}{T}\int_0^T F(t)\cos(n\omega t)\,\mathrm{d}t=0$$

$$b_n=\frac{2}{T}\int_0^T F(t)\sin(n\omega t)\,\mathrm{d}t=\begin{cases}\dfrac{4}{n\pi}\quad (n=1,3,5,\cdots)\\0\quad (n=2,4,6,\cdots)\end{cases}$$

故

$$F(t)=\sum_{n=1}^{\infty}\frac{4}{n\pi}\sin\left(\frac{n\pi}{10}t\right)\quad (n=1,3,5,\cdots)$$

将上式代入 $x(t)$ 中并积分可求得 n 个解，求和即可得系统的全响应解，即

$$x(t)=e^{-10t}[0.2\cos(17.32t)+0.1155\sin(17.32t)]+$$

$$\sum_{n=1}^{\infty}\frac{4}{n\pi k}\frac{\omega_0^2}{\sqrt{[\omega_0^2-(n\omega)^2]^2+(2n\zeta\omega_0\omega)^2}}\sin\left(\frac{n\pi}{10}t-\varphi_n\right)\quad(n=1,3,5,\cdots)$$

$$\varphi_n=\arctan\frac{2\zeta\omega_0 n\omega}{\omega_0^2-(n\omega)^2}$$

对于任意周期载荷激励，都可将其先展开成傅里叶级数，然后根据叠加原理将问题转化为对若干个单自由度系统的运动微分方程求解，最后，将所得到的解进行叠加，进而得到系统振动响应。

3）假设 $F(t)$ 为单位脉冲激励，即系统在某一时刻 τ_0 受到脉冲作用，作用持续时间为 $\Delta\tau_0$，作用大小为 $F(\tau)=1/\Delta\tau_0$。若 $\Delta\tau_0\to0$，则 $F(\tau)\to\infty$，其可表示为 δ 函数，满足：

$$\delta(t-\tau_0)=\begin{cases}0 & (t\neq\tau_0)\\ \infty & (t=\tau_0)\end{cases}$$

且满足在时间域$(-\infty,\ +\infty)$的积分为 1，即

$$\int_{-\infty}^{+\infty}\delta(t-\tau_0)\,dt=1$$

故对于图 2-11 所示的系统，运动微分方程可表示为

$$m\ddot{x}+c\dot{x}+kx=\delta(t-\tau_0)$$

考虑到 $t>\tau$ 时，$\delta(t-\tau_0)=0$，此时系统可以视为单位脉冲载荷作用后，初值发生变化的自由振动。接下来，讨论脉冲载荷对初值的影响。

首先，在 τ_0 附近取一个无限小的时间段$[\tau_0^-,\tau_0^+]$，τ_0^-，τ_0^+ 分别表示脉冲载荷作用的前、后瞬间。由动量定理可得系统满足

$$\int_{\tau_0^-}^{\tau_0^+}\delta(t-\tau_0)\,dt=1=m\dot{x}(\tau_0^+)-m\dot{x}(\tau_0^-)$$

由题可知，在脉冲载荷作用前，初始速度为 0，因此，脉冲载荷作用后系统的速度 $\dot{x}(\tau_0^+)=1/m=0.2$。而脉冲载荷作用前后系统的位移认为是不变的，即 $x(\tau_0^+)=0.2$。因此，受单位脉冲载荷作用后$(t>\tau_0)$的系统运动微分方程可表示为

$$\begin{cases}m\ddot{h}+c\dot{h}+kh=0\\ h(0)=0.2\\ \dot{h}(0)=0.2\end{cases}$$

根据式(2-36)，得到该方程的解为

$$h(t)=e^{-10t}[0.2\cos(17.32t)+0.127\sin(17.32t)]$$

考虑在 $t=\tau$ 时刻，单位脉冲载荷作用于系统，则系统的全响应可表示为

$$\begin{aligned}x(t)&=h(t-\tau)\\&=\begin{cases}0 \quad (t<\tau)\\ e^{-10t}[0.2\cos(17.32(t-\tau))+0.127\sin(17.32(t-\tau))]\quad (t-\tau>0)\end{cases}\end{aligned}$$

2.4 单自由度系统自由振动特性分析

2.4.1 单自由度系统无阻尼自由振动

根据式(2-22)，推导出任意激励 $f(t)$ 下单自由度振动系统的运动微分方程的归一化形式：

$$\ddot{x}(t)+2\zeta\omega_0\dot{x}(t)+\omega_0^2x(t)=\frac{f(t)}{m} \tag{2-43}$$

式中，$\omega_0^2=k/m$，$c/m=2\zeta\omega_0$。

根据式(2-36)可知，当 $0\leqslant\zeta<1$ 时，上述方程的全响应解为

$$x(t)=\mathrm{e}^{-\zeta\omega_0 t}\left[x_0\cos(\omega_d t)+\frac{\dot{x}_0+\zeta\omega_0x_0}{\omega_d}\sin(\omega_d t)\right]+\frac{1}{m\omega_d}\int_0^t\mathrm{e}^{-\zeta\omega_0(t-\tau)}\sin[\omega_d(t-\tau)]f(\tau)\mathrm{d}\tau \tag{2-44}$$

式中，$\omega_d=\omega_0\sqrt{1-\zeta^2}$；$x_0$ 为系统初始位移；$\dot{x}_0$ 为系统初始速度。

当系统无阻尼且无外力作用时，$\zeta=0$，$f(t)=0$，代入式(2-44)，得到单自由度系统无阻尼自由振动解为

$$x(t)=\frac{\dot{x}_0}{\omega_0}\sin\omega_0t+x_0\cos\omega_0t \tag{2-45}$$

进一步利用三角函数中的辅助角公式，有

$$x(t)=A\sin(\omega_0t+\varphi) \tag{2-46}$$

其中，

$$A=\sqrt{x_0^2+\left(\frac{\dot{x}_0}{\omega_0}\right)^2},\quad \varphi=\arctan\frac{\omega_0x_0}{\dot{x}_0} \tag{2-47}$$

由式(2-47)可以看出，单自由度系统无阻尼自由振动属于简谐运动。质量块偏离平衡位置的最大距离 A 称为系统的振幅，它反映质量块振动的强弱程度；$\omega_0t+\varphi$ 为总相位，φ 为相角，即初始相位，ω_0 称为系统的固有圆频率，代表(2π)s 内质量块往复运动的次数，单位与角速度单位相同；固有圆频率 ω_0 是系统固有的数值特征，仅与系统的固有属性有关，与系统是否正在振动以及如何进行振动无关。A 和 φ 不是系统的固有特征，与系统过去所受到的激励和初始时刻系统所处的状态有关。系统的振动周期 T 和振动频率 f 为

$$\omega_0=\sqrt{\frac{k}{m}},\quad T=\frac{2\pi}{\omega_0},\quad f=\frac{1}{T} \tag{2-48}$$

式(2-48)为系统固有频率的标准计算方法。需要注意的是，在计算中应采用国际单位制，刚度 k 的单位为 N/m，质量 m 的单位为 kg，固有圆频率 ω_0 的单位为 rad/s，振动周期 T 的单位为 s，振动频率 f 的单位为 Hz。固有圆频率和周期可通过调整系统的参数 m 和 k 来改变。振幅、频率和相位角称为振动的三要素。

当系统考虑重力作用时（见图 2-14），固有频率也可通过静位移法求解。

当质量块处于静平衡状态时，弹簧的弹性恢复力与质量块的重力互相平衡。假定质量块的重力为 mg，重物在平衡位置时弹簧的静变形为 λ，弹簧的刚度为 k，则有

$$k\lambda = mg \tag{2-49}$$

因此，

$$\omega_0 = \sqrt{\frac{k}{m}} = \sqrt{\frac{g}{\lambda}}, \quad T = \frac{2\pi}{\omega_0} = 2\pi\sqrt{\frac{\lambda}{g}}, \quad f = \frac{1}{T} = \frac{1}{2\pi}\sqrt{\frac{g}{\lambda}} \tag{2-50}$$

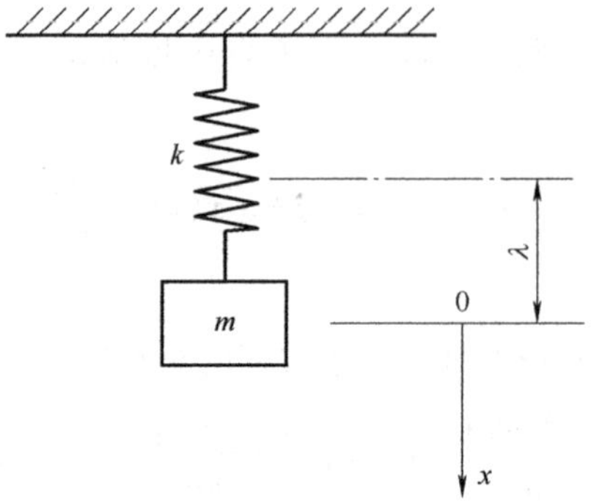

图 2-14　重力作用下的弹簧质量系统

2.4.2　单自由度系统有阻尼自由振动

无阻尼自由振动只是一种理想情况，实际的振动系统中都会存在各种各样的阻力，将振动中的这些阻力称为阻尼力。外部阻尼力会减缓质点的振动速度，并且会使振动逐渐衰减，最终停止。有阻尼自由振动的特点是振幅逐渐减小，振动周期也略微增加。阻尼越大，振幅衰减越快，振动周期也随之增加。

系统的阻尼可能来自多方面，如：两个物体相对运动时的摩擦阻尼、结构材料在变形时内部分子间摩擦的结构阻尼、物体在介质中运动时的黏滞阻尼等。尽管已经提出了许多数学上描述阻尼的方法，但是实际系统中阻尼的物理本质仍然极难确定。最常用的一种阻尼力学模型是黏性阻尼(黏滞阻尼)，如在流体中低速运动或沿润滑表面滑动的物体，通常就认为受到黏滞阻尼。本节仅讨论线性黏滞阻尼对自由振动的影响，其他类型的阻尼可近似地用等效黏滞阻尼的方法处理。黏滞阻尼力近似地与速度成正比。

定义临界阻尼系数，用 c_c 表示：

$$c_c = 2m\sqrt{\frac{k}{m}} = 2\sqrt{km} = 2m\omega_0 \tag{2-51}$$

阻尼比 ζ 与临界阻尼系数 c_c 满足以下关系：

$$\zeta = \frac{c}{c_c} \tag{2-52}$$

易知 $\zeta \geqslant 0$，系统运动状态取决于阻尼大小。$\zeta = 0$ 就是无阻尼的情形，本节主要考虑 $\zeta \neq 0$ 时的单自由度系统有阻尼自由振动特性，接下来将分别讨论欠阻尼、过阻尼、临界阻尼三种情况。

1. 欠阻尼振动

当 $0<\zeta<1$ 时，系统为欠阻尼状态。根据式(2-22)，可推导出任意激励 $f(t)$ 下单自由度振动系统的运动微分方程的归一化形式：

$$\ddot{x}(t)+2\zeta\omega_0\dot{x}(t)+\omega_0^2x(t)=\frac{f(t)}{m} \tag{2-53}$$

式中，$\omega_0^2=k/m$，$c/m=2\zeta\omega_0$。

根据式(2-36)可知，当 $0\leqslant\zeta<1$ 时，上述方程的全响应解为

$$x(t)=\mathrm{e}^{-\zeta\omega_0t}\left[x_0\cos(\omega_\mathrm{d}t)+\frac{\dot{x}_0+\zeta\omega_0x_0}{\omega_\mathrm{d}}\sin(\omega_\mathrm{d}t)\right]+\frac{1}{m\omega_\mathrm{d}}\int_0^t\mathrm{e}^{-\zeta\omega_0(t-\tau)}\sin[\omega_\mathrm{d}(t-\tau)]f(\tau)\mathrm{d}\tau \tag{2-54}$$

式中，$\omega_\mathrm{d}=\omega_0\sqrt{1-\zeta^2}$；$x_0$ 为系统初始位移；$\dot{x}_0$ 为系统初始速度。

当系统为欠阻尼状态但无外力作用时，$0<\zeta<1, f(t)=0$，代入式(2-54)，得到单自由度系统欠阻尼自由振动解为

$$x(t)=\mathrm{e}^{-\zeta\omega_0t}\left[x_0\cos(\omega_\mathrm{d}t)+\frac{\dot{x}_0+\zeta\omega_0x_0}{\omega_\mathrm{d}}\sin(\omega_\mathrm{d}t)\right] \tag{2-55}$$

或写为

$$x(t)=\mathrm{e}^{-\zeta\omega_0t}A\sin(\omega_\mathrm{d}t+\theta) \tag{2-56}$$

其中，

$$A=\sqrt{x_0^2+\left(\frac{\dot{x}_0+\zeta\omega_0x_0}{\omega_\mathrm{d}}\right)^2},\quad \theta=\arctan\frac{x_0\omega_\mathrm{d}}{\dot{x}_0+\zeta\omega_0x_0} \tag{2-57}$$

定义欠阻尼自由振动周期为

$$T_\mathrm{d}=\frac{2\pi}{\omega_\mathrm{d}}=\frac{2\pi}{\omega_0\sqrt{1-\zeta^2}}=\frac{T_0}{\sqrt{1-\zeta^2}} \tag{2-58}$$

式中，T_0 为无阻尼自由振动的周期。由式(2-58)可知，欠阻尼自由振动的周期大于无阻尼自由振动的周期。由于阻尼的影响，系统的固有频率减小，振动周期增大，振动不再是简谐振动。

由式(2-57)可以看出，系统振动的振幅将随着时间延续逐渐减小，即该系统呈现振幅逐渐减小的周期性往复运动，这种振动称为减幅阻尼振动，其振动响应曲线如图 2-15 所示。

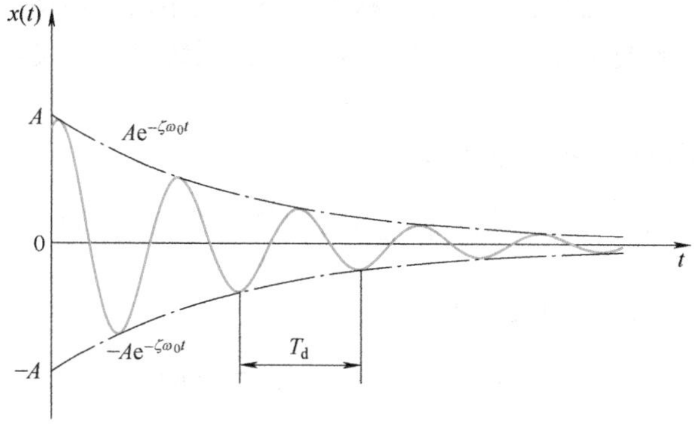

图 2-15 减幅阻尼振动的响应曲线

为评价阻尼对振幅衰减快慢的影响，引入减幅系数 η，其定义为相邻两个振幅的比值

$$\eta=\frac{\Delta_i}{\Delta_{i+1}}=\frac{A\mathrm{e}^{-\zeta\omega_0t_i}}{A\mathrm{e}^{-\zeta\omega_0(t_i+T_\mathrm{d})}}=\mathrm{e}^{\zeta\omega_0T_\mathrm{d}} \tag{2-59}$$

式中，Δ_i 为第 i 个周期的振幅；Δ_{i+1} 为第 $i+1$ 个周期的振幅。减幅阻尼振动的频率为 ω_d，振幅衰减的快慢取决于 $\zeta\omega_0$。由于减幅系数 η 含有指数项，不便于工程应用，故实际中常采用对数衰减率

$$\Lambda=\ln\frac{\Delta_i}{\Delta_{i+1}}=\zeta\omega_0 T_d=\zeta\omega_0\frac{2\pi}{\sqrt{\zeta^2-1}\,\omega_0}=\frac{2\pi\zeta}{\sqrt{\zeta^2-1}}=\frac{2\pi}{\omega_d}\cdot\frac{c}{2m} \tag{2-60}$$

对数缩减率是一个无量纲量，可以看作是无量纲阻尼比 ζ 的另一种形式。只要知道了 Λ，就可以由式(2-60)求出

$$\zeta=\frac{\Lambda}{\sqrt{(2\pi)^2+\Lambda^2}} \tag{2-61}$$

为了提高对数衰减率 Λ 的求解精度，通过测量相差 N 个周期的两个振幅来求得对数衰减率，即

$$\frac{\Delta_1}{\Delta_{N+1}}=\frac{\Delta_1}{\Delta_2}\frac{\Delta_2}{\Delta_3}\frac{\Delta_3}{\Delta_4}\cdots\frac{\Delta_N}{\Delta_{N+1}} \tag{2-62}$$

因为相差 1 个周期的任意两个相邻的振幅满足关系：

$$\frac{\Delta_i}{\Delta_{i+1}}=e^{\zeta\omega_0 T_d} \tag{2-63}$$

故式(2-62)可变为

$$\frac{\Delta_1}{\Delta_{N+1}}=(e^{\zeta\omega_0 T_d})^N=e^{N\zeta\omega_0 T_d} \tag{2-64}$$

由式(2-64)与式(2-60)可得

$$\Lambda=\frac{1}{N}\ln\frac{\Delta_1}{\Delta_{N+1}} \tag{2-65}$$

将式(2-65)代入式(2-61)可求得黏滞阻尼的阻尼比 ζ。

2. 过阻尼振动

当 $\zeta>1$ 时，系统为过阻尼状态。过阻尼状态下系统基本没有振动产生，因此在 2.3 节中没有给出过阻尼情况下的振动解形式。过阻尼状态下的系统可基于欠阻尼状态下的振动解来进行推导。

单自由度系统欠阻尼自由振动解为

$$x(t)=e^{-\zeta\omega_0 t}\left[x_0\cos(\omega_d t)+\frac{\dot{x}_0+\zeta\omega_0 x_0}{\omega_d}\sin(\omega_d t)\right] \tag{2-66}$$

与此不同的是，由于 $\zeta>1$，$1-\zeta^2<0$，因此

$$\omega_d=\omega_0\sqrt{1-\zeta^2}=j\omega_0\sqrt{\zeta^2-1}=j\omega^* \tag{2-67}$$

式中，$\omega^*=\omega_0\sqrt{\zeta^2-1}$；j 为虚数单位，$j^2=-1$。

将 $\omega_d=j\omega^*$ 代入式(2-66)得

$$x(t)=e^{-\zeta\omega_0 t}\left[x_0\cos(j\omega^* t)+\frac{\dot{x}_0+\zeta\omega_0 x_0}{j\omega^*}\sin(j\omega^* t)\right] \tag{2-68}$$

基于欧拉公式 $e^{jx}=\cos x+j\sin x$ 做以下推导：

$$\begin{aligned}\mathrm{ch}(\omega^* t) &= \frac{\mathrm{e}^{\omega^* t}+\mathrm{e}^{-\omega^* t}}{2} = \frac{\mathrm{e}^{\mathrm{j}(-\mathrm{j}\omega^* t)}+\mathrm{e}^{\mathrm{j}(\mathrm{j}\omega^* t)}}{2} \\ &= \frac{\cos(-\mathrm{j}\omega^* t)+\mathrm{j}\sin(-\mathrm{j}\omega^* t)+\cos(\mathrm{j}\omega^* t)+\mathrm{j}\sin(\mathrm{j}\omega^* t)}{2} \\ &= \cos(\mathrm{j}\omega^* t)\end{aligned} \tag{2-69}$$

这里 $\mathrm{ch}(x)$ 是指双曲余弦函数，其表达式为

$$\mathrm{ch}(x)=\frac{\mathrm{e}^{x}+\mathrm{e}^{-x}}{2}$$

同理可得：

$$\begin{aligned}\mathrm{sh}(\omega^* t)\mathrm{j} &= \mathrm{j}\,\frac{\mathrm{e}^{\omega^* t}-\mathrm{e}^{-\omega^* t}}{2} = \mathrm{j}\,\frac{\mathrm{e}^{\mathrm{j}(-\mathrm{j}\omega^* t)}-\mathrm{e}^{\mathrm{j}(\mathrm{j}\omega^* t)}}{2} \\ &= \mathrm{j}\,\frac{\cos(-\mathrm{j}\omega^* t)+\mathrm{j}\sin(-\mathrm{j}\omega^* t)-\cos(\mathrm{j}\omega^* t)-\mathrm{j}\sin(\mathrm{j}\omega^* t)}{2} \\ &= \sin(\mathrm{j}\omega^* t)\end{aligned} \tag{2-70}$$

这里 $\mathrm{sh}(x)$ 是指双曲正弦函数，其表达式为

$$\mathrm{sh}(x)=\frac{\mathrm{e}^{x}-\mathrm{e}^{-x}}{2}$$

将式(2-69)与式(2-70)代入式(2-68)，得

$$x(t)=\mathrm{e}^{-\zeta\omega_0 t}\left[x_0\mathrm{ch}(\omega^* t)+\frac{\dot{x}_0+\zeta\omega_0 x_0}{\omega^*}\mathrm{sh}(\omega^* t)\right] \tag{2-71}$$

式(2-71)为单自由度系统过阻尼自由振动的解。可以看出，不管初始条件怎样，该运动都是非周期性的。其响应曲线如图 2-16 所示，表现为一种按指数规律衰减的非周期蠕动，没有振动发生。

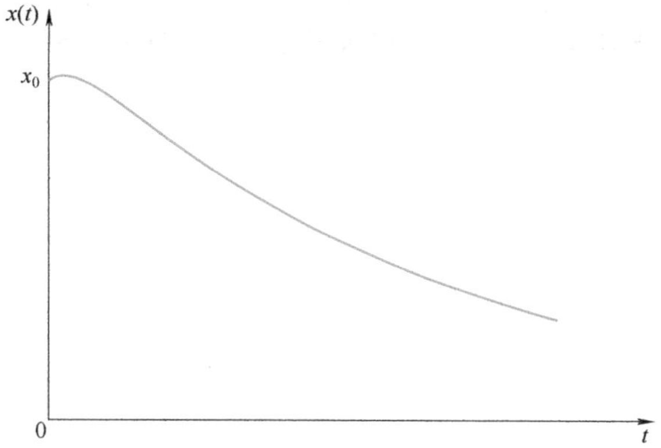

图 2-16 过阻尼状态下响应曲线

3. 临界阻尼振动

当 $\zeta=1$ 时，系统为临界阻尼状态。根据式(2-22)可推导出任意激励 $f(t)$ 下单自由度振动系统的运动微分方程的归一化形式

$$\ddot{x}(t)+2\zeta\omega_0\dot{x}(t)+\omega_0^2 x(t)=\frac{f(t)}{m} \tag{2-72}$$

式中，$\omega_0^2=k/m$，$c/m=2\zeta\omega_0$。

根据式(2-36)可知，当$\zeta=1$时，上述方程的全响应解为

$$x(t)=\mathrm{e}^{-\omega_0 t}[x_0+(\dot{x}_0+\omega_0 x_0)t]+\frac{1}{m}\int_0^t (t-\tau)\mathrm{e}^{-\omega_0(t-\tau)}f(\tau)\mathrm{d}\tau \tag{2-73}$$

式中，x_0为系统初始位移；$\dot{x}_0$为系统初始速度。

系统无外力作用时，$f(t)=0$，代入式(2-73)，得到单自由度系统临界阻尼振动解为

$$x(t)=\mathrm{e}^{-\omega_0 t}[x_0+(\dot{x}_0+\omega_0 x_0)t] \tag{2-74}$$

由式(2-74)可知，系统的运动不再具有往复的振动特性，而是按指数规律衰减的非周期运动，其响应曲线如图2-17所示。

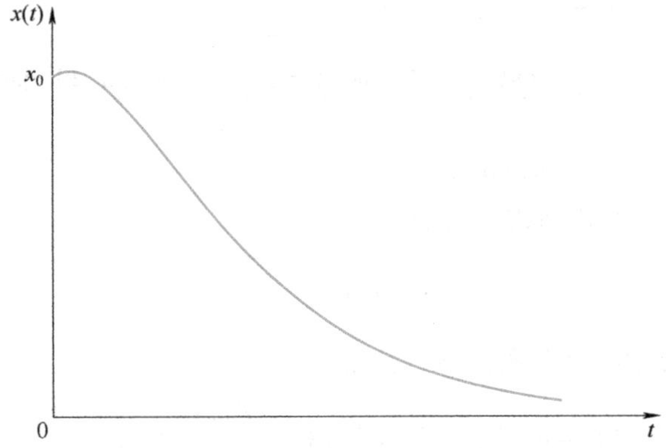

图2-17　临界阻尼状态下响应曲线

4. 三种阻尼状态对比

分别取$\zeta=0.1$，$\zeta=2$，$\zeta=1$绘制欠阻尼、过阻尼和临界阻尼状态下的响应曲线，如图2-18所示。显而易见，欠阻尼状态是一种振幅逐渐衰减的振动；过阻尼状态是一种按指数规律衰减的非周期蠕动，没有振动发生；临界阻尼状态也是按指数规律衰减的非周期运动，但衰减速度快于过阻尼状态。

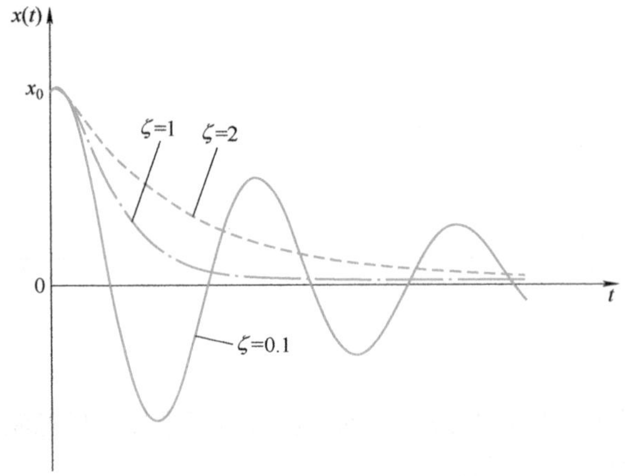

图2-18　三种阻尼状态对比

2.5 单自由度系统受迫振动特性分析

2.5.1 简谐激励引起的受迫振动

当单自由度系统受简谐激振力 $P(t)=P_0\sin(\omega t)$ 作用时，根据式(2-42)可知稳态响应的幅值 A 和相位差 θ 分别为

$$\begin{cases} A=\dfrac{P_0/k}{\sqrt{(1-r^2)^2+(2\zeta r)^2}} \\ \theta=\arctan\dfrac{2\zeta r}{1-r^2} \end{cases}$$

式中，A 为稳态响应幅值；θ 为相位差；r 为激励力频率与固有频率之间的频率比；P_0 为激振力幅值；ω 为激振力频率。

稳态响应解可写为

$$x(t)=A\sin(\omega t-\theta) \tag{2-75}$$

因此可以得出简谐激励引起的受迫振动稳态响应的一些基本特点：

1）由稳态响应解 $x(t)=A\sin(\omega t-\theta)$ 可知，系统在简谐激励的作用下，其受迫振动稳态响应是简谐振动，振动的频率与激励频率相同。

2）受迫振动稳态响应的相位比激励的相位滞后 θ，其原因是系统存在阻尼，如果是无阻尼系统，则相位差 $\theta=0$。

3）受迫振动稳态响应幅值 A 与相位差 θ 只取决于系统本身的特性（质量 m、刚度 k、阻尼 c）和激振力频率 ω、激振力幅值 P_0，而与振动的初始条件无关，初始条件只能影响系统的瞬态振动解。

影响稳态响应幅值 A 的因素有激振力幅值 P_0、弹簧刚度 k、频率比 r 和阻尼比 ζ，$A_0=P_0/k$ 相当于将激振力的最大幅值 P_0 静止地作用在弹簧 k 上所引起的弹簧的静变形，它反映了激振力对受迫振动的影响，即受迫振动稳态响应的幅值 A 与激振力幅值 P_0 成正比。

为了讨论频率比 r 和阻尼比 ζ 对振幅的影响，我们首先引入一个无量纲的振幅放大因子 α，将 A 写成无量纲形式

$$\alpha=\frac{A}{A_0}=\frac{1}{\sqrt{(1-r^2)^2+(2\zeta r)^2}} \tag{2-76}$$

式中，α 称为振幅放大因子，也称为动力放大系数，是评估机械系统动态工作环境的重要指标之一。

为了分析系统的特性，以频率比 r 为横坐标，α 为纵坐标，以阻尼比 ζ 为参数画出一组曲线，称为幅频特性曲线，如图 2-19 所示。

幅频特性曲线的特点如下：

1）当频率比 $r\ll 1$ 时，这时激振频率 ω 远小于系统的固有频率 ω_0，振幅放大因子 $\alpha=\dfrac{A}{A_0}\approx 1$，此时 $A\approx A_0=\dfrac{P_0}{k}$，也就是说稳态响应的振幅 A 近似等于激振力幅值 P_0 作用下的静位移 $\dfrac{P_0}{k}$，该

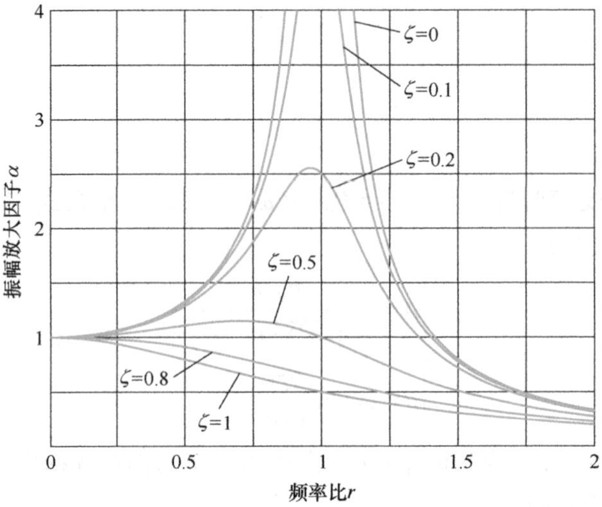

图 2-19　幅频特性曲线

区域振幅 A 主要由弹簧刚度 k 控制，故称为“刚度控制区”。

2）当频率比 $r\gg1$ 时，这时激振频率 ω 远大于系统的固有频率 ω_0，$\alpha=\dfrac{A}{A_0}\approx0$，此时 $A\approx\dfrac{P_0}{kr^2}=\dfrac{P_0}{m\omega^2}$，振幅大小主要取决于系统惯性，这一区域称为“惯性控制区”。对启动次数不多的高速旋转机械，在通过共振区时要有抑制振幅的预防措施。然而，在越过共振区到达高速旋转时，振幅反而很小，旋转更趋平稳。

3）当频率比 $r\approx1$ 时，这时激振频率 ω 接近于系统的固有频率 ω_0，在 ζ 较小的情况下，振幅放大因子 α 可以很大，即稳态响应幅值 A 迅速增大；在阻尼比 ζ 趋于 0 时，振幅 A 趋于无穷大。通常我们把激振力频率 ω 与系统的固有频率 ω_0 相等时称为系统共振。在 $r\approx1$ 附近的区域内，阻尼对振动幅值的影响较为显著，阻尼的增大，振幅明显下降。因为 $\omega\approx\omega_0$，有 $m\omega^2A\approx m\omega_0^2A=kA$，即 $m\omega^2A\approx kA$，系统的惯性力与弹性恢复力相平衡，而激振力与阻尼力相平衡，$P_0=c\omega A$，故有 $A=P_0/(c\omega)$，系统阻尼 c 的大小对稳态响应的幅值 A 有着极其重要的影响，所以，$\lambda\approx1$ 附近的区域被称为“阻尼控制区”。

4）从幅频特性曲线中可以看到，实际上有阻尼作用时振幅的最大值并不在 $\omega=\omega_0$ 处。对式(2-76)求极值 $\dfrac{\partial\alpha}{\partial r}=0$，得振幅最大处对应的频率比为

$$r_{\max}=\frac{\omega}{\omega_n}=\sqrt{1-2\zeta^2}<1 \tag{2-77}$$

可见，响应的峰值出现在 ω 比 ω_0 略小的地方。实际上，阻尼往往比较小，所以一般以 $\omega=\omega_0$ 作为共振频率。从幅频响应曲线可以看出，阻尼在共振附近一定范围内，对减小振幅有显著作用，增加阻尼，振幅可以明显下降。

将式(2-77)代入式(2-76)，得到振幅放大因子的最大值为

$$\alpha_{\max}=\frac{1}{2\zeta\sqrt{1-\zeta^2}} \tag{2-78}$$

式中，如果$\sqrt{1-\zeta^2}<0$时，则振幅放大因子 α 没有峰值。

同样以频率比 r 为横坐标，θ 为纵坐标，对应于不同的 ζ 值作出图 2-20 所示的曲线，称为相频特性曲线。相频特性曲线的特点如下：

1）对于小阻尼情况($\theta\ll1$)，当 $r\ll1$ 时，相位差 $\theta\approx0°$，即位移与激振力在相位上接近同相；而当 $r\gg1$ 时，相位差 $\theta\approx180°$，即位移与激振力在相位上接近反相。

2）$\zeta=0$ 情况下，$r<1$ 时，有 $\theta=0°$；$r>1$ 时，有 $\theta=180°$；在 $r=1$ 前后相位差 θ 发生突变现象。

3）相位差 θ 随着频率比 r 的增大而逐渐增大，而阻尼比 ζ 对相位差 θ 的影响表现为当 $r<1$ 时，θ 随着 ζ 的增大而增大；当 $r>1$ 时，θ 随着 ζ 的增大而减小；当 $r=1$ 时，$\theta=90°$，即共振时位移与激振力在相位滞后 90°，这时 θ 与 ζ 的大小无关。因为在 $r=1$ 前后，相位差 θ 的变化较大，而且在 $r=1$ 时，$\theta=90°$，所以在振动测试中，常常利用相位差 θ 的变化来确定共振点。

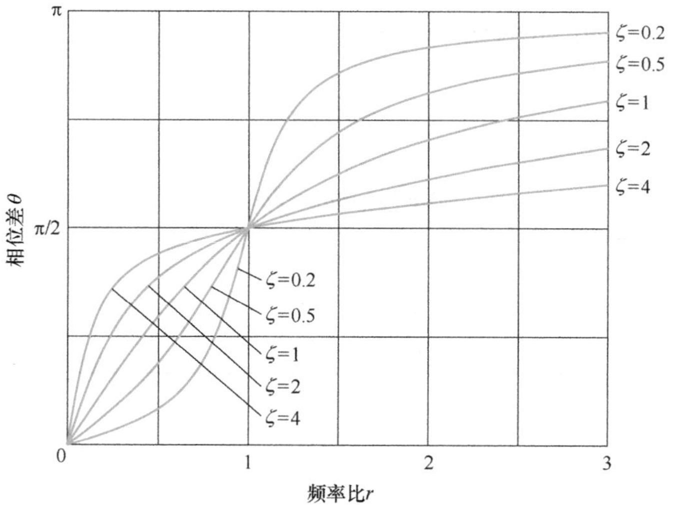

图 2-20　相频特性曲线

对于较小的阻尼值($\zeta<0.05$)，由式(2-78)可得

$$\alpha_{\max}\approx\alpha_{\omega=\omega_0}=\frac{1}{2\zeta}=Q \tag{2-79}$$

共振时的振幅放大因子也称为 Q 系数或系统的品质因子。在某些电子工程中也有类似的定义。例如，对收音机中的调谐电路，当调谐电路频率与电台频率相同时，会产生共振，共振时的振幅大小(品质因子的高低)决定着人们听到声音信号的大小及清晰程度。声音信号也是一种振动，因此，人们期望共振时声音信号的振动幅值尽可能大以听到更清晰的声音信号。如图 2-21 所示，q_1 点与 q_2 点处的振幅放大系数降为 $Q/\sqrt{2}$，其对应的激振频率为 ω_1 和 ω_2，其对应的频率比为 r_1 和 r_2，称为半功率点。

对于半功率点有

$$\frac{Q}{\sqrt{2}}=\frac{1}{2\sqrt{2}\zeta}=\frac{1}{\sqrt{(1-r^2)+(2\zeta r)^2}} \tag{2-80}$$

系统的带宽为

$$\begin{cases}\Delta\omega=\omega_2-\omega_1\\ \Delta\lambda=\lambda_2-\lambda_1\end{cases} \tag{2-81}$$

则式(2-80)的解为

$$r_1^2=1-2\zeta^2-2\zeta\sqrt{1+\zeta^2}$$
$$r_2^2=1-2\zeta^2+2\zeta\sqrt{1+\zeta^2} \tag{2-82}$$

考虑小阻尼情况，$\zeta\ll1$，上式可以近似表示成

$$\begin{cases}r_1^2=\left(\dfrac{\omega_1}{\omega_0}\right)^2\approx1-2\zeta\\ r_2^2=\left(\dfrac{\omega_2}{\omega_0}\right)^2\approx1+2\zeta\end{cases} \tag{2-83}$$

由上式得

$$\omega_2^2-\omega_1^2=(\omega_2+\omega_1)(\omega_2-\omega_1)=(r_2^2-r_1^2)\omega_0^2\approx4\zeta\omega_0^2 \tag{2-84}$$

运用下面的关系

$$\omega_2+\omega_1=2\omega_0 \tag{2-85}$$

可知带宽 $\Delta\omega$ 为

$$\Delta\omega=\omega_2-\omega_1\approx2\zeta\omega_0 \tag{2-86}$$

因此，系统的品质因子可以表示成

$$Q\approx\frac{1}{2\zeta}\approx\frac{\omega_0}{\omega_2-\omega_1} \tag{2-87}$$

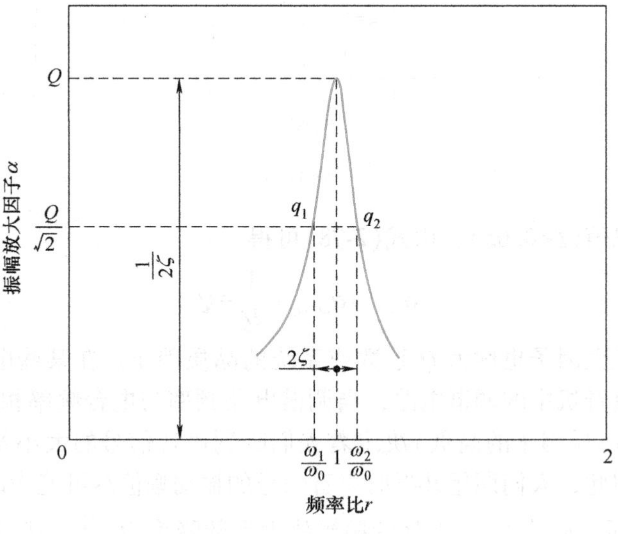

图 2-21　简谐响应曲线上的半功率点和对应的半功率带宽

2.5.2　偏心质量引起的受迫振动

在高速旋转机械如电动机、汽轮机、离心压缩机等中，由偏心质量产生的惯性力成为机

器振动的主要激励源。如图 2-22 所示，一个总质量为 M 的电动机安装在两根槽钢组成的弹性简支梁上，电动机转动时由于转子的偏心而引起系统的受迫振动，该系统可看作单自由度受迫振动系统。

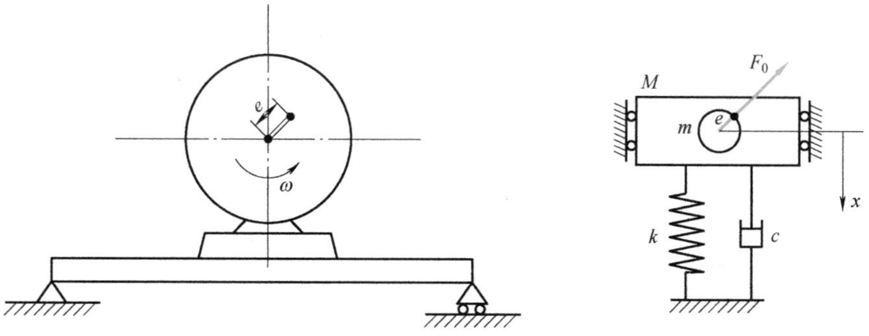

a) 电动机转子安装及转动示意图　　b) 转子系统动力学模型

图 2-22　转子不平衡产生的振动

当转子的偏心距为 e、偏心质量为 m 时，现讨论系统在 x 轴方向的受迫振动问题。设电动机质量为 M(略去梁重)，电动机转速为 N r/min，系统(梁)的弹簧刚度为 k，阻尼为 c。转子的旋转角速度为 $\omega=2\pi N/60$，故产生的离心惯性力为 $F_0=me\omega^2$，以静平衡位置为原点建立坐标，设偏心质量在水平位置为起始位置，F_0 在 x 轴方向上投影即为垂直激振力，即

$$F=F_0\sin(\omega t)=me\omega^2\sin(\omega t) \tag{2-88}$$

与图 2-2 所示的典型单自由度振动系统相比，上述系统仅外激励力变为 $F=me\omega^2\sin(\omega t)$，且无基础支承运动。易知系统在竖直方向($x$ 轴方向)上的运动微分方程为

$$M\ddot{x}+c\dot{x}+kx=me\omega^2\sin(\omega t) \tag{2-89}$$

这里只考虑受迫振动的稳态响应，由 2.5.1 节可知系统的稳态响应为

$$x(t)=B\sin(\omega t-\theta) \tag{2-90}$$

其中，稳态响应的幅值 B 与相位 θ 分别为

$$B=\frac{me}{M}\frac{r^2}{\sqrt{(1-r^2)^2+(2\zeta r)^2}},\ \theta=\arctan\frac{2\zeta r}{1-r^2} \tag{2-91}$$

由式(2-91)可以看出，偏心质量引起的受迫振动振幅与不平衡量 me 成正比。要减小机器的振动，就必须将质量尽可能均匀分布，使得其质心与旋转轴轴线之间的距离减小，即偏心距减小，因此旋转机械的转子通常要做动平衡试验以减小不平衡量 me。

将式(2-91)改写为下列无量纲形式：

$$\beta=\frac{MB}{me}=\frac{r^2}{\sqrt{(1-r^2)^2+(2\zeta r)^2}} \tag{2-92}$$

作出系统的幅相特性曲线如图 2-23 所示。

偏心质量引起的受迫振动，其幅相特性曲线的特点如下：

1）当 $r\ll 1$ 时，有 β 趋于 0，即在低频段 $\omega\ll\omega_0$，机器低速运转，受迫振动振幅 B 接近于零；

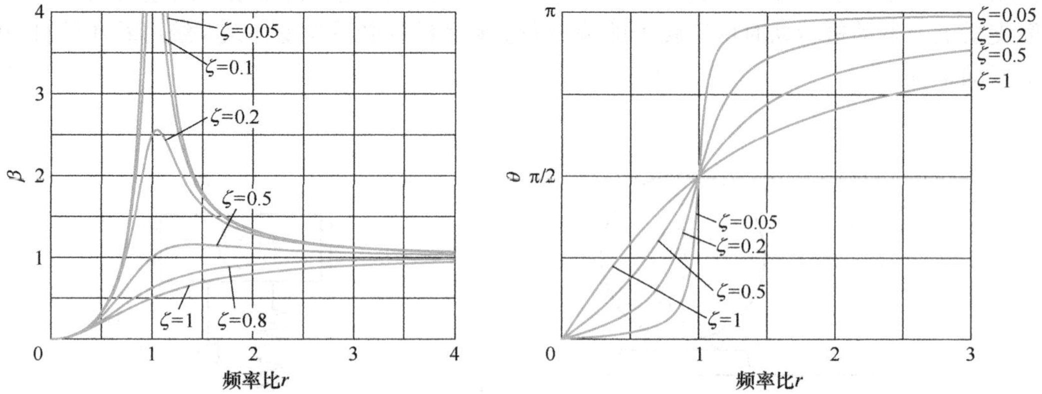

a) 幅频特性　　b) 相频特性

图 2-23　偏心质量引起的受迫振动的幅相特性曲线

2）当 $r \gg 1$ 时，有 β 趋于 1，即在高频段 $\omega \gg \omega_0$，受迫振动振幅接近于常数；

3）当 $r=1$ 时，系统出现共振，受迫振动振幅 $B=\dfrac{me}{2\zeta M}$，阻尼越小，振幅越大，此时相位差 $\theta=90°$，电动机的转速称为临界转速。在设计时，应注意避免电动机的工作转速接近于临界转速。

2.5.3　支承运动引起的受迫振动

在很多情况下，系统是由于支承点的运动而产生受迫振动。支承点的运动可能是由外部振源产生的，如机器振动引起仪表的振动、汽车在不平路面行驶产生的振动等。

考虑单自由度系统支承点做简谐运动即 $r_s=a\sin(\omega t)$ 时，与图 2-2 所示典型单自由度振动系统相比，仅无外激励力作用，易知系统运动微分方程为

$$m\ddot{x}+c\dot{x}+kx=c\dot{r}_s+kr_s \tag{2-93}$$

即

$$m\ddot{x}+c\dot{x}+kx=ca\omega\cos(\omega t)+ka\sin(\omega t) \tag{2-94}$$

根据线性系统叠加原理与 2.5.1 节内容可知，系统的稳态响应可表示为

$$x(t)=B\cos(\omega t-\theta)+B\sin(\omega t-\theta) \tag{2-95}$$

其中，稳态响应的幅值 B 与相位 θ 分别为

$$B=a\sqrt{\frac{1+(2\zeta r)^2}{(1-r^2)^2+(2\zeta r)^2}},\ \theta=\arctan\frac{2\zeta r^3}{1-r^2+(2\zeta r)^2} \tag{2-96}$$

定义无量纲的振幅放大因子 β 为

$$\beta=\frac{B}{a}=\sqrt{\frac{1+(2\zeta r)^2}{(1-r^2)^2+(2\zeta r)^2}} \tag{2-97}$$

式中，B/a 为系统振动幅值与支承运动幅值之比，也称放大因子，仍以 β 表示。

同样，若以 r 为横坐标，β 或 θ 为纵坐标，也可得出幅频、相频响应曲线，如图 2-24 所示，其特点分析如下：

1）当 $r=0$ 时，$\beta=1$，说明支承运动频率变化很慢时，系统相当于平动。

2）当 $r=1$ 时，为共振点，振幅接近最大值。当 $r=\sqrt{2}$ 时，可知 β 也等于 1，即振幅等于支承运动的幅值，且与系统的阻尼无关。

3）当 $r>\sqrt{2}$ 时，无论阻尼是多少，$\beta<1$，即振幅值小于支承运动的振幅。根据这一特点，可讨论隔振问题。且当 $r>\sqrt{2}$ 时，系统阻尼大的振幅反而比阻尼小的振幅更大，这与前面几种曲线都不同。

4）当 $r>5$ 时，β 基本为常数，此时相位差已不是 $\pi/2$。

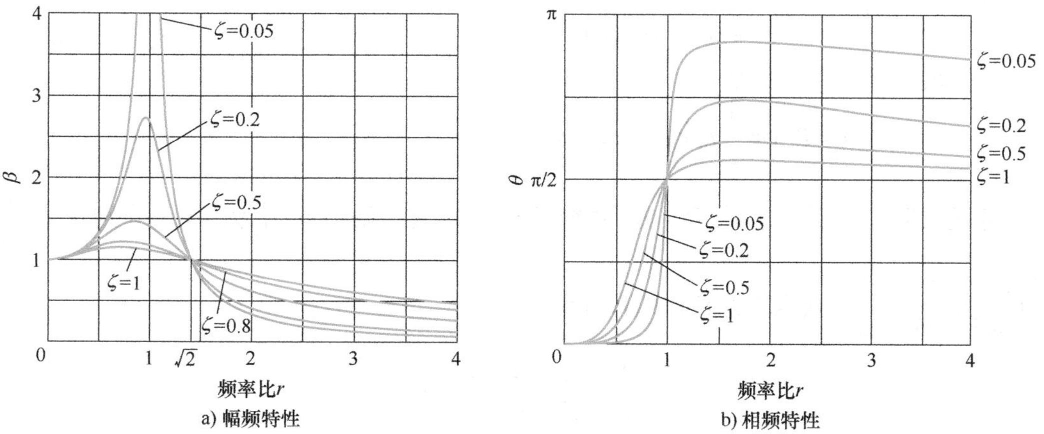

图 2-24　支承运动引起的受迫振动的幅频、相频特性曲线

2.6　本章习题

习题 2.1　如图 2-25 所示，一重量为 W 的重物，由提升机通过刚度为 k 的钢丝绳匀速放下，重物下降的速度为 v。若钢丝绳上端突然被卡住，重物将产生无阻尼自由振动，求此时重物振动响应以及钢丝绳最大拉力。

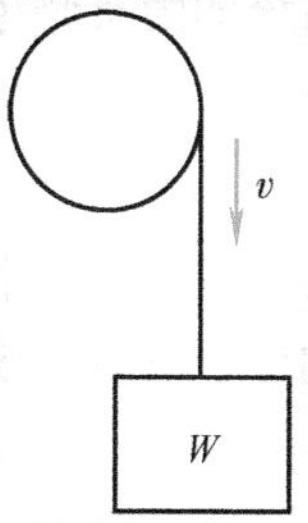

图 2-25　习题 2.1 图

解：该系统振动频率为

$$\omega_0=\sqrt{\frac{k}{m}}=\sqrt{\frac{gk}{W}}$$

其中，g 表示重力加速度。

考虑重物匀速下降时处于静平衡位置，假设绳被卡住的瞬间为初始时刻，满足 $t=0$，此时重物所在位置为初始位置，则初始状态满足 $x_0=0$，$\dot{x}_0=v$。

该系统为一般的单自由度无阻尼系统，根据式(2-31)，其自由振动响应为

$$x(t)=x_0\cos(\omega_0 t)+\frac{\dot{x}_0}{\omega_0}\sin(\omega_0 t)=\sqrt{\frac{W}{gk}}v\sin(\omega_0 t)$$

绳中的最大张力等于静张力与振动引起的张力之和，即

$$T_{\max}=W+kx_{\max}=W+\sqrt{\frac{W}{gk}}kv$$

习题 2.2　如图 2-26 所示，复摆的刚体质心为 C，刚体质量为 m，质心与悬挂点 O 的连线距离为 a，对悬挂点的转动惯量为 I_0，求复摆在平衡位置附近做微振动时的微分方程和固有频率。

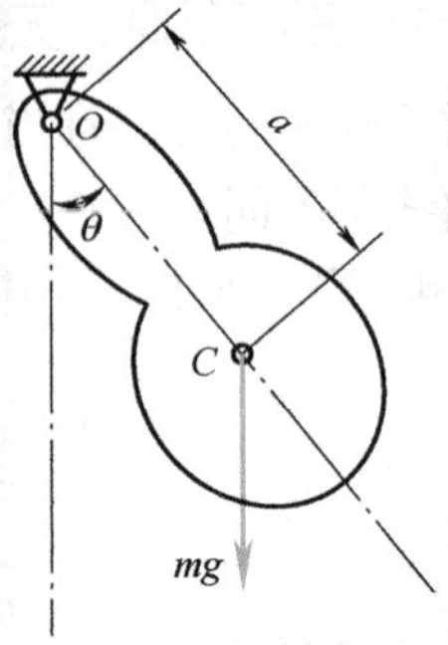

图 2-26　习题 2.2 图

解：以复摆偏离平衡位置的角度 θ 为广义坐标，复摆动能为

$$T=\frac{1}{2}I_0\dot{\theta}^2$$

系统仅存在重力势能为

$$V=-mga(1-\cos\theta)$$

系统的拉格朗日函数为

$$L=T-V=\frac{1}{2}I_0\dot{\theta}^2+mga(1-\cos\theta)$$

系统无阻尼，则耗散功 $D=0$。系统无外力作用，则广义力 $Q_\theta=0$。分别计算 $\frac{\partial L}{\partial\dot{\theta}}$，$\frac{\mathrm{d}}{\mathrm{d}t}\left(\frac{\partial L}{\partial\dot{\theta}}\right)$，$\frac{\partial L}{\partial\theta}$，$\frac{\partial D}{\partial\dot{\theta}}$，代入下述拉格朗日方程

$$\frac{\mathrm{d}}{\mathrm{d}t}\left(\frac{\partial L}{\partial\dot{\theta}}\right)-\frac{\partial L}{\partial\theta}+\frac{\partial D}{\partial\dot{\theta}}=Q_\theta$$

得到系统的运动微分方程为

$$I_0\ddot{\theta}+mga\sin\theta=0$$

由于复摆做微振动，则

$$\sin\theta\approx\theta$$

因此，微分方程可进一步写作

$$I_0\ddot{\theta}+mga\theta=0$$

则系统的固有频率为

$$\omega_0=\sqrt{\frac{mga}{I_0}}$$

习题 2.3　计算在零初始条件下，受如图 2-27 所示半正弦脉冲作用的无阻尼系统的振动响应，假设系统质量为 m，固有频率为 ω_0，且与激励频率不同。

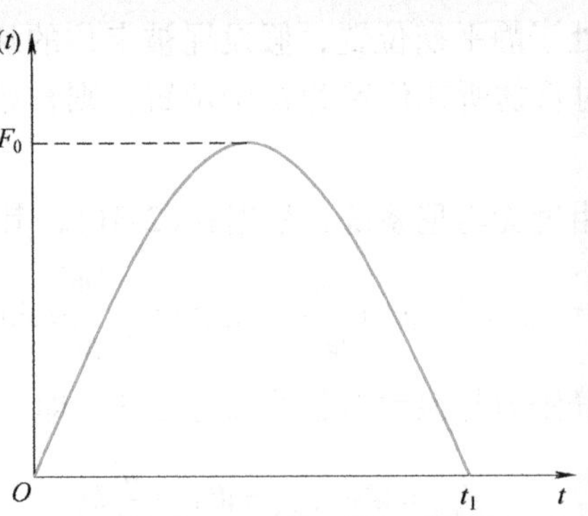

图 2-27　习题 2.3 图

解：由图可得，激励力可表示为

$$F(t)=\begin{cases}F_0\sin(\omega t) & (0\leqslant t\leqslant t_1)\\0 & (t\geqslant t_1)\end{cases}$$

式中，F_0 表示激励力幅值；ω 表示激励频率，$\omega=\pi/t_1$。

考虑零初始条件下无阻尼系统，根据式(2-31)，当 $0\leqslant t\leqslant t_1$ 时，系统的振动响应为

$$x(t)=\frac{1}{m\omega_0}\int_0^t F(\tau)\sin(\omega_0(t-\tau))\,\mathrm{d}\tau=\frac{F_0}{m}\frac{\omega_0^2}{\omega_0^2-\omega^2}\left[\sin(\omega t)-\frac{\omega}{\omega_0}\sin(\omega_0 t)\right]$$

当 $t\geqslant t_1$ 时，系统的振动响应为

$$\begin{aligned}x(t)&=\frac{1}{m\omega_0}\int_0^{t_1}F(\tau)\sin(\omega_0(t-\tau))\,\mathrm{d}\tau+\frac{1}{m\omega_0}\int_{t_1}^{t}F(\tau)\sin[\omega_0(t-\tau)]\,\mathrm{d}\tau\\&=\frac{F_0}{m\omega_0}\frac{\omega/\omega_0}{\omega_0^2-\omega^2}[\sin(\omega_0(t_1-t))-\sin(\omega_0 t)]\end{aligned}$$

习题 2.4　计算零初始条件下无阻尼系统由支承运动所引起的振动响应。支承运动加速度如图 2-28 所示，支承运动的初始位移和速度均为零。假设系统质量为 m，固有频率为 ω_0。

解：由图可得，加速度可表示为

$$\ddot{z}=\begin{cases}b\dfrac{t}{t_1} & (0\leqslant t\leqslant t_1)\\b & (t\geqslant t_1)\end{cases}$$

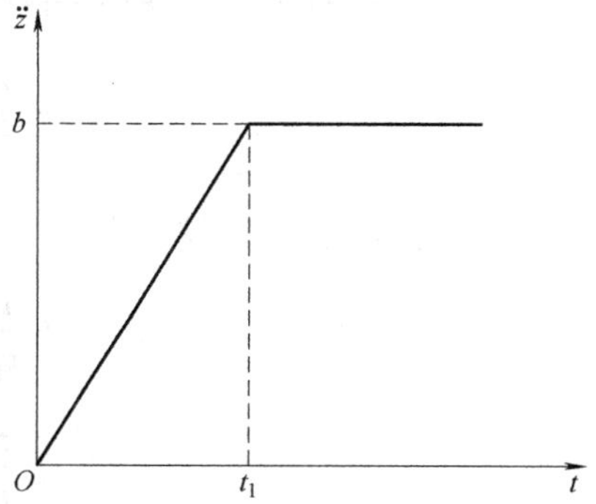

图 2-28　习题 2.4 图

这种情况下，支承运动以加速度的形式给出，与 2.2 节中给出的单自由度系统运动微分方程的一般形式不同，可先计算质量块相对位移 $y=x-z$ 的响应，然后根据支承运动的初始条件算出支承运动的初始位移 z，即可求出系统的总响应 $x=y+z$。

考虑支承运动位移，系统运动微分方程为

$$m\ddot{x}+kx=kz$$

式中，z 为基础支承位移；x 为质量块绝对位移。

将质量块相对位移为 $y=x-z$ 代入运动微分方程，得

$$m\ddot{y}+ky=-m\ddot{z}$$

1）当 $0\leqslant t\leqslant t_1$ 时，根据式(2-31)，相对位移响应为

$$y(t)=\frac{1}{m\omega_0}\int_0^t F(\tau)\sin[\omega_0(t-\tau)]\,\mathrm{d}\tau=-\frac{b}{\omega_0^2}\left[\frac{t}{t_1}-\frac{\sin(\omega_0 t)}{\omega_0 t_1}\right]$$

支承运动速度和位移分别为

$$\dot{z}=\int_0^t b\frac{t}{t_1}\mathrm{d}t=\frac{b}{2}\frac{t^2}{t_1}+C_1$$

$$z=\int_0^t\left(\frac{b}{2}\frac{t^2}{t_1}+C_1\right)\mathrm{d}t=\frac{b}{6}\frac{t^3}{t_1}+C_1t+C_2$$

支承运动的初始位移和速度均为零，$\dot{z}(0)=z(0)=0$，因此

$$\begin{cases}\dot{z}(0)=\left(\dfrac{b}{2}\dfrac{t^2}{t_1}+C_1\right)\bigg|_{t=0}=0\\ z(0)=\left(\dfrac{b}{6}\dfrac{t^3}{t_1}+C_1t+C_2\right)\bigg|_{t=0}=0\end{cases}$$

解得

$$C_1=C_2=0$$

因此

$$z=\frac{b}{6t_1}t^3,\ \dot{z}=\int_0^t b\frac{t}{t_1}\mathrm{d}t=\frac{b}{2}\frac{t^2}{t_1}$$

所以系统响应为

$$x=y+z=-\frac{b}{\omega_0^2}\left[\frac{t}{t_1}-\frac{\sin(\omega_0 t)}{\omega_0 t_1}\right]+\frac{b}{6t_1}t^3\quad(0\leqslant t\leqslant t_1)$$

2）当 $t>t_1$ 时，相对位移响应为

$$y(t)=\frac{1}{m\omega_0}\int_0^{t_1}F(\tau)\sin[\omega_0(t-\tau)]\,\mathrm{d}\tau+\frac{1}{m\omega_0}\int_{t_1}^{t}F(\tau)\sin[\omega_0(t-\tau)]\,\mathrm{d}\tau$$

$$=-\frac{b}{\omega_0^2}\left[1+\frac{\sin(\omega_0(t_1-t))-\sin(\omega_0 t)}{\omega_0 t_1}\right]$$

支承运动速度和位移分别为

$$\dot{z}=\int_0^{t_1}b\frac{t}{t_1}\mathrm{d}t+\int_{t_1}^{t}b\mathrm{d}t=\frac{b}{2}t_1+b(t-t_1)+C_3$$

$$z=\int_0^{t_1}\frac{b}{2}\frac{t^2}{t_1}\mathrm{d}t+\int_{t_1}^{t}\left[\frac{b}{2}t_1+b(t-t_1)+C_3\right]\mathrm{d}t$$

$$=\frac{b}{6}t_1^2+\frac{b}{2}t^2-\frac{b}{2}t_1t+C_3t-C_3t_1+C_4$$

支承运动的初始位移和速度应该为 $t=t_1$ 时的速度和位移：

$$\dot{z}(t_1)=\frac{b}{2}t_1,\ z(t_1)=\frac{b}{6}t_1^2$$

因此

$$\begin{cases}\dot{z}(t_1)=\left[\dfrac{b}{2}t_1+b(t-t_1)+C_3\right]\bigg|_{t=t_1}=\dfrac{b}{2}t_1\\ z(t_1)=\left(\dfrac{b}{6}t_1^2+\dfrac{b}{2}t^2-\dfrac{b}{2}t_1t+C_3t-C_3t_1+C_4\right)\bigg|_{t=t_1}=\dfrac{b}{6}t_1^2\end{cases}$$

解得

$$C_3=0,C_4=0$$

因此，

$$z=\frac{b}{2}t^2-\frac{b}{2}t_1t+\frac{b}{6}t_1^2$$

所以系统响应为

$$x=y+z=-\frac{b}{\omega_0^2}\left[1+\frac{\sin(\omega_0(t_1-t))-\sin(\omega_0 t)}{\omega_0 t_1}\right]+\frac{b}{2}t^2-\frac{b}{2}t_1t+\frac{b}{6}t_1^2 \quad (t>t_1)$$

综上所述，系统的响应为

$$x=\begin{cases}-\dfrac{b}{\omega_0^2}\left[\dfrac{t}{t_1}-\dfrac{\sin(\omega_0 t)}{\omega_0 t_1}\right]+\dfrac{b}{6t_1}t^3 & (0\leqslant t\leqslant t_1)\\ -\dfrac{b}{\omega_0^2}\left[1+\dfrac{\sin(\omega_0(t_1-t))-\sin(\omega_0 t)}{\omega_0 t_1}\right]+\dfrac{b}{2}t^2-\dfrac{b}{2}t_1t+\dfrac{b}{6}t_1^2 & (t>t_1)\end{cases}$$

第3章 离散多体动力学

3.1 引言

在第2章中已经系统地介绍了单自由度系统的振动，单自由度系统只需用一个独立坐标描述，是实际振动系统中最简单的模型。用多个有限自由度描述的振动系统称为离散多体动力学系统。单自由度系统分析中的各种概念都可以直接推广到多自由度系统中来。例如，每一个自由度对应一个运动微分方程。引入广义坐标的概念后，则每一个自由度都对应一个广义坐标，使用拉格朗日方程等方法可以推导出多自由度系统运动的微分方程。

对于一个 n 自由度系统，有 n 个固有频率，每一个固有频率对应系统的一种特定的振动形式，称为模态。系统以任一固有频率所做的振动称为主振动。利用模态矩阵进行坐标变换后的新坐标称为主坐标，也称作模态坐标。应用模态坐标可以将多自由度系统的振动转化为 n 个主振动的叠加，这种分析方法称作模态叠加法，是线性多自由度系统分析的基本方法，可以有效求解无阻尼下的振动。有阻尼多自由度系统则可以引入模态阻尼，进而通过模态分析法进行后续分析。

本章主要内容如图3-1所示。对于多自由度振动系统，首先，基于牛顿第二定律或拉格

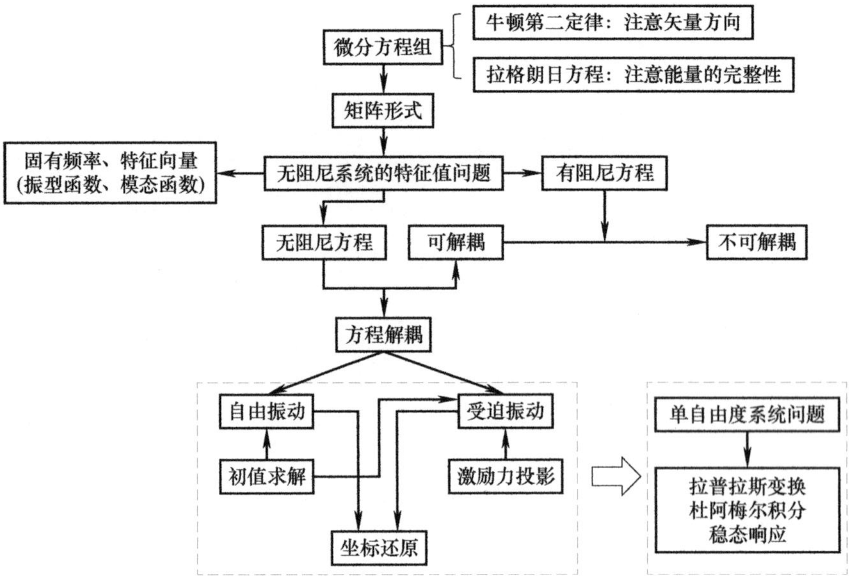

图3-1　第3章主要内容

朗日方程建立系统的振动微分方程组，进一步建立矩阵形式的方程。然后进行无阻尼系统特征值和特征向量分析，确定系统固有频率、振型函数、模态等特性。根据有无阻尼将振动方程划分为无阻尼方程与有阻尼方程，有阻尼方程又可根据阻尼是否可解耦划分为可解耦有阻尼方程与不可解耦有阻尼方程。无阻尼方程与可解耦有阻尼方程通过坐标解耦化为多个单自由度系统振动问题，并利用第 2 章知识求解，最后还原到原始坐标，得到多自由度系统振动解。

3.2 多自由度振动系统动力学建模

3.2.1 系统的动能、势能与耗散功

对于一个自由度为 n 的系统，其结构形式如图 3-2 所示。其中，m_i 为第 i 个质量块的质量，x_i 为第 i 个质量块对应的绝对位移坐标(定义的广义坐标)，F_i 为作用在第 i 个质量块上的外力，k_i 为第 i 根弹簧的刚度，c_i 为第 i 个阻尼器的阻尼($i=1,2,\cdots,n$)。当 $x_i=0$ 时，系统处于静平衡位置，所有弹簧均处于原长位置。

需要注意的是，$x_1,x_2,\cdots,x_n$ 是 n 个独立的坐标，即任意 x_i 的变化不受其他广义坐标的支配和影响。可以通过以下方法判断定义的广义坐标是否是相互独立的：固定除 x_i 外的其他广义坐标，如果 x_i 依然可以变化，则为独立的广义坐标。

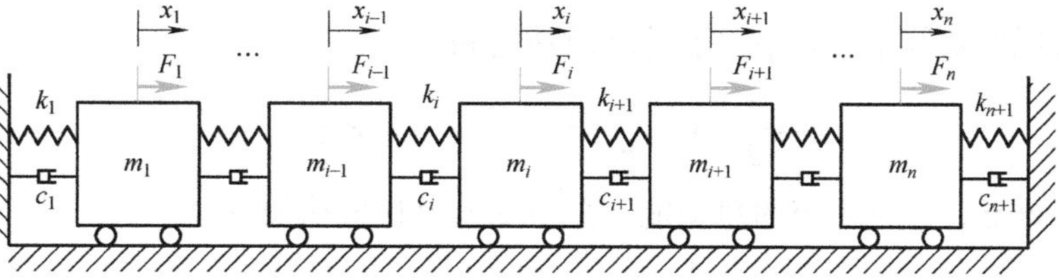

图 3-2 多自由度振动系统示意图

下面分别求图 3-2 所示系统的总动能、总势能与总耗散功。对于第 i 个质量块，其绝对速度为 $\dot{x}_i$，因此其动能为

$$T_i=\frac{1}{2}m_i\dot{x}_i^2 \tag{3-1}$$

系统的总动能为 n 个质量块的动能之和，即

$$T=\sum_{i=1}^{n}\frac{1}{2}m_i\dot{x}_i^2 \tag{3-2}$$

系统的势能只包含弹簧弹性势能，由弹簧连接两端点之间相对位移(即弹簧形变量)决定。对于第 1 根弹簧，由于左侧为固定端，其形变量等于第 1 个质量块的绝对位移 x_1；对于第 $i(i=2,3,\cdots,n)$ 根弹簧，其形变量等于第 i 个质量块和第 $i-1$ 个质量块之间的相对位移 x_i-x_{i-1}。因此前 n 根弹簧的弹性势能分别为

$$\begin{cases}V_1=\dfrac{1}{2}k_1x_1^2\\ V_i=\dfrac{1}{2}k_i(x_i-x_{i-1})^2 \quad (i=2,3,\cdots,n)\end{cases} \tag{3-3}$$

对于最后一根(即第 $n+1$ 根)弹簧，由于右侧为固定端，其形变量等于第 n 个质量块的

绝对位移 x_n，因此第 $n+1$ 根弹簧的弹性势能为

$$V_{n+1}=\frac{1}{2}k_{n+1}x_n^2 \tag{3-4}$$

系统的总势能等于所有弹簧的弹性势能之和，即

$$V=\frac{1}{2}k_1x_1^2+\sum_{i=2}^{n}\frac{1}{2}k_i(x_i-x_{i-1})^2+\frac{1}{2}k_{n+1}x_n^2 \tag{3-5}$$

阻尼器所做耗散功由阻尼器连接两端点之间相对速度决定。第 1 个阻尼器连接第 1 个质量块与系统左侧固定端，由于系统左侧为固定端，第 1 个质量块与系统左侧固定端之间的相对速度等于第 1 个质量块的绝对速度 $\dot{x}_1$；第 $i(i=2,3,\cdots,n)$ 个阻尼器连接第 i 个质量块和第 $i-1$ 个质量块，其相对速度为 $\dot{x}_i-\dot{x}_{i-1}$。因此前 n 个阻尼器的耗散功分别为

$$\begin{cases}D_1=\dfrac{1}{2}c_1\dot{x}_1^2\\[2ex] D_i=\dfrac{1}{2}c_i(\dot{x}_i-\dot{x}_{i-1})^2 \quad (i=2,3,\cdots,n)\end{cases} \tag{3-6}$$

同样地，第 $n+1$ 个阻尼器连接第 n 个质量块与系统右侧固定端，第 n 个质量块与系统右侧固定端之间的相对速度等于第 n 个质量块的绝对速度 $\dot{x}_n$，其耗散功为

$$D_{n+1}=\frac{1}{2}c_{n+1}\dot{x}_n^2 \tag{3-7}$$

系统的总耗散功等于所有阻尼器的耗散功之和，即

$$D=\frac{1}{2}c_1\dot{x}_1^2+\sum_{i=2}^{n}\frac{1}{2}c_i(\dot{x}_i-\dot{x}_{i-1})^2+\frac{1}{2}c_{n+1}\dot{x}_n^2 \tag{3-8}$$

通过以上推导，总结系统的总动能、总势能与总耗散功如下：

$$\begin{cases}T=\displaystyle\sum_{i=1}^{n}\frac{1}{2}m_i\dot{x}_i^2\\[2ex] V=\dfrac{1}{2}k_1x_1^2+\displaystyle\sum_{i=2}^{n}\frac{1}{2}k_i(x_i-x_{i-1})^2+\frac{1}{2}k_{n+1}x_n^2\\[2ex] D=\dfrac{1}{2}c_1\dot{x}_1^2+\displaystyle\sum_{i=2}^{n}\frac{1}{2}c_i(\dot{x}_i-\dot{x}_{i-1})^2+\frac{1}{2}c_{n+1}\dot{x}_n^2\end{cases} \tag{3-9}$$

3.2.2 运动微分方程的推导

利用拉格朗日方程，可以得到用广义坐标表示的振动系统的运动微分方程。对一个带阻尼的自由度为 n 的系统，由附录可知其拉格朗日方程可以表示为

$$\frac{\mathrm{d}}{\mathrm{d}t}\left(\frac{\partial L}{\partial \dot{x}_i}\right)-\frac{\partial L}{\partial x_i}+\frac{\partial D}{\partial \dot{x}_i}=Q_i \tag{3-10}$$

式中，$L=T-V$ 为拉格朗日函数（T 为系统总动能，V 为系统总势能）；D 为系统总耗散功；x_i 为第 i 个广义坐标位移；$\dot{x}_i$ 为第 i 个广义坐标速度；Q_i 为对应广义坐标 x_i 的非保守广义力。

由式(3-2)和式(3-5)可得系统的拉格朗日函数为

$$\begin{aligned}L&=T-V\\ &=\sum_{i=1}^{n}\frac{1}{2}m_i\dot{x}_i^2-\left[\frac{1}{2}k_1x_1^2+\sum_{i=2}^{n}\frac{1}{2}k_i(x_i-x_{i-1})^2+\frac{1}{2}k_{n+1}x_n^2\right]\end{aligned} \tag{3-11}$$

作用在第 i 个质量块上的外力为 F_i，假设使系统产生位移 x_i，外力所做功为

$$W=\sum_{i=1}^{n}F_ix_i \tag{3-12}$$

非保守广义力 Q_i 为

$$Q_i=\frac{\partial W}{\partial x_i}=F_i \tag{3-13}$$

如图 3-2 所示的多自由度系统，对于广义坐标 x_1，有

$$\begin{cases}\dfrac{\partial L}{\partial \dot{x}_1}=m_1\dot{x}_1\\[2mm] \dfrac{\mathrm{d}}{\mathrm{d}t}\left(\dfrac{\partial L}{\partial \dot{x}_1}\right)=m_1\ddot{x}_1\\[2mm] \dfrac{\partial L}{\partial x_1}=-[k_1x_1-k_2(x_2-x_1)]\\[2mm] \dfrac{\partial D}{\partial \dot{x}_1}=c_1\dot{x}_1-c_2(\dot{x}_2-\dot{x}_1)\\[2mm] Q_1=F_1\end{cases} \tag{3-14}$$

将式(3-14)代入拉格朗日方程(3-10)可得广义坐标 x_1 对应的运动微分方程为

$$m_1\ddot{x}_1+(k_1+k_2)x_1-k_2x_2+(c_1+c_2)\dot{x}_1-c_2\dot{x}_2=F_1 \tag{3-15}$$

对于广义坐标 $x_i(i=2,3,\cdots,n-2,n-1)$，有

$$\begin{cases}\dfrac{\partial L}{\partial \dot{x}_i}=m_i\dot{x}_i\\[2mm] \dfrac{\mathrm{d}}{\mathrm{d}t}\left(\dfrac{\partial L}{\partial \dot{x}_i}\right)=m_i\ddot{x}_i\\[2mm] \dfrac{\partial L}{\partial x_i}=-[k_i(x_i-x_{i-1})-k_{i+1}(x_{i+1}-x_i)]\\[2mm] \dfrac{\partial D}{\partial \dot{x}_i}=c_i(\dot{x}_i-\dot{x}_{i-1})-c_{i+1}(\dot{x}_{i+1}-\dot{x}_i)\\[2mm] Q_i=F_i\end{cases} \tag{3-16}$$

代入拉格朗日方程(3-10)可得广义坐标 $x_i(i=2,3,\cdots,n-2,n-1)$ 对应的运动微分方程为

$$m_i\ddot{x}_i+(k_i+k_{i+1})x_i-k_ix_{i-1}-k_{i+1}x_{i+1}+(c_i+c_{i+1})\dot{x}_i-c_i\dot{x}_{i-1}-c_{i+1}\dot{x}_{i+1}=F_i \tag{3-17}$$

对于广义坐标 x_n，有

$$\begin{cases}\dfrac{\partial L}{\partial \dot{x}_n}=m_n\dot{x}_n\\[2mm] \dfrac{\mathrm{d}}{\mathrm{d}t}\left(\dfrac{\partial L}{\partial \dot{x}_n}\right)=m_n\ddot{x}_n\\[2mm] \dfrac{\partial V}{\partial x_n}=-[k_{n+1}x_n+k_n(x_n-x_{n-1})]\\[2mm] \dfrac{\partial D}{\partial \dot{x}_n}=c_{n+1}\dot{x}_n+c_n(\dot{x}_n-\dot{x}_{n-1})\\[2mm] Q_n=F_n\end{cases} \tag{3-18}$$

将式(3-18)代入拉格朗日方程(3-10)可得广义坐标 x_n 对应的运动微分方程为

$$m_n\ddot{x}_n+(k_n+k_{n+1})x_n-k_nx_{n-1}+(c_n+c_{n+1})\dot{x}_n-c_n\dot{x}_{n-1}=F_n \tag{3-19}$$

综合上述各式，可得图 3-2 所示多自由度系统的运动微分方程为

$$\begin{cases}m_1\ddot{x}_1+(k_1+k_2)x_1-k_2x_2+(c_1+c_2)\dot{x}_1-c_2\dot{x}_2=F_1\\ m_i\ddot{x}_i+(k_i+k_{i+1})x_i-k_ix_{i-1}-k_{i+1}x_{i+1}+(c_i+c_{i+1})\dot{x}_i-c_i\dot{x}_{i-1}-c_{i+1}\dot{x}_{i+1}=F_i \quad (i=2,3,\cdots,n-2,n-1)\\ m_n\ddot{x}_n+(k_n+k_{n+1})x_n-k_nx_{n-1}+(c_n+c_{n+1})\dot{x}_n-c_n\dot{x}_{n-1}=F_n\end{cases} \tag{3-20}$$

3.2.3 运动微分方程矩阵的表达

方程(3-20)表示的多自由度系统运动微分方程可写为以下矩阵形式：

$$\boldsymbol{M}\ddot{\boldsymbol{x}}+\boldsymbol{C}\dot{\boldsymbol{x}}+\boldsymbol{K}\boldsymbol{x}=\boldsymbol{Q} \tag{3-21}$$

其中，$\boldsymbol{x}$ 为由广义坐标组成的列向量，$\boldsymbol{M}$ 为质量矩阵，$\boldsymbol{C}$ 为阻尼矩阵，$\boldsymbol{K}$ 为刚度矩阵，$\boldsymbol{Q}$ 为由广义力组成的列向量。

广义坐标 $\boldsymbol{x}$ 为

$$\boldsymbol{x}=[x_1,x_2,\cdots,x_n]^{\mathrm{T}} \tag{3-22}$$

质量矩阵 $\boldsymbol{M}$ 为

$$\boldsymbol{M}=\begin{bmatrix}m_1 & & & & \\ & m_2 & & & \\ & & \ddots & & \\ & & & m_{n-1} & \\ & & & & m_n\end{bmatrix} \tag{3-23}$$

刚度矩阵 $\boldsymbol{K}$ 为

$$\boldsymbol{K}=\begin{bmatrix}k_1+k_2 & -k_2 & 0 & 0 & \cdots & 0 & 0 & 0\\ -k_2 & k_2+k_3 & -k_3 & 0 & \cdots & 0 & 0 & 0\\ 0 & -k_3 & k_3+k_4 & -k_4 & \cdots & 0 & 0 & 0\\ \vdots & \vdots & \vdots & \vdots & \vdots & \vdots & \vdots & \vdots\\ 0 & 0 & 0 & 0 & \cdots & -k_{n-1} & k_{n-1}+k_n & -k_n\\ 0 & 0 & 0 & 0 & \cdots & 0 & -k_n & k_n+k_{n+1}\end{bmatrix} \tag{3-24}$$

阻尼矩阵 $\boldsymbol{C}$ 为

$$\boldsymbol{C}=\begin{bmatrix}c_1+c_2 & -c_2 & 0 & 0 & \cdots & 0 & 0 & 0\\ -c_2 & c_2+c_3 & -c_3 & 0 & \cdots & 0 & 0 & 0\\ 0 & -c_3 & c_3+c_4 & -c_4 & \cdots & 0 & 0 & 0\\ \vdots & \vdots & \vdots & \vdots & \vdots & \vdots & \vdots & \vdots\\ 0 & 0 & 0 & 0 & \cdots & -c_{n-1} & c_{n-1}+c_n & -c_n\\ 0 & 0 & 0 & 0 & \cdots & 0 & -c_n & c_n+c_{n+1}\end{bmatrix} \tag{3-25}$$

广义力 $\boldsymbol{Q}$ 为

$$\boldsymbol{Q}=\boldsymbol{F}=[F_1,F_2,\cdots,F_n]^{\mathrm{T}} \tag{3-26}$$

例 3.1 推导图 3-3 所示位于水平面上的系统的动力学方程。

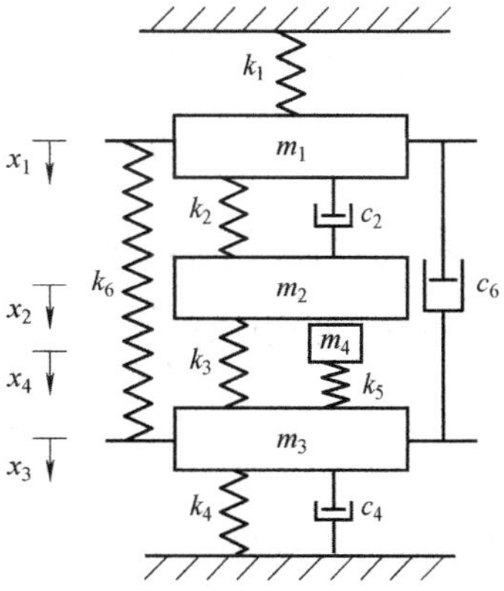

图 3-3 例 3.1 图

解： 图 3-3 所示的多自由度系统共有 4 个独立的广义坐标 x_1，x_2，x_3，x_4，均表示绝对位移，有 4 个质量块 m_1，m_2，m_3，m_4，有 3 个阻尼器 c_2，c_4，c_6，有 6 根弹簧 k_1，k_2，k_3，k_4，k_5，k_6。以静平衡位置为坐标原点。

1）先分析系统动能。对于质量块 m_1，其绝对速度为 $\dot{x}_1$，动能为

$$T_1=\frac{1}{2}m_1\dot{x}_1^2$$

同理可得 m_2，m_3，m_4 的动能分别为

$$T_2=\frac{1}{2}m_2\dot{x}_2^2,\ T_3=\frac{1}{2}m_3\dot{x}_3^2,\ T_4=\frac{1}{2}m_4\dot{x}_4^2$$

因此，系统总动能为

$$T=T_1+T_2+T_3+T_4=\frac{1}{2}m_1\dot{x}_1^2+\frac{1}{2}m_2\dot{x}_2^2+\frac{1}{2}m_3\dot{x}_3^2+\frac{1}{2}m_4\dot{x}_4^2$$

2）然后分析系统势能。弹簧 k_1 连接质量块 m_1 与顶部固定端，其形变量等于质量块 m_1 与顶部固定端之间的相对位移，即质量块 m_1 的绝对位移 x_1，因此其势能为

$$V_1=\frac{1}{2}k_1x_1^2$$

弹簧 k_2 连接质量块 m_1 与 m_2，其形变量等于质量块 m_1 与 m_2 之间的相对位移 x_2-x_1，因此其势能为

$$V_2=\frac{1}{2}k_2(x_2-x_1)^2$$

同理可得弹簧 k_3，k_4，k_5，k_6 的势能分别为

$$V_3=\frac{1}{2}k_3(x_3-x_2)^2,\ V_4=\frac{1}{2}k_4x_3^2,\ V_5=\frac{1}{2}k_5(x_3-x_4)^2,\ V_6=\frac{1}{2}k_6(x_3-x_1)^2$$

因此，系统总势能为

$$\begin{aligned}V&=V_1+V_2+V_3+V_4+V_5+V_6\\&=\frac{1}{2}k_1x_1^2+\frac{1}{2}k_2(x_2-x_1)^2+\frac{1}{2}k_3(x_3-x_2)^2+\frac{1}{2}k_4x_3^2+\frac{1}{2}k_5(x_3-x_4)^2+\frac{1}{2}k_6(x_3-x_1)^2\end{aligned}$$

由系统总动能与总势能得拉格朗日函数为

$$\begin{aligned}L=T-V=&\frac{1}{2}m_1\dot{x}_1^2+\frac{1}{2}m_2\dot{x}_2^2+\frac{1}{2}m_3\dot{x}_3^2+\frac{1}{2}m_4\dot{x}_4^2-\left[\frac{1}{2}k_1x_1^2+\frac{1}{2}k_2(x_2-x_1)^2+\frac{1}{2}k_3(x_3-x_2)^2+\frac{1}{2}k_4x_3^2+\right.\\&\left.\frac{1}{2}k_5(x_3-x_4)^2+\frac{1}{2}k_6(x_3-x_1)^2\right]\end{aligned}$$

3）最后分析系统耗散功。阻尼器 c_2 连接质量块 m_1 与 m_2，m_1 与 m_2 之间的相对速度为 $\dot{x}_2-\dot{x}_1$，因此其耗散功为

$$D_2=\frac{1}{2}c_2(\dot{x}_2-\dot{x}_1)^2$$

同理可得 c_4，c_6 的耗散功为

$$D_4=\frac{1}{2}c_4\dot{x}_3^2,\ D_6=\frac{1}{2}c_6(\dot{x}_3-\dot{x}_1)^2$$

因此，系统总耗散功为

$$D=D_2+D_4+D_6=\frac{1}{2}c_2(\dot{x}_2-\dot{x}_1)^2+\frac{1}{2}c_4\dot{x}_3^2+\frac{1}{2}c_6(\dot{x}_3-\dot{x}_1)^2$$

系统无外力作用，则广义力 $Q_i(i=1,2,3,4)$ 为零。根据推导的拉格朗日函数 L 和系统总耗散功 D，分别计算 $\frac{\partial L}{\partial \dot{x}_i}$，$\frac{\mathrm{d}}{\mathrm{d}t}\left(\frac{\partial L}{\partial \dot{x}_i}\right)$，$\frac{\partial L}{\partial x_i}$，$\frac{\partial D}{\partial \dot{x}_i}(i=1,2,3,4)$，代入拉格朗日方程，即

$$\frac{\mathrm{d}}{\mathrm{d}t}\left(\frac{\partial L}{\partial \dot{x}_i}\right)-\frac{\partial L}{\partial x_i}+\frac{\partial D}{\partial \dot{x}_i}=Q_i(i=1,2,3,4)$$

可得系统的运动微分方程为

$$\boldsymbol{M}\ddot{\boldsymbol{x}}+\boldsymbol{C}\dot{\boldsymbol{x}}+\boldsymbol{K}\boldsymbol{x}=\boldsymbol{0}$$

其中，

$$\boldsymbol{M}=\begin{bmatrix} m_1 & 0 & 0 & 0 \\ 0 & m_2 & 0 & 0 \\ 0 & 0 & m_3 & 0 \\ 0 & 0 & 0 & m_4 \end{bmatrix},\ \boldsymbol{C}=\begin{bmatrix} c_2+c_6 & -c_2 & -c_6 & 0 \\ -c_2 & c_2 & 0 & 0 \\ -c_6 & 0 & c_4+c_6 & 0 \\ 0 & 0 & 0 & 0 \end{bmatrix}$$

$$\boldsymbol{K}=\begin{bmatrix} k_1+k_2+k_6 & -k_2 & -k_6 & 0 \\ -k_2 & k_2+k_3 & -k_3 & 0 \\ -k_6 & -k_3 & k_3+k_4+k_5+k_6 & -k_5 \\ 0 & 0 & -k_5 & k_5 \end{bmatrix},\boldsymbol{x}=\begin{bmatrix} x_1(t) \\ x_2(t) \\ x_3(t) \\ x_4(t) \end{bmatrix}$$

例 3.2　推导图 3-4 所示多自由度系统的运动微分方程。

解：图中所示的多自由度系统共有 3 个独立的广义坐标 x_1，x_2，x_3，均表示绝对位移，有 3 个质量块 m_1，m_2，m_3，有 5 个阻尼器 c_1，c_2，c_3，c_4，c_5，有 3 根弹簧 k_1，k_2，k_3。以静平衡位置为坐标原点与零势能点。

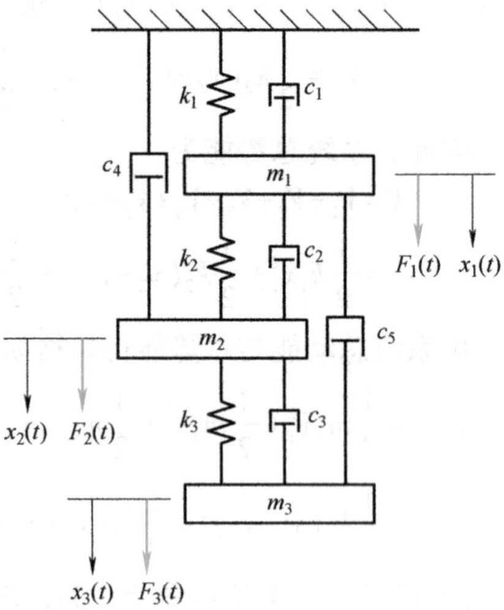

图 3-4　例 3.2 图

1）先分析系统动能。对于质量块 m_1，m_2，m_3，其绝对速度分别为 $\dot{x}_1$，$\dot{x}_2$，$\dot{x}_3$，因此系统总动能为

$$T=\frac{1}{2}(m_1\dot{x}_1^2+m_2\dot{x}_2^2+m_3\dot{x}_3^2)$$

2）再分析系统势能，在静平衡位置时，设三个弹簧静变形分别为 $\boldsymbol{\Delta}_1$，$\boldsymbol{\Delta}_2$，$\boldsymbol{\Delta}_3$，有

$$\begin{cases} k_3\boldsymbol{\Delta}_3=m_3g \\ k_2\boldsymbol{\Delta}_2=(m_2+m_3)g \\ k_1\boldsymbol{\Delta}_1=(m_1+m_2+m_3)g \end{cases}$$

对于 3 根弹簧 k_1，k_2，k_3，其连接两端的相对位移分别为 x_1，x_2-x_1，x_3-x_2，因此系统

弹性势能为

$$V_s=\frac{1}{2}k_1(x_1+\Delta_1)^2-\frac{1}{2}k_1\Delta_1^2+\frac{1}{2}k_2(x_2-x_1+\Delta_2)^2-\frac{1}{2}k_2\Delta_2^2+\frac{1}{2}k_3(x_3-x_2+\Delta_3)^2-\frac{1}{2}k_3\Delta_3^2$$

$$=\frac{1}{2}k_1x_1^2+k_1x_1\Delta_1+\frac{1}{2}k_2(x_2-x_1)^2+k_2(x_2-x_1)\Delta_2+\frac{1}{2}k_3(x_3-x_2)^2+k_3(x_3-x_2)\Delta_3$$

将 $k_1\Delta_1$，$k_2\Delta_2$，$k_3\Delta_3$ 代入上式，得

$$V_s=\frac{1}{2}k_1x_1^2+\frac{1}{2}k_2(x_2-x_1)^2+\frac{1}{2}k_3(x_3-x_2)^2+(m_1+m_2+m_3)gx_1+(x_2-x_1)(m_2+m_3)g+(x_3-x_2)m_3g$$

$$=\frac{1}{2}k_1x_1^2+\frac{1}{2}k_2(x_2-x_1)^2+\frac{1}{2}k_3(x_3-x_2)^2+m_1gx_1+m_2gx_2+m_3gx_3$$

系统重力势能为

$$V_g=-m_1gx_1-m_2gx_2-m_3gx_3$$

系统总势能为

$$V=V_s+V_g=\frac{1}{2}k_1x_1^2+\frac{1}{2}k_2(x_2-x_1)^2+\frac{1}{2}k_3(x_3-x_2)^2$$

上述系统总势能的表达式可以理解为只计算弹簧弹性势能从静平衡位置 $x_i=0$ 开始的变化，无须考虑重力与弹簧的静变形。在 2.2 节中已经说明，对于考虑重力作用的振动系统，当以系统静平衡位置为坐标原点和势能零点时，可直接使用 $kx^2/2$(其中，k 为弹簧刚度，x 为弹簧相对于静平衡位置时的长度变化量)计算系统的总势能，无须再考虑重力与弹簧的静变形。这种方法对于多自由度振动系统同样适用。

从能量的角度考虑，静平衡位置已经考虑了弹簧初始拉伸 Δ_i 来平衡重力的影响。这意味着在静平衡位置 $x_i=0$ 时，系统已经处于某种能量平衡状态，之后的所有能量计算都是基于这个平衡状态的变化。这种势能的计算方式简化了复杂的计算问题，非常适合于描述和分析动力学系统在平衡位置附近处的振动。在后续有重力影响的问题中，本书均采用该种简化势能计算方法。

系统拉格朗日函数为

$$L=T-V=\frac{1}{2}(m_1\dot{x}_1^2+m_2\dot{x}_2^2+m_3\dot{x}_3^2)-\left[\frac{1}{2}k_1x_1^2+\frac{1}{2}k_2(x_2-x_1)^2+\frac{1}{2}k_3(x_3-x_2)^2\right]$$

对于 5 个阻尼器 c_1，c_2，c_3，c_4，c_5，其连接两端的相对速度分别为 $\dot{x}_1$，$\dot{x}_2-\dot{x}_1$，$\dot{x}_3-\dot{x}_2$，$\dot{x}_2$，$\dot{x}_3-\dot{x}_1$，因此系统总耗散功为

$$D=\frac{1}{2}[c_1\dot{x}_1^2+c_2(\dot{x}_2-\dot{x}_1)^2+c_3(\dot{x}_3-\dot{x}_2)^2+c_4\dot{x}_2^2+c_5(\dot{x}_3-\dot{x}_1)^2]$$

系统受外力 $F_1(t)$，$F_2(t)$，$F_3(t)$作用，假设系统产生位移 x_1，x_2，x_3，外力所做功为

$$W=F_1(t)x_1+F_2(t)x_2+F_3(t)x_3$$

因此，对应于 3 个广义坐标的广义力 Q_1，Q_2，Q_3 分别为

$$\begin{cases}Q_1=\dfrac{\partial W}{\partial x_1}=F_1(t)\\[2ex] Q_2=\dfrac{\partial W}{\partial x_2}=F_2(t)\\[2ex] Q_3=\dfrac{\partial W}{\partial x_3}=F_3(t)\end{cases}$$

根据推导的系统拉格朗日函数 L 与系统总耗散功 D，分别计算 $\frac{\partial L}{\partial \dot{x}_i}$，$\frac{\mathrm{d}}{\mathrm{d}t}\left(\frac{\partial L}{\partial \dot{x}_i}\right)$，$\frac{\partial L}{\partial x_i}$，$\frac{\partial D}{\partial \dot{x}_i}(i=1,2,3)$，代入拉格朗日方程，即

$$\frac{\mathrm{d}}{\mathrm{d}t}\left(\frac{\partial L}{\partial \dot{x}_i}\right)-\frac{\partial L}{\partial x_i}+\frac{\partial D}{\partial \dot{x}_i}=Q_i(i=1,2,3)$$

可得系统的运动微分方程为

$$\boldsymbol{M}\ddot{\boldsymbol{x}}+\boldsymbol{C}\dot{\boldsymbol{x}}+\boldsymbol{K}\boldsymbol{x}=\boldsymbol{F}$$

其中，

$$\boldsymbol{M}=\begin{bmatrix} m_1 & 0 & 0 \\ 0 & m_2 & 0 \\ 0 & 0 & m_3 \end{bmatrix},\boldsymbol{C}=\begin{bmatrix} c_1+c_2+c_5 & -c_2 & -c_5 \\ -c_2 & c_2+c_3+c_4 & -c_3 \\ -c_5 & -c_3 & c_3+c_5 \end{bmatrix}$$

$$\boldsymbol{K}=\begin{bmatrix} k_1+k_2 & -k_2 & 0 \\ -k_2 & k_2+k_3 & -k_3 \\ 0 & -k_3 & k_3 \end{bmatrix},\boldsymbol{x}=\begin{bmatrix} x_1(t) \\ x_2(t) \\ x_3(t) \end{bmatrix},\boldsymbol{F}=\begin{bmatrix} F_1(t) \\ F_2(t) \\ F_3(t) \end{bmatrix}。$$

3.3 无阻尼多自由度系统振动

实际工程问题中的阻尼形式较为复杂，很难表示为 3.2 节中阻尼矩阵的形式。本节主要讨论无阻尼多自由度系统的自由振动与受迫振动，有阻尼多自由度系统振动的相关内容将在 3.4 节中补充。

由式(3-21)，对于无阻尼多自由度振动系统，其运动微分方程可以表示为

$$\boldsymbol{M}\ddot{\boldsymbol{x}}+\boldsymbol{K}\boldsymbol{x}=\boldsymbol{F} \tag{3-27}$$

其中，$\boldsymbol{x}$ 为由广义坐标组成的列向量，$\boldsymbol{M}$ 为质量矩阵，$\boldsymbol{K}$ 为刚度矩阵，$\boldsymbol{F}$ 为由非保守广义力组成的列向量。

对于方程(3-27)表示的无阻尼多自由度振动系统，通常采用模态叠加法进行求解。在接下来的几节中，我们将从式(3-27)的齐次形式出发，给出模态、振型的定义以及振型满足的特定规律，然后提出模态叠加法并求解上述方程。

3.3.1 特征值问题

对于无阻尼多自由度系统运动微分方程(3-27)，其表达形式为一个二阶常微分方程组。由微分方程的相关知识可知，方程(3-27)的齐次方程的通解可以表示为

$$\boldsymbol{x}=\boldsymbol{X}\cos(\omega t+\varphi) \tag{3-28}$$

式中，$\boldsymbol{X}$ 表示振动幅值，ω 表示振动圆频率，φ 表示振动相位。将式(3-28)代入式(3-27)的齐次方程中可得

$$-\omega^2\boldsymbol{M}\boldsymbol{X}\cos(\omega t+\varphi)+\boldsymbol{K}\boldsymbol{X}\cos(\omega t+\varphi)=\boldsymbol{0} \tag{3-29}$$

整理可得

$$(\boldsymbol{K}-\omega^2\boldsymbol{M})\boldsymbol{X}=\boldsymbol{0} \tag{3-30}$$

式(3-30)表示的是关于未知量 $X_i(i=1,2,\cdots,n)$ 的 n 个齐次线性方程，为求其非零解，由第 1 章矩阵知识可知，需要系数矩阵的行列式为 0，即满足

$$|\boldsymbol{K}-\omega^2\boldsymbol{M}|=0 \tag{3-31}$$

式(3-30)表示特征值问题，式(3-31)称为特征方程，ω^2 称为特征值，ω 称为系统的固有频率。质量矩阵 $\boldsymbol{M}$ 与刚度矩阵 $\boldsymbol{K}$ 均为半正定矩阵，$\omega^2\geqslant 0$，因此，ω 是实数解。若 ω_1^2，$\omega_2^2,\cdots,\omega_n^2$ 表示 n 个按照递增顺序排列的根，则它们的平方根给出了系统的 n 个固有频率 $\omega_1\leqslant\omega_2\leqslant\cdots\leqslant\omega_n$。最小值 ω_1 被称作系统的基频或第 1 阶固有频率。研究特征值问题可以了解多自由度系统的主要振动形态（模态），进而可以通过这些模态的组合来表示多自由度系统的振动响应。

3.3.2　特征值问题的解

对于特征值问题 $(\boldsymbol{K}-\omega^2\boldsymbol{M})\boldsymbol{X}=\boldsymbol{0}$，有多种求解方法，这里主要介绍以下两种求解方法。

1）令 $\lambda=\omega^2$，等式 $(\boldsymbol{K}-\omega^2\boldsymbol{M})\boldsymbol{X}=\boldsymbol{0}$ 两边左乘 $\boldsymbol{M}^{-1}$，有

$$(\lambda\boldsymbol{I}-\boldsymbol{W})\boldsymbol{X}=\boldsymbol{0} \tag{3-32}$$

式中，矩阵 $\boldsymbol{W}=\boldsymbol{M}^{-1}\boldsymbol{K}$ 为刚度动力矩阵；$\boldsymbol{I}$ 为单位矩阵。

由线性代数的知识可知，为求 $\boldsymbol{X}$ 的非零解，特征行列式必须为零，即

$$|\lambda\boldsymbol{I}-\boldsymbol{W}|=0 \tag{3-33}$$

2）令 $\lambda=\dfrac{1}{\omega^2}$，等式 $(\boldsymbol{K}-\omega^2\boldsymbol{M})\boldsymbol{X}=\boldsymbol{0}$ 两边左乘 $\boldsymbol{K}^{-1}$，有

$$(\lambda\boldsymbol{I}-\boldsymbol{D})\boldsymbol{X}=\boldsymbol{0} \tag{3-34}$$

式中，矩阵 $\boldsymbol{D}=\boldsymbol{K}^{-1}\boldsymbol{M}$ 为柔度动力矩阵；$\boldsymbol{I}$ 为单位矩阵。

由线性代数的知识可知，为求 $\boldsymbol{X}$ 的非零解，特征行列式必须为零，即

$$|\lambda\boldsymbol{I}-\boldsymbol{D}|=0 \tag{3-35}$$

将式(3-33)或式(3-35)展开后将得到一个关于 λ 的 n 次多项式，称为特征方程或频率方程。求解特征方程后，将得到 n 个互不相等（至于特征值相等的情况属于特例，在本书中不做考虑）的非零特征值 $\lambda_i(i=1,2,\cdots,n)$ 和对应的 n 个特征向量 $\boldsymbol{X}^i(i=1,2,\cdots,n)$。根据 $\omega_i=\sqrt{\lambda^i}$ 或 $\omega_i=\sqrt{\dfrac{1}{\lambda^i}}$ 可计算得到系统的第 i 阶固有频率 $\omega_i(i=1,2,\cdots,n)$，对应的特征向量 $\boldsymbol{X}^i(i=1,2,\cdots,n)$ 称为系统的第 i 阶主振型。

例 3.3　推导图 3-5 所示系统的动力学方程，并求解固有频率和主振型，其中 $m_1=m_2=m_3=m$，$k_1=k_2=k_3=k_4=k$。

解：图示多自由度系统共有 3 个独立的广义坐标 x_1,x_2,x_3，均表示绝对位移，有 3 个质量块 m_1,m_2,m_3，有 4 根弹簧 k_1,k_2,k_3,k_4。设静平衡时弹簧均处于原长位置，以系统静平衡位置为坐标原点。

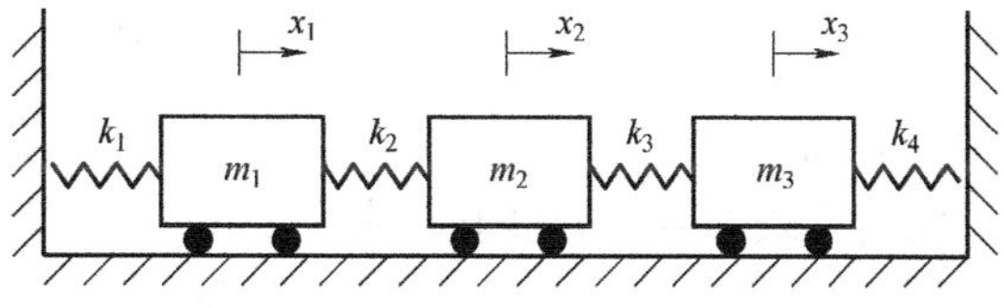

图 3-5　例 3.3 图

1）先分析系统动能。对于质量块 m_1,m_2,m_3，其绝对速度分别为 $\dot{x}_1,\dot{x}_2,\dot{x}_3$，因此系统总动能为

$$T=\frac{1}{2}m_1\dot{x}_1^2+\frac{1}{2}m_2\dot{x}_2^2+\frac{1}{2}m_3\dot{x}_3^2=\frac{1}{2}m(\dot{x}_1^2+\dot{x}_2^2+\dot{x}_3^2)$$

2）再分析系统势能。系统势能只包含弹簧弹性势能，由弹簧形变量决定。4 根弹簧 k_1，k_2, k_3, k_4 的形变量分别为 $x_1, x_2-x_1, x_3-x_2, x_3$。因此系统总势能为

$$\begin{aligned} V&=\frac{1}{2}k_1x_1^2+\frac{1}{2}k_2(x_2-x_1)^2+\frac{1}{2}k_3(x_3-x_2)^2+\frac{1}{2}k_4x_3^2 \\ &=\frac{1}{2}k[x_1^2+(x_2-x_1)^2+(x_3-x_2)^2+x_3^2] \end{aligned}$$

系统的拉格朗日函数为

$$L=T-V=\frac{1}{2}m(\dot{x}_1^2+\dot{x}_2^2+\dot{x}_3^2)-\frac{1}{2}k[x_1^2+(x_2-x_1)^2+(x_3-x_2)^2+x_3^2]$$

系统无外力作用，则广义力 $Q_i(i=1,2,3)$ 为零。系统无阻尼器，则总耗散功 $D=0$，因此 $\frac{\partial D}{\partial \dot{x}_i}=0(i=1,2,3)$。根据推导的拉格朗日函数 L，分别计算 $\frac{\partial L}{\partial \dot{x}_i}, \frac{\mathrm{d}}{\mathrm{d}t}\left(\frac{\partial L}{\partial \dot{x}_i}\right), \frac{\partial L}{\partial x_i}(i=1,2,3)$，代入拉格朗日方程，即

$$\frac{\mathrm{d}}{\mathrm{d}t}\left(\frac{\partial L}{\partial \dot{x}_i}\right)-\frac{\partial L}{\partial x_i}+\frac{\partial D}{\partial \dot{x}_i}=Q_i \quad (i=1,2,3)$$

可得系统的运动微分方程为

$$\boldsymbol{M}\ddot{\boldsymbol{x}}+\boldsymbol{K}\boldsymbol{x}=\boldsymbol{0}$$

其中，

$$\boldsymbol{M}=\begin{bmatrix} m & 0 & 0 \\ 0 & m & 0 \\ 0 & 0 & m \end{bmatrix},\ \boldsymbol{K}=\begin{bmatrix} 2k & -k & 0 \\ -k & 2k & -k \\ 0 & -k & 2k \end{bmatrix},\ \boldsymbol{x}=\begin{bmatrix} x_1(t) \\ x_2(t) \\ x_3(t) \end{bmatrix}$$

3）接下来求解特征值问题。刚度动力矩阵 $\boldsymbol{W}$ 为

$$\boldsymbol{W}=\boldsymbol{M}^{-1}\boldsymbol{K}=\frac{k}{m}\begin{bmatrix} 2 & -1 & 0 \\ -1 & 2 & -1 \\ 0 & -1 & 2 \end{bmatrix}$$

令特征行列式为 0，得到特征方程为

$$|\lambda\boldsymbol{I}-\boldsymbol{W}|=\begin{vmatrix} \lambda-\frac{2k}{m} & \frac{k}{m} & 0 \\ \frac{k}{m} & \lambda-\frac{2k}{m} & \frac{k}{m} \\ 0 & \frac{k}{m} & \lambda-\frac{2k}{m} \end{vmatrix}=0$$

式中，$\lambda=\omega^2$。

将行列式按第一列展开，有

$$\left(\lambda-\frac{2k}{m}\right)\begin{vmatrix} \lambda-\frac{2k}{m} & \frac{k}{m} \\ \frac{k}{m} & \lambda-\frac{2k}{m} \end{vmatrix}-\frac{k}{m}\begin{vmatrix} \frac{k}{m} & 0 \\ \frac{k}{m} & \lambda-\frac{2k}{m} \end{vmatrix}=0$$

进一步将行列式完全展开，有

$$\left(\frac{2k}{m}-\lambda\right)\left[\left(\frac{2k}{m}-\lambda\right)^2-\left(\frac{k}{m}\right)^2\right]+\frac{k}{m}\left(-\frac{k}{m}\right)\left(\frac{2k}{m}-\lambda\right)=0$$

求解可得

$$\lambda_1=(2-\sqrt{2})\frac{k}{m},\ \omega_1=\sqrt{\lambda_1}=0.765\sqrt{\frac{k}{m}}$$

$$\lambda_2=\frac{2k}{m},\ \omega_2=\sqrt{\lambda_2}=1.414\sqrt{\frac{k}{m}}$$

$$\lambda_3=(2+\sqrt{2})\frac{k}{m},\ \omega_3=\sqrt{\lambda_3}=1.848\sqrt{\frac{k}{m}}$$

一旦求得固有频率，则可以根据下式求出主振型或者特征矢量

$$(\lambda_i\boldsymbol{I}-\boldsymbol{W})\boldsymbol{X}^i=\boldsymbol{0} \tag{a}$$

其中，$\boldsymbol{X}^i=\begin{bmatrix}X_1^i\\X_2^i\\X_3^i\end{bmatrix}$，$i=1,2,\cdots,n$。

4）下面求解主振型。为求解第一阶主振型，将 $\lambda_1=(2-\sqrt{2})\dfrac{k}{m}$代入式(a)，有

$$\begin{bmatrix}\frac{2k}{m}-\lambda_1 & -\frac{k}{m} & 0\\ -\frac{k}{m} & \frac{2k}{m}-\lambda_1 & -\frac{k}{m}\\ 0 & -\frac{k}{m} & \frac{2k}{m}-\lambda_1\end{bmatrix}\begin{bmatrix}X_1^1\\X_2^1\\X_3^1\end{bmatrix}=\begin{bmatrix}0\\0\\0\end{bmatrix}$$

化简可得

$$\begin{bmatrix}\sqrt{2} & -1 & 0\\ -1 & \sqrt{2} & -1\\ 0 & -1 & \sqrt{2}\end{bmatrix}\begin{bmatrix}X_1^1\\X_2^1\\X_3^1\end{bmatrix}=\begin{bmatrix}0\\0\\0\end{bmatrix} \tag{b}$$

将系数矩阵化为行阶梯形，即

$$\begin{bmatrix}\sqrt{2} & -1 & 0\\ 0 & \frac{\sqrt{2}}{2} & -1\\ 0 & 0 & 0\end{bmatrix}$$

可以看出，齐次线性方程组(b)，系数矩阵秩为 2，因此含有一个自由变量，令 $X_3^1=1$，有

$$\begin{cases}\sqrt{2}X_1^1-X_2^1=0\\ \frac{\sqrt{2}}{2}X_2^1-X_3^1=0\end{cases}$$

由此可以解得第一阶主振型为

$$\boldsymbol{X}^1=\begin{bmatrix}1\\\sqrt{2}\\1\end{bmatrix}$$

同样地，可以求出第二阶、第三阶主振型分别为

$$\boldsymbol{X}^2=\begin{bmatrix}1\\0\\-1\end{bmatrix},\quad \boldsymbol{X}^3=\begin{bmatrix}1\\-\sqrt{2}\\1\end{bmatrix}$$

各阶主振型示意图如图 3-6 所示。

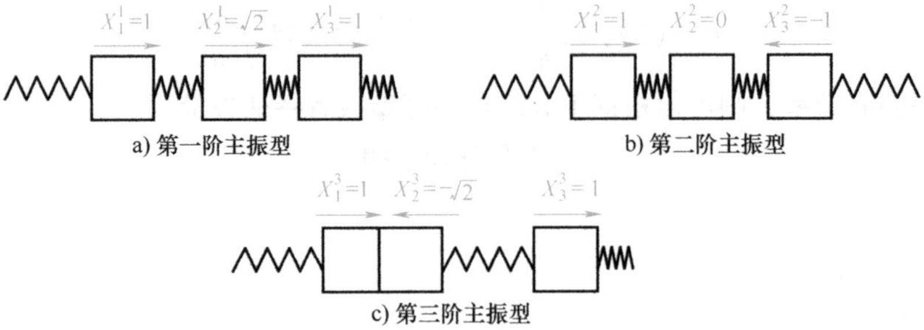

图 3-6　例 3.3 中的三阶主振型示意图

3.3.3　主振型的正交性

在例 3.3 中我们分别求出了系统的三阶主振型，即

$$\boldsymbol{X}^1=\begin{bmatrix}1\\\sqrt{2}\\1\end{bmatrix},\quad \boldsymbol{X}^2=\begin{bmatrix}1\\0\\-1\end{bmatrix},\quad \boldsymbol{X}^3=\begin{bmatrix}1\\-\sqrt{2}\\1\end{bmatrix} \tag{3-36}$$

在此例中，质量矩阵和刚度矩阵分别为

$$\boldsymbol{M}=\begin{bmatrix}m&0&0\\0&m&0\\0&0&m\end{bmatrix},\quad \boldsymbol{K}=\begin{bmatrix}2k&-k&0\\-k&2k&-k\\0&-k&2k\end{bmatrix} \tag{3-37}$$

分别计算以下几个式子：

$$\begin{cases}(\boldsymbol{X}^1)^{\mathrm{T}}\boldsymbol{M}\boldsymbol{X}^1=4m,(\boldsymbol{X}^1)^{\mathrm{T}}\boldsymbol{M}\boldsymbol{X}^2=0,(\boldsymbol{X}^1)^{\mathrm{T}}\boldsymbol{M}\boldsymbol{X}^3=0\\(\boldsymbol{X}^2)^{\mathrm{T}}\boldsymbol{M}\boldsymbol{X}^1=0,(\boldsymbol{X}^2)^{\mathrm{T}}\boldsymbol{M}\boldsymbol{X}^2=2m,(\boldsymbol{X}^2)^{\mathrm{T}}\boldsymbol{M}\boldsymbol{X}^3=0\\(\boldsymbol{X}^3)^{\mathrm{T}}\boldsymbol{M}\boldsymbol{X}^1=0,(\boldsymbol{X}^3)^{\mathrm{T}}\boldsymbol{M}\boldsymbol{X}^2=0,(\boldsymbol{X}^3)^{\mathrm{T}}\boldsymbol{M}\boldsymbol{X}^3=4m\\(\boldsymbol{X}^1)^{\mathrm{T}}\boldsymbol{K}\boldsymbol{X}^1=2.3431k,(\boldsymbol{X}^1)^{\mathrm{T}}\boldsymbol{K}\boldsymbol{X}^2=0,(\boldsymbol{X}^1)^{\mathrm{T}}\boldsymbol{K}\boldsymbol{X}^3=0\\(\boldsymbol{X}^2)^{\mathrm{T}}\boldsymbol{K}\boldsymbol{X}^1=0,(\boldsymbol{X}^2)^{\mathrm{T}}\boldsymbol{K}\boldsymbol{X}^2=4k,(\boldsymbol{X}^2)^{\mathrm{T}}\boldsymbol{K}\boldsymbol{X}^3=0\\(\boldsymbol{X}^3)^{\mathrm{T}}\boldsymbol{K}\boldsymbol{X}^1=0,(\boldsymbol{X}^3)^{\mathrm{T}}\boldsymbol{K}\boldsymbol{X}^2=0,(\boldsymbol{X}^3)^{\mathrm{T}}\boldsymbol{K}\boldsymbol{X}^3=13.6569k\end{cases} \tag{3-38}$$

从式(3-38)中可以发现

$$\begin{cases}(\boldsymbol{X}^j)^{\mathrm{T}}\boldsymbol{M}\boldsymbol{X}^i=0\\(\boldsymbol{X}^j)^{\mathrm{T}}\boldsymbol{K}\boldsymbol{X}^i=0\end{cases}\quad (i\neq j) \tag{3-39}$$

式(3-39)表示例3.3中的各阶主振型分别关于系统的质量矩阵与刚度矩阵正交，称为主振型的正交性。事实上，主振型的正交性关于任何自由度的系统都是成立的，下面将从理论方面进行推导。

一个多自由度系统中第 i 阶固有频率 ω_i 和其对应的主振型 $\boldsymbol{X}^i$ 满足以下特征值问题

$$(\lambda_i \boldsymbol{I}-\boldsymbol{W})\boldsymbol{X}^i=\boldsymbol{0} \tag{3-40}$$

式中，$\lambda_i=\omega_i^2$；$\boldsymbol{W}$ 为刚度动力矩阵。由刚度动力矩阵定义可得

$$\boldsymbol{M}^{-1}\boldsymbol{K}\boldsymbol{X}^i=\lambda_i\boldsymbol{X}^i \tag{3-41}$$

在式(3-41)两侧同时左乘 $\boldsymbol{M}$，得

$$\boldsymbol{K}\boldsymbol{X}^i=\lambda_i\boldsymbol{M}\boldsymbol{X}^i \tag{3-42}$$

该系统中第 j 阶固有频率 ω_j 和其对应的主振型 $\boldsymbol{X}^j$ 满足式(3-32)所示的特征值问题。由式(3-41)及式(3-42)有

$$\boldsymbol{K}\boldsymbol{X}^j=\lambda_j\boldsymbol{M}\boldsymbol{X}^j \tag{3-43}$$

在式(3-42)两侧同时左乘 $(\boldsymbol{X}^j)^{\mathrm{T}}$，有

$$(\boldsymbol{X}^j)^{\mathrm{T}}\boldsymbol{K}\boldsymbol{X}^i=\lambda_i(\boldsymbol{X}^j)^{\mathrm{T}}\boldsymbol{M}\boldsymbol{X}^i \tag{3-44}$$

在式(3-43)两侧同时左乘 $(\boldsymbol{X}^i)^{\mathrm{T}}$，有

$$(\boldsymbol{X}^i)^{\mathrm{T}}\boldsymbol{K}\boldsymbol{X}^j=\lambda_j(\boldsymbol{X}^i)^{\mathrm{T}}\boldsymbol{M}\boldsymbol{X}^j \tag{3-45}$$

对式(3-44)进行整体转置，由于质量矩阵与刚度矩阵为对称矩阵，有 $\boldsymbol{M}^{\mathrm{T}}=\boldsymbol{M}$，$\boldsymbol{K}^{\mathrm{T}}=\boldsymbol{K}$，因此可得

$$(\boldsymbol{X}^i)^{\mathrm{T}}\boldsymbol{K}\boldsymbol{X}^j=\lambda_i(\boldsymbol{X}^i)^{\mathrm{T}}\boldsymbol{M}\boldsymbol{X}^j \tag{3-46}$$

用式(3-46)减去式(3-45)，得

$$(\lambda_i-\lambda_j)(\boldsymbol{X}^i)^{\mathrm{T}}\boldsymbol{M}\boldsymbol{X}^j=0 \tag{3-47}$$

在一般情况下，$\omega_i\neq\omega_j$，即 $\lambda_i\neq\lambda_j$，有

$$(\boldsymbol{X}^i)^{\mathrm{T}}\boldsymbol{M}\boldsymbol{X}^{(j)}=\begin{cases}0 & (i\neq j)\\ M_i & (i=j)\end{cases} \tag{3-48}$$

同样地，可以证明

$$(\boldsymbol{X}^i)^{\mathrm{T}}\boldsymbol{K}\boldsymbol{X}^{(j)}=\begin{cases}0 & (i\neq j)\\ K_i & (i=j)\end{cases} \tag{3-49}$$

即主振型关于质量矩阵与刚度矩阵是正交的。当 $i=j$ 时，称 M_i 为第 i 阶主质量(模态质量)，称 K_i 为第 i 阶主刚度(模态刚度)，式(3-48)与式(3-49)可以表示为如下形式

$$\begin{cases}\bar{\boldsymbol{M}}=\begin{bmatrix}M_1 & 0 & 0 & 0\\ 0 & M_2 & 0 & 0\\ 0 & 0 & \ddots & 0\\ 0 & 0 & 0 & M_n\end{bmatrix}=\boldsymbol{X}^{\mathrm{T}}\boldsymbol{M}\boldsymbol{X}\\ \bar{\boldsymbol{K}}=\begin{bmatrix}K_1 & 0 & 0 & 0\\ 0 & K_2 & 0 & 0\\ 0 & 0 & \ddots & 0\\ 0 & 0 & 0 & K_n\end{bmatrix}=\boldsymbol{X}^{\mathrm{T}}\boldsymbol{K}\boldsymbol{X}\end{cases} \tag{3-50}$$

式中，$\boldsymbol{X}$ 为振型矩阵，其第 i 列与第 i 阶主振型向量对应，即

$$\boldsymbol{X}=[\boldsymbol{X}^1,\boldsymbol{X}^2,\cdots,\boldsymbol{X}^n] \tag{3-51}$$

此时有

$$\lambda_i=\frac{(\boldsymbol{X}^i)^{\mathrm{T}}\boldsymbol{K}\boldsymbol{X}^i}{(\boldsymbol{X}^i)^{\mathrm{T}}\boldsymbol{M}\boldsymbol{X}^i}=\frac{K_i}{M_i}\quad(i=1,2,\cdots,n) \tag{3-52}$$

各阶固有频率为

$$\omega_i=\sqrt{\lambda_i}=\sqrt{\frac{K_i}{M_i}}\quad(i=1,2,\cdots,n) \tag{3-53}$$

在实际分析中，为方便起见，通常对振型进行归一化处理，将主质量归一化，即使各阶主质量为 1，这种归一化称为正则化。将各阶主振型向量乘以对应阶数主质量的平方根的倒数，则可以得到正则化振型矩阵 $\bar{\boldsymbol{X}}$，即

$$\bar{\boldsymbol{X}}=\left[\frac{1}{\sqrt{M_1}}\boldsymbol{X}^1,\frac{1}{\sqrt{M_2}}\boldsymbol{X}^2,\cdots,\frac{1}{\sqrt{M_n}}\boldsymbol{X}^n\right] \tag{3-54}$$

此时有

$$\begin{cases}\bar{\boldsymbol{X}}^{\mathrm{T}}\boldsymbol{M}\bar{\boldsymbol{X}}=\boldsymbol{I}\\ \bar{\boldsymbol{X}}^{\mathrm{T}}\boldsymbol{K}\bar{\boldsymbol{X}}=\begin{bmatrix}\lambda_1&0&0&0\\0&\lambda_2&0&0\\0&0&\ddots&0\\0&0&0&\lambda_n\end{bmatrix}=\begin{bmatrix}\omega_1^2&0&0&0\\0&\omega_2^2&0&0\\0&0&\ddots&0\\0&0&0&\omega_n^2\end{bmatrix}\end{cases} \tag{3-55}$$

3.3.4 展开定理

由于系统的 n 阶主振型分别关于质量矩阵和刚度矩阵相互正交，由线性代数知识可知，它们必然相互独立，则这 n 阶主振型构成一个 n 维空间的正交基底，任意一个 n 维向量均可以唯一地表示为这 n 阶主振型的线性组合。因此，系统的任意运动都可以唯一地表示为这 n 阶主振型的线性组合。

系统的运动微分方程为

$$\boldsymbol{M}\ddot{\boldsymbol{x}}+\boldsymbol{K}\boldsymbol{x}=\boldsymbol{0} \tag{3-56}$$

系统的振型矩阵为

$$\boldsymbol{X}=[\boldsymbol{X}^1,\boldsymbol{X}^2,\cdots,\boldsymbol{X}^n] \tag{3-57}$$

则系统的任意运动 $\boldsymbol{x}$ 可以表示为

$$\boldsymbol{x}=q_1\boldsymbol{X}^1+q_2\boldsymbol{X}^2+\cdots+q_n\boldsymbol{X}^n=\sum_{i=1}^{n}q_i\boldsymbol{X}^i \tag{3-58}$$

其中，q_i 为任意常数。

在式(3-58)两侧同时左乘$(\boldsymbol{X}^j)^{\mathrm{T}}\boldsymbol{M}$，得

$$(\boldsymbol{X}^j)^{\mathrm{T}}\boldsymbol{M}\boldsymbol{x}=\sum_{i=1}^{n}q_i(\boldsymbol{X}^j)^{\mathrm{T}}\boldsymbol{M}\boldsymbol{X}^i \tag{3-59}$$

根据主振型的正交性，当 $i\neq j$ 时，$(\boldsymbol{X}^j)^{\mathrm{T}}\boldsymbol{M}\boldsymbol{X}^i=0$；当 $i=j$ 时，$(\boldsymbol{X}^j)^{\mathrm{T}}\boldsymbol{M}\boldsymbol{X}^i=(\boldsymbol{X}^j)^{\mathrm{T}}\boldsymbol{M}\boldsymbol{X}^j=M_j$，因此

$$(\boldsymbol{X}^j)^{\mathrm{T}}\boldsymbol{M}\boldsymbol{x}=\sum_{i=1}^{n}q_i(\boldsymbol{X}^j)^{\mathrm{T}}\boldsymbol{M}\boldsymbol{X}^i=q_jM_j \tag{3-60}$$

其中，M_j 为第 j 阶主质量。进而可得

$$q_j=\frac{(\boldsymbol{X}^j)^{\mathrm{T}}\boldsymbol{M}\boldsymbol{x}}{M_j} \tag{3-61}$$

若振型向量是正则化的，则有

$$q_j=(\bar{\boldsymbol{X}}^j)^{\mathrm{T}}\boldsymbol{M}\boldsymbol{x} \tag{3-62}$$

展开定理是在使用模态叠加法进行多自由度系统振动分析中最重要的定理。

3.3.5 模态叠加法

一般采用模态叠加法求解无阻尼多自由度系统的运动微分方程

$$\boldsymbol{M}\ddot{\boldsymbol{x}}+\boldsymbol{K}\boldsymbol{x}=\boldsymbol{F}$$

下面介绍模态叠加法的一般思路与步骤。

由展开定理可知，系统任意一个运动可以用以主振型构成的一组特征向量进行分解，即

$$x(t)=q_1(t)\boldsymbol{X}^1+q_2(t)\boldsymbol{X}^2+\cdots+q_n(t)\boldsymbol{X}^n=\sum_{i=1}^{n}q_i(t)\boldsymbol{X}^i \tag{3-63}$$

其中，$q_1(t),q_2(t),\cdots,q_n(t)$ 是依赖于时间的坐标，称为主坐标或模态坐标。

根据定义，振型矩阵为

$$\boldsymbol{X}=[\boldsymbol{X}^1,\boldsymbol{X}^2,\cdots,\boldsymbol{X}^n] \tag{3-64}$$

因此，式(3-63)可以写为

$$\boldsymbol{x}(t)=\boldsymbol{X}\boldsymbol{q}(t) \tag{3-65}$$

其中，

$$\boldsymbol{q}(t)=\begin{bmatrix}q_1(t)\\q_2(t)\\\vdots\\q_n(t)\end{bmatrix} \tag{3-66}$$

由于 $\boldsymbol{X}$ 不是关于时间的函数，故对式(3-65)求二阶导数可得

$$\ddot{\boldsymbol{x}}(t)=\boldsymbol{X}\ddot{\boldsymbol{q}}(t) \tag{3-67}$$

结合式(3-65)与式(3-67)，可以将系统的运动微分方程写为

$$\boldsymbol{M}\boldsymbol{X}\ddot{\boldsymbol{q}}+\boldsymbol{K}\boldsymbol{X}\boldsymbol{q}=\boldsymbol{F} \tag{3-68}$$

在式(3-68)两侧同时左乘 $\boldsymbol{X}^{\mathrm{T}}$，得

$$\boldsymbol{X}^{\mathrm{T}}\boldsymbol{M}\boldsymbol{X}\ddot{\boldsymbol{q}}+\boldsymbol{X}^{\mathrm{T}}\boldsymbol{K}\boldsymbol{X}\boldsymbol{q}=\boldsymbol{X}^{\mathrm{T}}\boldsymbol{F} \tag{3-69}$$

利用主振型的正交性，有

$$\begin{bmatrix}M_1&0&0&0\\0&M_2&0&0\\0&0&\ddots&0\\0&0&0&M_n\end{bmatrix}\begin{bmatrix}\ddot{q}_1(t)\\\ddot{q}_2(t)\\\vdots\\\ddot{q}_n(t)\end{bmatrix}+\begin{bmatrix}K_1&0&0&0\\0&K_2&0&0\\0&0&\ddots&0\\0&0&0&K_n\end{bmatrix}\begin{bmatrix}q_1(t)\\q_2(t)\\\vdots\\q_n(t)\end{bmatrix}=\begin{bmatrix}f_1\\f_2\\\vdots\\f_n\end{bmatrix} \tag{3-70}$$

其中，

$$\begin{bmatrix} M_1 & 0 & 0 & 0 \\ 0 & M_2 & 0 & 0 \\ 0 & 0 & \ddots & 0 \\ 0 & 0 & 0 & M_n \end{bmatrix} = \boldsymbol{X}^{\mathrm{T}}\boldsymbol{M}\boldsymbol{X}, \begin{bmatrix} K_1 & 0 & 0 & 0 \\ 0 & K_2 & 0 & 0 \\ 0 & 0 & \ddots & 0 \\ 0 & 0 & 0 & K_n \end{bmatrix} = \boldsymbol{X}^{\mathrm{T}}\boldsymbol{K}\boldsymbol{X}, \begin{bmatrix} f_1 \\ f_2 \\ \vdots \\ f_n \end{bmatrix} = \boldsymbol{X}^{\mathrm{T}}\boldsymbol{F}$$

式(3-70)可写为

$$M_i\ddot{q}_i + K_i q_i = f_i \quad (i=1,2,\cdots,n) \tag{3-71}$$

系统运动微分方程组将被分解为如式(3-71)所示的 n 个单自由度运动微分方程，根据第2章内容，其解为

$$q_i(t) = q_i(0)\cos(\omega_i t) + \frac{\dot{q}_i(0)}{\omega_i}\sin(\omega_i t) + \frac{1}{M_i\omega_i}\int_0^t f_i(\tau)\sin[\omega_i(t-\tau)]\,\mathrm{d}\tau \tag{3-72}$$

其中，$\omega_i = \sqrt{\dfrac{K_i}{M_i}}$ 为各阶固有频率。

初始模态位移 $q_i(0)$ 与初始模态速度 $\dot{q}_i(0)$ 可根据物理位移与物理速度的初始值 $x_i(0)$ 与 $\dot{x}_i(0)$ 确定：

$$\begin{cases} \boldsymbol{q}(0) = \boldsymbol{X}^{-1}\boldsymbol{x}(0) \\ \dot{\boldsymbol{q}}(0) = \boldsymbol{X}^{-1}\dot{\boldsymbol{x}}(0) \end{cases} \tag{3-73}$$

其中，

$$\boldsymbol{q}(0) = \begin{vmatrix} q_1(0) \\ q_2(0) \\ \vdots \\ q_n(0) \end{vmatrix}, \dot{\boldsymbol{q}}(0) = \begin{vmatrix} \dot{q}_1(0) \\ \dot{q}_2(0) \\ \vdots \\ \dot{q}_n(0) \end{vmatrix}, \boldsymbol{x}(0) = \begin{vmatrix} x_1(0) \\ x_2(0) \\ \vdots \\ x_n(0) \end{vmatrix}, \dot{\boldsymbol{x}}(0) = \begin{vmatrix} \dot{x}_1(0) \\ \dot{x}_2(0) \\ \vdots \\ \dot{x}_n(0) \end{vmatrix} \tag{3-74}$$

这里需要注意，本书考虑求解特征方程后，得到各阶互不相等的非零特征值与相应的各阶特征向量(主振型)。这些主振型在特征值不同的情况下是线性无关的，而振型矩阵是由各阶主振型组成的，因此振型矩阵是满秩的，一定可逆。由于矩阵求逆相对复杂，故可通过式(3-61)计算模态坐标初值，即

$$\begin{cases} q_j(0) = \dfrac{(\boldsymbol{X}^j)^{\mathrm{T}}\boldsymbol{M}\boldsymbol{x}(0)}{M_j} \\ \dot{q}_j(0) = \dfrac{(\boldsymbol{X}^j)^{\mathrm{T}}\boldsymbol{M}\dot{\boldsymbol{x}}(0)}{M_j} \end{cases} \quad (j=1,2,\cdots,n) \tag{3-75}$$

在得到对应 n 个单自由度的模态位移 $q_i(t)$ 后，代入式(3-65)即得到无阻尼多自由度系统在物理坐标下的全响应解为

$$\boldsymbol{x} = \boldsymbol{X}\boldsymbol{q} = \boldsymbol{X}\begin{bmatrix} q_1(0)\cos(\omega_1 t) + \dfrac{\dot{q}_1(0)}{\omega_1}\sin(\omega_1 t) + \dfrac{1}{M_1\omega_1}\displaystyle\int_0^t f_1(\tau)\sin[\omega_1(t-\tau)]\,\mathrm{d}\tau \\ q_2(0)\cos(\omega_2 t) + \dfrac{\dot{q}_2(0)}{\omega_2}\sin(\omega_2 t) + \dfrac{1}{M_2\omega_2}\displaystyle\int_0^t f_2(\tau)\sin[\omega_2(t-\tau)]\,\mathrm{d}\tau \\ \vdots \\ q_n(0)\cos(\omega_n t) + \dfrac{\dot{q}_n(0)}{\omega_n}\sin(\omega_n t) + \dfrac{1}{M_n\omega_n}\displaystyle\int_0^t f_n(\tau)\sin[\omega_n(t-\tau)]\,\mathrm{d}\tau \end{bmatrix} \tag{3-76}$$

如果将振型矩阵作正则化处理(即满足$\bar{\boldsymbol{X}}^{\mathrm{T}}\boldsymbol{M}\bar{\boldsymbol{X}}=\boldsymbol{I}$)，则

$$\boldsymbol{x}(t)=\bar{\boldsymbol{X}}\boldsymbol{q}(t) \tag{3-77}$$

式(3-69)可写为

$$\bar{\boldsymbol{X}}^{\mathrm{T}}\boldsymbol{M}\bar{\boldsymbol{X}}\ddot{\boldsymbol{q}}+\bar{\boldsymbol{X}}^{\mathrm{T}}\boldsymbol{K}\bar{\boldsymbol{X}}\boldsymbol{q}=\bar{\boldsymbol{X}}^{\mathrm{T}}\boldsymbol{F} \tag{3-78}$$

同样地，利用主振型的正交性，有

$$\begin{bmatrix}1&0&0&0\\0&1&0&0\\0&0&\ddots&0\\0&0&0&1\end{bmatrix}\begin{bmatrix}\ddot{q}_1(t)\\\ddot{q}_2(t)\\\vdots\\\ddot{q}_n(t)\end{bmatrix}+\begin{bmatrix}\omega_1^2&0&0&0\\0&\omega_2^2&0&0\\0&0&\ddots&0\\0&0&0&\omega_n^2\end{bmatrix}\begin{bmatrix}q_1(t)\\q_2(t)\\\vdots\\q_n(t)\end{bmatrix}=\begin{bmatrix}\bar{f}_1\\\bar{f}_2\\\vdots\\\bar{f}_n\end{bmatrix} \tag{3-79}$$

其中，

$$\begin{bmatrix}\bar{f}_1\\\bar{f}_2\\\vdots\\\bar{f}_n\end{bmatrix}=\bar{\boldsymbol{X}}^{\mathrm{T}}\boldsymbol{F}$$

式(3-79)可写为

$$\ddot{q}_i+\omega_i^2q_i=\bar{f}_i\quad(i=1,2,\cdots,n) \tag{3-80}$$

系统运动微分方程组将被分解为如式(3-80)所示的n个单自由度运动微分方程，根据第2章内容，其解为

$$q_i(t)=q_i(0)\cos(\omega_it)+\frac{\dot{q}_i(0)}{\omega_i}\sin(\omega_it)+\frac{1}{\omega_i}\int_0^t\bar{f}_i(\tau)\sin[\omega_i(t-\tau)]\,\mathrm{d}\tau \tag{3-81}$$

初始模态位移$q_i(0)$与初始模态速度$\dot{q}_i(0)$可根据物理位移与物理速度的初始值$x_i(0)$与$\dot{x}_i(0)$确定：

$$\begin{cases}\boldsymbol{q}(0)=\bar{\boldsymbol{X}}^{-1}\boldsymbol{x}(0)\\\dot{\boldsymbol{q}}(0)=\bar{\boldsymbol{X}}^{-1}\dot{\boldsymbol{x}}(0)\end{cases} \tag{3-82}$$

其中，

$$\boldsymbol{q}(0)=\begin{vmatrix}q_1(0)\\q_2(0)\\\vdots\\q_n(0)\end{vmatrix},\ \dot{\boldsymbol{q}}(0)=\begin{vmatrix}\dot{q}_1(0)\\\dot{q}_2(0)\\\vdots\\\dot{q}_n(0)\end{vmatrix},\ \boldsymbol{x}(0)=\begin{vmatrix}x_1(0)\\x_2(0)\\\vdots\\x_n(0)\end{vmatrix},\ \dot{\boldsymbol{x}}(0)=\begin{vmatrix}\dot{x}_1(0)\\\dot{x}_2(0)\\\vdots\\\dot{x}_n(0)\end{vmatrix} \tag{3-83}$$

由于矩阵求逆相对复杂，故可通过式(3-62)计算模态坐标初值，即

$$\begin{cases}\boldsymbol{q}(0)=\bar{\boldsymbol{X}}^{\mathrm{T}}\boldsymbol{M}\boldsymbol{x}(0)\\\dot{\boldsymbol{q}}(0)=\bar{\boldsymbol{X}}^{\mathrm{T}}\boldsymbol{M}\dot{\boldsymbol{x}}(0)\end{cases} \tag{3-84}$$

在得到对应n个单自由度的模态位移$q_i(t)$后，代入式(3-77)即得到无阻尼多自由度系统在物理坐标下的全响应解为

$$x=\bar{X}q=\bar{X}\begin{bmatrix} q_1(0)\cos(\omega_1 t)+\dfrac{\dot{q}_1(0)}{\omega_1}\sin(\omega_1 t)+\dfrac{1}{\omega_1}\int_0^t \bar{f}_1(\tau)\sin[\omega_1(t-\tau)]\,\mathrm{d}\tau \\ q_2(0)\cos(\omega_2 t)+\dfrac{\dot{q}_2(0)}{\omega_2}\sin(\omega_2 t)+\dfrac{1}{\omega_2}\int_0^t \bar{f}_2(\tau)\sin[\omega_2(t-\tau)]\,\mathrm{d}\tau \\ \vdots \\ q_n(0)\cos(\omega_n t)+\dfrac{\dot{q}_n(0)}{\omega_n}\sin(\omega_n t)+\dfrac{1}{\omega_n}\int_0^t \bar{f}_n(\tau)\sin[\omega_n(t-\tau)]\,\mathrm{d}\tau \end{bmatrix} \tag{3-85}$$

综上所述，利用模态叠加法计算无阻尼多自由度系统振动的步骤可以总结如下：

1）利用拉格朗日方程建立系统运动微分方程；

2）通过求解特征值问题求出系统各阶固有频率 ω_i 与各阶主振型 $\boldsymbol{X}^i$，将各阶主振型 $\boldsymbol{X}^i$ 组合得到振型矩阵 $\boldsymbol{X}$（或求出正则化振型矩阵 $\bar{\boldsymbol{X}}$）；

3）利用展开定理及主振型的正交性，分解系统运动为多个不耦合的单自由度运动微分方程 $M_i\ddot{q}_i+K_iq_i=f_i$（如果用正则化振型矩阵则为 $\ddot{q}_i+\omega_i^2q_i=\bar{f}_i$）；

4）利用第 2 章内容求解各个单自由度运动微分方程，根据 $\boldsymbol{x}=\boldsymbol{X}\boldsymbol{q}$（如果用正则化振型矩阵则为 $\boldsymbol{x}=\bar{\boldsymbol{X}}\boldsymbol{q}$）叠加计算系统在物理坐标下的振动解。

例 3.4　若例 3.3 中系统初始速度为零，初始位移 $x_1=4\text{mm}$，$x_2=x_3=0$，求系统自由振动解。

解：1）推导系统运动微分方程。

由例 3.3 可知，系统运动微分方程为

$$\boldsymbol{M}\ddot{\boldsymbol{x}}+\boldsymbol{K}\boldsymbol{x}=\boldsymbol{0}$$

其中，

$$\boldsymbol{M}=\begin{bmatrix} m & 0 & 0 \\ 0 & m & 0 \\ 0 & 0 & m \end{bmatrix},\ \boldsymbol{K}=\begin{bmatrix} 2k & -k & 0 \\ -k & 2k & -k \\ 0 & -k & 2k \end{bmatrix},\ \boldsymbol{x}=\begin{bmatrix} x_1(t) \\ x_2(t) \\ x_3(t) \end{bmatrix}$$

2）求系统的固有频率与振型矩阵，即

$$\omega_1=0.765\sqrt{\frac{k}{m}},\ \omega_2=1.414\sqrt{\frac{k}{m}},\ \omega_3=1.848\sqrt{\frac{k}{m}}$$

系统的三阶主振型分别为

$$\boldsymbol{X}^1=\begin{bmatrix} 1 \\ \sqrt{2} \\ 1 \end{bmatrix},\ \boldsymbol{X}^2=\begin{bmatrix} 1 \\ 0 \\ -1 \end{bmatrix},\ \boldsymbol{X}^3=\begin{bmatrix} 1 \\ -\sqrt{2} \\ 1 \end{bmatrix}$$

可得振型矩阵为

$$\boldsymbol{X}=[\boldsymbol{X}^1,\boldsymbol{X}^2,\boldsymbol{X}^3]=\begin{bmatrix} 1 & 1 & 1 \\ \sqrt{2} & 0 & -\sqrt{2} \\ 1 & -1 & 1 \end{bmatrix}$$

3）应用模态叠加法，即 $\boldsymbol{x}=\boldsymbol{X}\boldsymbol{q}$ 化简系统运动微分方程。

系统的运动可以用主振型与模态坐标叠加表示为

$$\boldsymbol{x}=\begin{bmatrix}x_1(t)\\x_2(t)\\x_3(t)\end{bmatrix}=\boldsymbol{Xq}(t)=\begin{bmatrix}1&1&1\\\sqrt{2}&0&-\sqrt{2}\\1&-1&1\end{bmatrix}\begin{bmatrix}q_1\\q_2\\q_3\end{bmatrix}$$

其中，q_1，q_2，q_3 为模态坐标。

系统运动微分方程可化为

$$\boldsymbol{MX\ddot{q}}(t)+\boldsymbol{KXq}(t)=\boldsymbol{0}$$

在上式两侧同时左乘 $\boldsymbol{X}^{\mathrm{T}}$，得

$$\boldsymbol{X}^{\mathrm{T}}\boldsymbol{MX\ddot{q}}(t)+\boldsymbol{X}^{\mathrm{T}}\boldsymbol{KXq}(t)=\boldsymbol{0}$$

将 $\boldsymbol{X}^{\mathrm{T}}$，$\boldsymbol{X}$，$\boldsymbol{M}$，$\boldsymbol{K}$ 代入上式，化简后得到

$$\begin{bmatrix}4m&0&0\\0&2m&0\\0&0&4m\end{bmatrix}\begin{bmatrix}\ddot{q}_1\\\ddot{q}_2\\\ddot{q}_3\end{bmatrix}+\begin{bmatrix}(8-4\sqrt{2})k&0&0\\0&4k&0\\0&0&(8+4\sqrt{2})k\end{bmatrix}\begin{bmatrix}q_1\\q_2\\q_3\end{bmatrix}=\begin{bmatrix}0\\0\\0\end{bmatrix}$$

即

$$\begin{cases}4m\ddot{q}_1+(8-4\sqrt{2})kq_1=0\\2m\ddot{q}_2+4kq_2=0\\4m\ddot{q}_3+(8+4\sqrt{2})kq_3=0\end{cases}$$

4）求解单自由度运动微分方程，将模态坐标变换回原始物理坐标。

由式(3-76)可知，系统的全响应解为

$$\boldsymbol{x}=\boldsymbol{Xq}=\boldsymbol{X}\begin{bmatrix}q_1(0)\cos(\omega_1t)+\dfrac{\dot{q}_1(0)}{\omega_1}\sin(\omega_1t)+\dfrac{1}{M_1\omega_1}\displaystyle\int_0^t f_1(\tau)\sin[\omega_1(t-\tau)]\,\mathrm{d}\tau\\q_2(0)\cos(\omega_2t)+\dfrac{\dot{q}_2(0)}{\omega_2}\sin(\omega_2t)+\dfrac{1}{M_2\omega_2}\displaystyle\int_0^t f_2(\tau)\sin[\omega_2(t-\tau)]\,\mathrm{d}\tau\\q_3(0)\cos(\omega_3t)+\dfrac{\dot{q}_3(0)}{\omega_3}\sin(\omega_3t)+\dfrac{1}{M_3\omega_3}\displaystyle\int_0^t f_3(\tau)\sin[\omega_3(t-\tau)]\,\mathrm{d}\tau\end{bmatrix}$$

自由振动下无外力作用，则 $f_1(t)=f_2(t)=f_3(t)=0$。

系统的初始条件为

$$\begin{bmatrix}x_1(0)\\x_2(0)\\x_3(0)\end{bmatrix}=\begin{bmatrix}0.004\\0\\0\end{bmatrix},\quad\begin{bmatrix}\dot{x}_1(0)\\\dot{x}_2(0)\\\dot{x}_3(0)\end{bmatrix}=\begin{bmatrix}0\\0\\0\end{bmatrix}$$

将初始条件转换到模态坐标，得

$$\begin{bmatrix}q_1(0)\\q_2(0)\\q_3(0)\end{bmatrix}=\begin{bmatrix}1&1&1\\\sqrt{2}&0&-\sqrt{2}\\1&-1&1\end{bmatrix}^{-1}\begin{bmatrix}x_1(0)\\x_2(0)\\x_3(0)\end{bmatrix}=\begin{bmatrix}0.001\\0.002\\0.001\end{bmatrix}$$

$$\begin{bmatrix}\dot{q}_1(0)\\ \dot{q}_2(0)\\ \dot{q}_3(0)\end{bmatrix}=\begin{bmatrix}1 & 1 & 1\\ \sqrt{2} & 0 & -\sqrt{2}\\ 1 & -1 & 1\end{bmatrix}^{-1}\begin{bmatrix}\dot{x}_1(0)\\ \dot{x}_2(0)\\ \dot{x}_3(0)\end{bmatrix}=\begin{bmatrix}0\\ 0\\ 0\end{bmatrix}$$

因此，系统全响应解为

$$x=\begin{bmatrix}x_1(t)\\ x_2(t)\\ x_3(t)\end{bmatrix}=\begin{bmatrix}1 & 1 & 1\\ \sqrt{2} & 0 & -\sqrt{2}\\ 1 & -1 & 1\end{bmatrix}\begin{bmatrix}0.001\cos\left(0.765\sqrt{\frac{k}{m}}t\right)\\ 0.002\cos\left(1.414\sqrt{\frac{k}{m}}t\right)\\ 0.001\cos\left(1.848\sqrt{\frac{k}{m}}t\right)\end{bmatrix}$$

例 3.5　求解图 3-7 所示的二自由度系统振动规律。其中，$m_1=200\text{mg}$，$m_2=250\text{mg}$，$k_1=150\text{MN/m}$，$k_2=75\text{MN/m}$。

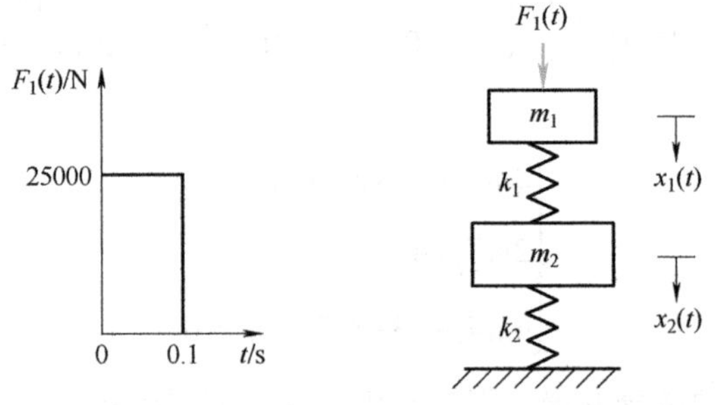

a) 外激励力　　b) 二自由度受迫振动系统

图 3-7　例 3.5 图

解：从图 3-7 中可以看出，系统在 0~0.1s 内受到一恒定外力作用，在 0.1s 后不受外力作用。因此在 0.1s 时系统做自由运动，其初值为系统在 0.1s 时的位移和速度。本例只对受迫运动阶段进行求解分析，不再对 0.1s 后的自由振动阶段进行求解分析，读者可利用所学知识自行求解。

1）推导系统运动微分方程。

以系统静平衡位置为坐标原点，利用拉格朗日方程推导得到系统的运动微分方程，即

$$\boldsymbol{M}\ddot{\boldsymbol{x}}+\boldsymbol{K}\boldsymbol{x}=\boldsymbol{F}$$

其中，

$$\boldsymbol{M}=\begin{bmatrix}m_1 & 0\\ 0 & m_2\end{bmatrix}=\begin{bmatrix}2\times10^5 & 0\\ 0 & 2.5\times10^5\end{bmatrix}$$

$$\boldsymbol{K}=\begin{bmatrix}k_1 & -k_1\\ -k_1 & k_1+k_2\end{bmatrix}=\begin{bmatrix}1.5\times10^8 & -1.5\times10^8\\ -1.5\times10^8 & 2.25\times10^8\end{bmatrix}$$

$$\boldsymbol{F}=\begin{bmatrix}F_1(t)\\ 0\end{bmatrix},\boldsymbol{x}(t)=\begin{bmatrix}x_1(t)\\ x_2(t)\end{bmatrix}$$

2）求系统的固有频率与振型矩阵，即

$$|\boldsymbol{K}-\omega^2\boldsymbol{M}|=\left|\begin{bmatrix}1.5\times10^8 & -1.5\times10^8\\ -1.5\times10^8 & 2.25\times10^8\end{bmatrix}-\omega^2\begin{bmatrix}2\times10^5 & 0\\ 0 & 2.5\times10^5\end{bmatrix}\right|=0$$

可得

$$\omega_1=12.2474\text{rad/s},\omega_2=38.7298\text{rad/s}$$

两阶主振型分别为

$$\boldsymbol{X}^1=\begin{bmatrix}1\\0.8\end{bmatrix},\boldsymbol{X}^2=\begin{bmatrix}1\\-1\end{bmatrix}$$

因此，振型矩阵为

$$\boldsymbol{X}=[\boldsymbol{X}^1,\boldsymbol{X}^2]=\begin{bmatrix}1 & 1\\0.8 & -1\end{bmatrix}$$

在本例中采用正则化振型函数求解，由式(3-50)可知

$$\overline{\boldsymbol{M}}=\begin{bmatrix}M_1 & 0\\0 & M_2\end{bmatrix}=\boldsymbol{X}^{\mathrm{T}}\boldsymbol{M}\boldsymbol{X}=\begin{bmatrix}1 & 1\\0.8 & -1\end{bmatrix}^{\mathrm{T}}\begin{bmatrix}2\times10^5 & 0\\0 & 2.5\times10^5\end{bmatrix}\begin{bmatrix}1 & 1\\0.8 & -1\end{bmatrix}$$

$$=\begin{bmatrix}360000 & 0\\0 & 450000\end{bmatrix}$$

将振型矩阵正则化得

$$\overline{\boldsymbol{X}}=\left[\frac{1}{\sqrt{M_1}}\boldsymbol{X}^1,\frac{1}{\sqrt{M_2}}\boldsymbol{X}^2\right]=\begin{bmatrix}1.6667\times10^{-3} & 1.4907\times10^{-3}\\1.3334\times10^{-3} & -1.4907\times10^{-3}\end{bmatrix}$$

3）应用模态叠加法，即 $\boldsymbol{x}=\overline{\boldsymbol{X}}\boldsymbol{q}(\boldsymbol{q}=[q_1(t),q_2(t)]^{\mathrm{T}})$化简系统运动微分方程。

首先确定初始条件。当 $t=0$ 时，$x_1(0)=x_2(0)=\dot{x}_1(0)=\dot{x}_2(0)=0$，因此，由式(3-82)可得 $q_1(0)=q_2(0)=\dot{q}_1(0)=\dot{q}_2(0)=0$。在受迫振动阶段，$F_1(t)=25000\text{N}(0\leqslant t\leqslant0.1\text{s})$，所以

$$\overline{\boldsymbol{X}}^{\mathrm{T}}\boldsymbol{F}=\begin{bmatrix}1.6667\times10^{-3} & 1.4907\times10^{-3}\\1.3334\times10^{-3} & -1.4907\times10^{-3}\end{bmatrix}^{\mathrm{T}}\begin{bmatrix}25000\\0\end{bmatrix}=\begin{bmatrix}41.6675\\37.2675\end{bmatrix}$$

因此，

$$\begin{cases}\bar{f}_1(t)=41.6675\\ \bar{f}_2(t)=37.2675\end{cases}\quad(0\leqslant t\leqslant0.1\text{s})$$

4）求解单自由度运动微分方程，将模态坐标变换回原始物理坐标。

由式(3-85)可知，系统的受迫振动解为

$$\boldsymbol{x}=\overline{\boldsymbol{X}}\boldsymbol{q}=\overline{\boldsymbol{X}}\begin{bmatrix}q_1(0)\cos(\omega_1t)+\dfrac{\dot{q}_1(0)}{\omega_1}\sin(\omega_1t)+\dfrac{1}{\omega_1}\displaystyle\int_0^t\bar{f}_1(\tau)\sin[\omega_1(t-\tau)]\,\mathrm{d}\tau\\ q_2(0)\cos(\omega_2t)+\dfrac{\dot{q}_2(0)}{\omega_2}\sin(\omega_2t)+\dfrac{1}{\omega_2}\displaystyle\int_0^t\bar{f}_2(\tau)\sin[\omega_2(t-\tau)]\,\mathrm{d}\tau\end{bmatrix}$$

将 $\overline{\boldsymbol{X}}$，$\omega_1$，$q_1(0)=q_2(0)=\dot{q}_1(0)=\dot{q}_2(0)=0$，$\bar{f}_1(t)$，$\bar{f}_2(t)$代入上式，得

$$\boldsymbol{x}=\begin{bmatrix}1.6667\times10^{-3} & 1.4907\times10^{-3}\\1.3334\times10^{-3} & -1.4907\times10^{-3}\end{bmatrix}\begin{bmatrix}3.4022\displaystyle\int_0^t\sin[12.2474(t-\tau)]\,\mathrm{d}\tau\\ 0.9622\displaystyle\int_0^t\sin[38.7298(t-\tau)]\,\mathrm{d}\tau\end{bmatrix}$$

$$=\begin{bmatrix}1.6667\times10^{-3} & 1.4907\times10^{-3}\\ 1.3334\times10^{-3} & -1.4907\times10^{-3}\end{bmatrix}\begin{bmatrix}0.2778(1-\cos12.2474t)\\ 0.0248(1-\cos38.7298t)\end{bmatrix}$$

各质量块的位移分别为

$$\begin{cases}x_1(t)=0.4630\times10^{-3}(1-\cos12.2474t)+0.0370\times10^{-3}(1-\cos38.7298t)\\ x_2(t)=0.3704\times10^{-3}(1-\cos12.2474t)-0.0370\times10^{-3}(1-\cos38.7298t)\end{cases}$$

3.4 有阻尼多自由度系统振动

在许多情况下，阻尼对振动系统响应的影响是次要的，可忽略不计。然而，如果与系统的固有频率相比，分析的是系统在相当长时间内的响应，则必须考虑系统的阻尼。此外，当激振力(如简谐力)的频率在系统的固有频率附近时，阻尼也是相当重要的，必须考虑阻尼。若不考虑阻尼的影响，通过上述理论求解可能会得到一个没有物理意义的解。一般情况下，由于预先并不知道阻尼的影响，故对任意系统的振动分析都必须考虑阻尼。

在 3.2 节中已经初步给出了拥有黏性阻尼的系统运动微分方程推导的方法。由式(3-21)可得含阻尼系统的运动微分方程为

$$\boldsymbol{M}\ddot{\boldsymbol{x}}+\boldsymbol{C}\dot{\boldsymbol{x}}+\boldsymbol{K}\boldsymbol{x}=\boldsymbol{F} \tag{3-86}$$

其中，$\boldsymbol{x}$ 为由广义坐标组成的列向量，$\boldsymbol{M}$ 为质量矩阵，$\boldsymbol{C}$ 为阻尼矩阵，$\boldsymbol{K}$ 为刚度矩阵，$\boldsymbol{F}$ 为由非保守广义力组成的列向量。

3.4.1 简化阻尼

为了简化阻尼，考虑将阻尼矩阵视为质量矩阵与刚度矩阵线性组合的特殊系统，即

$$\boldsymbol{C}=\alpha\boldsymbol{M}+\beta\boldsymbol{K} \tag{3-87}$$

其中，α，β 为常数。该阻尼类型称为比例阻尼，这是因为 $\boldsymbol{C}$ 和 $\boldsymbol{M}$、$\boldsymbol{K}$ 的线性组合成比例。将式(3-87)代入式(3-86)中，有

$$\boldsymbol{M}\ddot{\boldsymbol{x}}+(\alpha\boldsymbol{M}+\beta\boldsymbol{K})\dot{\boldsymbol{x}}+\boldsymbol{K}\boldsymbol{x}=\boldsymbol{F} \tag{3-88}$$

可以将解向量表示为无阻尼系统固有振型的线性组合，则

$$\boldsymbol{x}(t)=\boldsymbol{X}\boldsymbol{q}(t) \tag{3-89}$$

式(3-88)可以表示为

$$\boldsymbol{M}\boldsymbol{X}\ddot{\boldsymbol{q}}(t)+(\alpha\boldsymbol{M}+\beta\boldsymbol{K})\boldsymbol{X}\dot{\boldsymbol{q}}(t)+\boldsymbol{K}\boldsymbol{X}\boldsymbol{q}(t)=\boldsymbol{F}(t) \tag{3-90}$$

在式(3-90)两侧同时左乘 $\boldsymbol{X}^{\mathrm{T}}$，有

$$\boldsymbol{X}^{\mathrm{T}}\boldsymbol{M}\boldsymbol{X}\ddot{\boldsymbol{q}}(t)+\boldsymbol{X}^{\mathrm{T}}(\alpha\boldsymbol{M}+\beta\boldsymbol{K})\boldsymbol{X}\dot{\boldsymbol{q}}(t)+\boldsymbol{X}^{\mathrm{T}}\boldsymbol{K}\boldsymbol{X}\boldsymbol{q}(t)=\boldsymbol{X}^{\mathrm{T}}\boldsymbol{F}(t) \tag{3-91}$$

由主振型的正交性，且若振型矩阵已经正则化可得：

$$\boldsymbol{I}\ddot{\boldsymbol{q}}(t)+(\alpha\boldsymbol{I}+\beta\boldsymbol{\omega}^2)\dot{\boldsymbol{q}}(t)+\boldsymbol{\omega}^2\boldsymbol{q}(t)=\boldsymbol{X}^{\mathrm{T}}\boldsymbol{F}(t) \tag{3-92}$$

即

$$\ddot{q}_i(t)+(\alpha+\omega_i^2\beta)\dot{q}_i(t)+\omega_i^2q_i(t)=f_i(t)\quad(i=1,2,\cdots,n) \tag{3-93}$$

其中，ω_i 为无阻尼系统的第 i 阶固有频率，$f_i(t)$ 满足：

$$\begin{bmatrix} f_1(t) \\ f_2(t) \\ \vdots \\ f_n(t) \end{bmatrix} = \boldsymbol{X}^{\mathrm{T}}\boldsymbol{F}(t) \tag{3-94}$$

令

$$\alpha+\omega_i^2\beta=2\zeta_i\omega_i \tag{3-95}$$

其中，ζ_i 称为对应于第 i 阶固有振型的模态阻尼比，式(3-93)可表示为

$$\ddot{q}_i(t)+2\zeta_i\omega_i\dot{q}_i(t)+\omega_i^2q_i(t)=f_i(t) \quad (i=1,2,\cdots,n) \tag{3-96}$$

可以看出，上述 n 个方程中的任一个与其他方程都是不耦合的。这种黏性阻尼系统可通过模态变换与振型矩阵正交性解耦。与求单自由度黏性阻尼系统的响应一样，可求得第 i 阶振型的响应。当 $\zeta_i<1$ 时，式(3-96)的解为

$$q_i(t)=\mathrm{e}^{-\zeta_i\omega_it}\left[q_i(0)\cos(\omega_{\mathrm{d}i}t)+\frac{\dot{q}_i(0)+\zeta_i\omega_iq_i(0)}{\omega_{\mathrm{d}i}}\sin(\omega_{\mathrm{d}i}t)\right]+$$
$$\frac{1}{\omega_{\mathrm{d}i}}\int_0^t\mathrm{e}^{-\zeta_i\omega_i(t-\tau)}\sin[\omega_{\mathrm{d}i}(t-\tau)]f_i(\tau)\mathrm{d}\tau \tag{3-97}$$

其中，

$$\omega_{\mathrm{d}i}=\omega_i\sqrt{1-\zeta_i^2}$$

在得到对应 n 个单自由度的模态位移 $q_i(t)$ 后，代入式(3-89)即得到有阻尼多自由度系统在物理坐标下的全响应解。

对于大多数实际问题，一般难以确定阻尼的来源与大小。在实际系统中可能存在多种类型的阻尼，如库仑阻尼、黏性阻尼和滞后阻尼等。此外，阻尼的本质特性也是未知的，如线性、二次、三次或其他类型的变化。即使已知阻尼的来源和性质，也难以获得阻尼的精确大小。因此，对于许多实际系统，通常需要通过实验的方法获得阻尼值，从而用于振动分析。有些阻尼以结构阻尼的形式存在于汽车、航天器和机械结构中，如汽车悬架系统、飞机起落架以及机器的隔振系统等。由于阻尼系统的分析要涉及冗长的数学运算，在许多振动研究中，阻尼通常被忽略不计或者按比例阻尼考虑。

例 3.6　对于例 3.3 中系统，假设存在阻尼器，如图 3-8 所示，求系统的稳态响应。设简谐力为 $F_1=F_2=F_3=2\cos(\omega t)$。假定 $m_1=m_2=m_3=m=5$，$k_1=k_2=k_3=k_4=k=2000$，$c_1=c_2=c_3=c_4=c=1$，初值均为零。

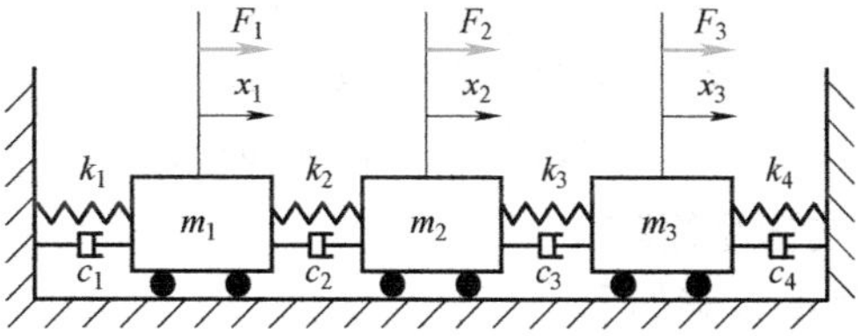

图 3-8　例 3.6 图

解：1）推导系统运动微分方程。

由例 3.3 可知，图 3-8 所示系统拉格朗日函数为

$$L=T-V=\frac{1}{2}m(\dot{x}_1^2+\dot{x}_2^2+\dot{x}_3^2)-\frac{1}{2}k[x_1^2+(x_2-x_1)^2+(x_3-x_2)^2+x_3^2]$$

总耗散功为

$$D=\frac{1}{2}c[\dot{x}_1^2+(\dot{x}_2-\dot{x}_1)^2+(\dot{x}_3-\dot{x}_2)^2+\dot{x}_3^2]$$

假设系统产生位移 x_1，x_2，x_3，则系统外力做功为

$$W=F_1x_1+F_2x_2+F_3x_3$$

因此，广义力为

$$\begin{cases}Q_1=\dfrac{\partial W}{\partial x_1}=F_1\\ Q_2=\dfrac{\partial W}{\partial x_2}=F_2\\ Q_3=\dfrac{\partial W}{\partial x_3}=F_3\end{cases}$$

根据推导的拉格朗日函数 L，分别计算$\dfrac{\partial L}{\partial \dot{x}_i}$，$\dfrac{\mathrm{d}}{\mathrm{d}t}\left(\dfrac{\partial L}{\partial \dot{x}_i}\right)$，$\dfrac{\partial L}{\partial x_i}$，$\dfrac{\partial D}{\partial \dot{x}_i}(i=1,2,3)$，代入拉格朗日方程，即

$$\frac{\mathrm{d}}{\mathrm{d}t}\left(\frac{\partial L}{\partial \dot{x}_i}\right)-\frac{\partial L}{\partial x_i}+\frac{\partial D}{\partial \dot{x}_i}=Q_i\quad(i=1,2,3)$$

可得系统的运动微分方程为

$$\boldsymbol{M}\ddot{\boldsymbol{x}}+\boldsymbol{C}\dot{\boldsymbol{x}}+\boldsymbol{K}\boldsymbol{x}=\boldsymbol{F}$$

其中，

$$\boldsymbol{M}=\begin{bmatrix}m&0&0\\0&m&0\\0&0&m\end{bmatrix}=\begin{bmatrix}5&0&0\\0&5&0\\0&0&5\end{bmatrix}$$

$$\boldsymbol{C}=\begin{bmatrix}2c&-c&0\\-c&2c&-c\\0&-c&2c\end{bmatrix}=\begin{bmatrix}2&-1&0\\-1&2&-1\\0&-1&2\end{bmatrix}$$

$$\boldsymbol{K}=\begin{bmatrix}2k&-k&0\\-k&2k&-k\\0&-k&2k\end{bmatrix}=\begin{bmatrix}4000&-2000&0\\-2000&4000&-2000\\0&-2000&4000\end{bmatrix}$$

$$\boldsymbol{x}=\begin{bmatrix}x_1(t)\\x_2(t)\\x_3(t)\end{bmatrix},\boldsymbol{F}=\begin{bmatrix}2\cos(\omega t)\\2\cos(\omega t)\\2\cos(\omega t)\end{bmatrix}.$$

2）求系统的固有频率与振型矩阵。

求解固有频率与主振型的步骤如下。

$$|\boldsymbol{K}-\omega^2\boldsymbol{M}|=\left|\begin{bmatrix}4000&-2000&0\\-2000&4000&-2000\\0&-2000&4000\end{bmatrix}-\omega^2\begin{bmatrix}5&0&0\\0&5&0\\0&0&5\end{bmatrix}\right|=0$$

可得系统的固有频率为

$$\omega_1=\sqrt{\lambda_1}=0.765\sqrt{\frac{k}{m}},\ \omega_2=\sqrt{\lambda_2}=1.414\sqrt{\frac{k}{m}},\ \omega_3=\sqrt{\lambda_3}=1.848\sqrt{\frac{k}{m}}$$

系统的三阶主振型分别为

$$\boldsymbol{X}^1=\begin{bmatrix}1\\\sqrt{2}\\1\end{bmatrix},\ \boldsymbol{X}^2=\begin{bmatrix}1\\0\\-1\end{bmatrix},\ \boldsymbol{X}^3=\begin{bmatrix}1\\-\sqrt{2}\\1\end{bmatrix}$$

振型矩阵为

$$\boldsymbol{X}=[\boldsymbol{X}^1,\boldsymbol{X}^2,\boldsymbol{X}^3]=\begin{bmatrix}1&1&1\\\sqrt{2}&0&-\sqrt{2}\\1&-1&1\end{bmatrix}$$

在本例中采用正则化振型函数求解。由式(3-50)可知：

$$\bar{\boldsymbol{M}}=\begin{bmatrix}M_1&0&0\\0&M_2&0\\0&0&M_3\end{bmatrix}=\boldsymbol{X}^{\mathrm{T}}\boldsymbol{M}\boldsymbol{X}=\begin{bmatrix}1&1&1\\\sqrt{2}&0&-\sqrt{2}\\1&-1&1\end{bmatrix}^{\mathrm{T}}\begin{bmatrix}5&0&0\\0&5&0\\0&0&5\end{bmatrix}\begin{bmatrix}1&1&1\\\sqrt{2}&0&-\sqrt{2}\\1&-1&1\end{bmatrix}$$

$$=\begin{bmatrix}20&0&0\\0&10&0\\0&0&20\end{bmatrix}$$

将振型矩阵正则化，即

$$\bar{\boldsymbol{X}}=\left[\frac{1}{\sqrt{M_1}}\boldsymbol{X}^1,\frac{1}{\sqrt{M_2}}\boldsymbol{X}^2,\frac{1}{\sqrt{M_3}}\boldsymbol{X}^3\right]=\begin{bmatrix}0.2236&0.3162&0.2236\\0.3162&0&-0.3162\\0.2236&-0.3162&0.2236\end{bmatrix}$$

3）应用模态叠加法，即 $\boldsymbol{x}=\bar{\boldsymbol{X}}\boldsymbol{q}$ 化简处理系统运动微分方程。

解向量表示成无阻尼系统固有振型的线性组合为

$$\boldsymbol{x}=\bar{\boldsymbol{X}}\boldsymbol{q}$$

其中，$\boldsymbol{q}=[q_1(t),q_2(t),q_3(t)]^{\mathrm{T}}$。

运动微分方程(3-21)两侧同时左乘 $\bar{\boldsymbol{X}}^{\mathrm{T}}$，化为

$$\bar{\boldsymbol{X}}^{\mathrm{T}}\boldsymbol{M}\bar{\boldsymbol{X}}\ddot{\boldsymbol{q}}+\bar{\boldsymbol{X}}^{\mathrm{T}}\boldsymbol{C}\bar{\boldsymbol{X}}\dot{\boldsymbol{q}}+\bar{\boldsymbol{X}}^{\mathrm{T}}\boldsymbol{K}\bar{\boldsymbol{X}}\boldsymbol{q}=\bar{\boldsymbol{X}}^{\mathrm{T}}\boldsymbol{F}$$

将 $\bar{\boldsymbol{X}}$，$\boldsymbol{M}$，$\boldsymbol{C}$，$\boldsymbol{K}$，$\boldsymbol{F}$ 代入上式，得

$$\bar{\boldsymbol{X}}^{\mathrm{T}}\boldsymbol{M}\bar{\boldsymbol{X}}=\begin{bmatrix}1&0&0\\0&1&0\\0&0&1\end{bmatrix}$$

$$\bar{\boldsymbol{X}}^{\mathrm{T}}\boldsymbol{C}\bar{\boldsymbol{X}}=\begin{bmatrix}0.1172&0&0\\0&0.4000&0\\0&0&0.6828\end{bmatrix}=\begin{bmatrix}2\zeta_1\omega_1&0&0\\0&2\zeta_2\omega_2&0\\0&0&2\zeta_3\omega_3\end{bmatrix}$$

$$\bar{\boldsymbol{X}}^{\mathrm{T}}\boldsymbol{K}\bar{\boldsymbol{X}}=\begin{bmatrix}234.3146&0&0\\0&800.0000&0\\0&0&1365.6854\end{bmatrix}=\begin{bmatrix}\omega_1^2&0&0\\0&\omega_2^2&0\\0&0&\omega_3^2\end{bmatrix}$$

$$\bar{\boldsymbol{X}}^{\mathrm{T}}\boldsymbol{F}=\begin{bmatrix}0.2236 & 0.3162 & 0.2236\\ 0.3162 & 0 & -0.3162\\ 0.2236 & -0.3162 & 0.2236\end{bmatrix}^{\mathrm{T}}\begin{bmatrix}2\cos(\omega t)\\ 2\cos(\omega t)\\ 2\cos(\omega t)\end{bmatrix}=\begin{bmatrix}1.5269\cos(\omega t)\\ 0\\ 0.2620\cos(\omega t)\end{bmatrix}=\begin{bmatrix}f_1(t)\\ f_2(t)\\ f_3(t)\end{bmatrix}$$

系统的运动微分方程可化为

$$\begin{cases}\ddot{q}_1(t)+2\zeta_1\omega_1\dot{q}_1(t)+\omega_1^2q_1(t)=f_1(t)\\ \ddot{q}_2(t)+2\zeta_2\omega_2\dot{q}_2(t)+\omega_2^2q_2(t)=f_2(t)\\ \ddot{q}_3(t)+2\zeta_3\omega_3\dot{q}_3(t)+\omega_3^2q_3(t)=f_3(t)\end{cases}$$

4）求解单自由度运动微分方程，将模态坐标变换回原始物理坐标。初值均为零，由式(3-97)可知，模态坐标的解为

$$\begin{cases}q_1(t)=\dfrac{1}{\omega_{\mathrm{d}1}}\displaystyle\int_0^t \mathrm{e}^{-\zeta_1\omega_1(t-\tau)}\sin[\omega_{\mathrm{d}1}(t-\tau)]f_1(\tau)\mathrm{d}\tau,\omega_{\mathrm{d}1}=\omega_1\sqrt{1-\zeta_1^2}\\ q_2(t)=0\\ q_3(t)=\dfrac{1}{\omega_{\mathrm{d}3}}\displaystyle\int_0^t \mathrm{e}^{-\zeta_3\omega_3(t-\tau)}\sin[\omega_{\mathrm{d}3}(t-\tau)]f_3(\tau)\mathrm{d}\tau,\omega_{\mathrm{d}3}=\omega_3\sqrt{1-\zeta_3^2}\end{cases}$$

最后可以由模态叠加法求得系统的全响应解为

$$\begin{bmatrix}x_1(t)\\ x_2(t)\\ x_3(t)\end{bmatrix}=\bar{\boldsymbol{X}}\boldsymbol{q}=\begin{bmatrix}0.2236 & 0.3162 & 0.2236\\ 0.3162 & 0 & -0.3162\\ 0.2236 & -0.3162 & 0.2236\end{bmatrix}\begin{bmatrix}q_1(t)\\ q_2(t)\\ q_3(t)\end{bmatrix}$$

3.4.2 一般性阻尼

对于一般性阻尼系统，阻尼矩阵很难同质量矩阵与刚度矩阵一样同时实现对角化，即无法解耦。此种情况下，系统的特征值可能为正和负的实数，也可能为具有负实部的复数。复特征值将成对存在，并对应着复共轭对形式的特征矢量。因此，求阻尼系统特征值问题的常用方法是将 n 个耦合的二阶运动微分方程转化为 $2n$ 个非耦合的一阶运动微分方程。

含阻尼系统的运动微分方程为

$$\boldsymbol{M}\ddot{\boldsymbol{x}}+\boldsymbol{C}\dot{\boldsymbol{x}}+\boldsymbol{K}\boldsymbol{x}=\boldsymbol{F}$$

式中，$\boldsymbol{x}$ 为由广义坐标组成的 $n\times1$ 列向量；$\boldsymbol{M}$ 为 $n\times n$ 质量矩阵，$\boldsymbol{C}$ 为 $n\times n$ 阻尼矩阵，$\boldsymbol{K}$ 为 $n\times n$ 刚度矩阵，$\boldsymbol{F}$ 为由非保守广义力组成的$(n\times1)$列向量。

将上述方程写为以下形式：

$$\begin{bmatrix}\boldsymbol{C} & \boldsymbol{M}\\ \boldsymbol{M} & \boldsymbol{O}\end{bmatrix}\begin{bmatrix}\dot{\boldsymbol{x}}\\ \ddot{\boldsymbol{x}}\end{bmatrix}+\begin{bmatrix}\boldsymbol{K} & \boldsymbol{O}\\ \boldsymbol{O} & -\boldsymbol{M}\end{bmatrix}\begin{bmatrix}\boldsymbol{x}\\ \dot{\boldsymbol{x}}\end{bmatrix}=\begin{bmatrix}\boldsymbol{F}\\ \boldsymbol{0}\end{bmatrix} \tag{3-98}$$

引入状态变量矩阵 $\boldsymbol{y}$，即

$$\boldsymbol{y}=\begin{bmatrix}\boldsymbol{x}\\ \dot{\boldsymbol{x}}\end{bmatrix} \tag{3-99}$$

此时 $\boldsymbol{y}$ 为 $2n\times1$ 的矩阵。令

$$\boldsymbol{G}=\begin{bmatrix}\boldsymbol{C} & \boldsymbol{M}\\ \boldsymbol{M} & \boldsymbol{O}\end{bmatrix},\ \boldsymbol{H}=\begin{bmatrix}\boldsymbol{K} & \boldsymbol{O}\\ \boldsymbol{O} & -\boldsymbol{M}\end{bmatrix},\ \boldsymbol{Q}=\begin{bmatrix}\boldsymbol{F}\\ \boldsymbol{0}\end{bmatrix} \tag{3-100}$$

由于 $\boldsymbol{M},\boldsymbol{C},\boldsymbol{K}$ 均为对称矩阵，$\boldsymbol{G},\boldsymbol{H}$ 也为对称矩阵，且 $\boldsymbol{G},\boldsymbol{H}$ 均为 $2n\times2n$ 的矩阵，$\boldsymbol{Q}$ 为 $2n\times1$ 的矩阵。方程(3-98)可写为

$$\boldsymbol{G}\dot{\boldsymbol{y}}+\boldsymbol{H}\boldsymbol{y}=\boldsymbol{Q} \tag{3-101}$$

特征值问题为

$$(\boldsymbol{G}\lambda+\boldsymbol{H})\boldsymbol{y}=0 \tag{3-102}$$

可求出特征值 λ_i(λ_i 是复特征值)与相应的特征向量 $\boldsymbol{Y}^i$($\boldsymbol{Y}^i$ 为复特征向量)。同样，特征向量 $\boldsymbol{Y}^i$ 具有正交性即

$$(\boldsymbol{Y}^i)^{\mathrm{T}}\boldsymbol{G}\boldsymbol{Y}^r=\begin{cases}0 & (i\neq r)\\ g_i & (i=r)\end{cases} \tag{3-103}$$

$$(\boldsymbol{Y}^i)^{\mathrm{T}}\boldsymbol{H}\boldsymbol{Y}^r=\begin{cases}0 & (i\neq r)\\ h_i & (i=r)\end{cases} \tag{3-104}$$

需要注意，对于复向量而言，其转置是共轭转置。上述正交性的证明过程与 3.3.3 节相同，读者可自行证明。

同样地，将复特征向量 $\boldsymbol{Y}^i$ 组合起来形成复振型矩阵

$$\boldsymbol{Y}=[\boldsymbol{Y}^1,\boldsymbol{Y}^2,\cdots,\boldsymbol{Y}^{2n}] \tag{3-105}$$

状态变量的解用复模态坐标表示，即

$$\boldsymbol{y}=\boldsymbol{Y}\boldsymbol{q} \tag{3-106}$$

其中，$\boldsymbol{q}=[q_1,q_2,\cdots,q_{2n}]^{\mathrm{T}}$。将式(3-106)代入式(3-101)，得

$$\boldsymbol{G}\boldsymbol{Y}\dot{\boldsymbol{q}}+\boldsymbol{H}\boldsymbol{Y}\boldsymbol{q}=\boldsymbol{Q} \tag{3-107}$$

上述方程两侧同时左乘 $\boldsymbol{Y}^{\mathrm{T}}$，得

$$\boldsymbol{Y}^{\mathrm{T}}\boldsymbol{G}\boldsymbol{Y}\dot{\boldsymbol{q}}+\boldsymbol{Y}^{\mathrm{T}}\boldsymbol{H}\boldsymbol{Y}\boldsymbol{q}=\boldsymbol{Y}^{\mathrm{T}}\boldsymbol{Q} \tag{3-108}$$

利用复振型矩阵的正交性，可得到 $2n$ 个非耦合的一阶微分方程，可表示为

$$g_i\dot{q}_i+h_iq_i=f_i(i=1,2,\cdots,2n) \tag{3-109}$$

其中，

$$\begin{bmatrix}f_1\\ f_2\\ \vdots\\ f_{2n}\end{bmatrix}=\boldsymbol{Y}^{\mathrm{T}}\boldsymbol{Q}$$

对式(3-109)做拉普拉斯变换，得

$$g_isq_i(s)-g_iq_i(0)+h_iq_i(s)=f_i(s)\quad(i=1,2,\cdots,2n) \tag{3-110}$$

可解出

$$q_i(s)=\frac{g_iq_i(0)}{g_is+h_i}+\frac{1}{g_is+h_i}f_i(s)\quad(i=1,2,\cdots,2n) \tag{3-111}$$

对上式做拉普拉斯反变换，得

$$q_i(t)=\mathrm{e}^{-\frac{h_i}{g_i}t}q_i(0)+\frac{1}{g_i}\int_0^t f_i(\tau)\mathrm{e}^{-\frac{h_i}{g_i}(t-\tau)}\mathrm{d}\tau\quad(i=1,2,\cdots,2n) \tag{3-112}$$

上式初值可确定：

$$q(0)=Y^{-1}y(0) \tag{3-113}$$

将解出的 $q_i(t)(i=1,2,\cdots,2n)$ 代回式(3-106)即得到系统在物理坐标下的响应。

3.5 本章习题

习题 3.1　证明下述系统必然存在 $\omega=0$ 的刚体运动。其中，$m_1=m_2=m_3=m_4=m$；$k_1=k_2=k_3=k$。

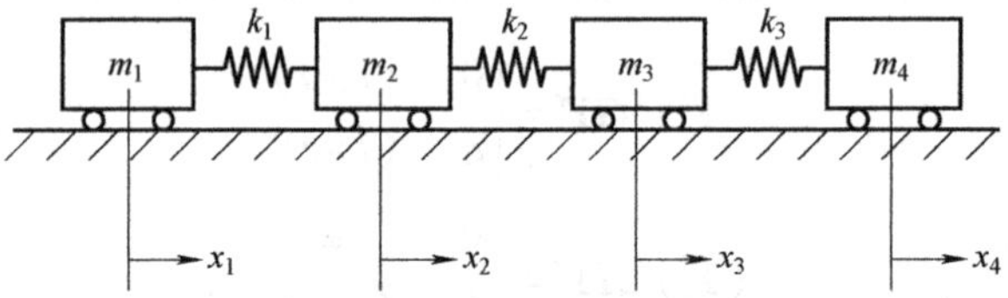

图 3-9　习题 3.1 图

解：图 3-9 所示多自由度系统共有 4 个独立的广义坐标 x_1，x_2，x_3，x_4，均表示绝对位移，有 4 个质量块 m_1，m_2，m_3，m_4，有 3 根弹簧 k_1，k_2，k_3。设静平衡时所有弹簧均处于原长位置，以系统静平衡位置为坐标原点。

1）先分析系统动能。质量块 m_1，m_2，m_3，m_4 的绝对速度分别为 $\dot{x}_1$，$\dot{x}_2$，$\dot{x}_3$，$\dot{x}_4$，因此系统总动能为

$$T=\frac{1}{2}m_1\dot{x}_1^2+\frac{1}{2}m_2\dot{x}_2^2+\frac{1}{2}m_3\dot{x}_3^2+\frac{1}{2}m_4\dot{x}_4^2$$

2）然后分析系统势能。弹簧 k_1，k_2，k_3 连接两端的相对位移分别为 x_2-x_1，x_3-x_2，x_4-x_3，因此势能分别为

$$V_1=\frac{1}{2}k_1(x_2-x_1)^2,\ V_2=\frac{1}{2}k_2(x_3-x_2)^2,\ V_3=\frac{1}{2}k_3(x_4-x_3)^2$$

因此，系统总势能为

$$V=V_1+V_2+V_3=\frac{1}{2}k_1(x_2-x_1)^2+\frac{1}{2}k_2(x_3-x_2)^2+\frac{1}{2}k_3(x_4-x_3)^2$$

由系统总动能与总势能得拉格朗日函数为

$$L=T-V=\frac{1}{2}m_1\dot{x}_1^2+\frac{1}{2}m_2\dot{x}_2^2+\frac{1}{2}m_3\dot{x}_3^2+\frac{1}{2}m_4\dot{x}_4^2-\left[\frac{1}{2}k_1(x_2-x_1)^2+\frac{1}{2}k_2(x_3-x_2)^2+\frac{1}{2}k_3(x_4-x_3)^2\right]$$

3）最后分析系统耗散功。系统无阻尼，则总耗散功 $D=0$。系统无外力作用，则广义力 $Q_i(i=1,2,3,4)$ 为零。

根据推导的拉格朗日函数 L 和系统总耗散功 D，分别计算 $\frac{\partial L}{\partial \dot{x}_i}$，$\frac{\mathrm{d}}{\mathrm{d}t}\left(\frac{\partial L}{\partial \dot{x}_i}\right)$，$\frac{\partial L}{\partial x_i}$，$\frac{\partial D}{\partial \dot{x}_i}(i=1,2,3,4)$，代入拉格朗日方程，即

$$\frac{\mathrm{d}}{\mathrm{d}t}\left(\frac{\partial L}{\partial \dot{x}_i}\right)-\frac{\partial L}{\partial x_i}+\frac{\partial D}{\partial \dot{x}_i}=Q_i\quad(i=1,2,3,4)$$

可得系统的运动微分方程为

$$\boldsymbol{M}\ddot{\boldsymbol{x}}+\boldsymbol{K}\boldsymbol{x}=\boldsymbol{0}$$

其中，$\boldsymbol{x}=[x_1(t),x_2(t),x_3(t)]^{\mathrm{T}}$，质量矩阵、刚度矩阵分别为

$$\boldsymbol{M}=\begin{bmatrix} m_1 & & & \\ & m_2 & & \\ & & m_3 & \\ & & & m_4 \end{bmatrix}=\begin{bmatrix} m & & & \\ & m & & \\ & & m & \\ & & & m \end{bmatrix}$$

$$\boldsymbol{K}=\begin{bmatrix} k_1 & -k_1 & 0 & 0 \\ -k_1 & k_1+k_2 & -k_2 & 0 \\ 0 & -k_2 & k_2+k_3 & -k_3 \\ 0 & 0 & -k_3 & k_3 \end{bmatrix}=\begin{bmatrix} k & -k & 0 & 0 \\ -k & 2k & -k & 0 \\ 0 & -k & 2k & -k \\ 0 & 0 & -k & k \end{bmatrix}$$

特征方程为

$$|\boldsymbol{K}-\omega^2\boldsymbol{M}|=\begin{vmatrix} k-m\omega^2 & -k & 0 & 0 \\ -k & 2k-m\omega^2 & -k & 0 \\ 0 & -k & 2k-m\omega^2 & -k \\ 0 & 0 & -k & k-m\omega^2 \end{vmatrix}=0$$

令 $\omega=0$，则

$$\begin{vmatrix} k-m\omega^2 & -k & 0 & 0 \\ -k & 2k-m\omega^2 & -k & 0 \\ 0 & -k & 2k-m\omega^2 & -k \\ 0 & 0 & -k & k-m\omega^2 \end{vmatrix}=\begin{vmatrix} k & -k & 0 & 0 \\ -k & 2k & -k & 0 \\ 0 & -k & 2k & -k \\ 0 & 0 & -k & k \end{vmatrix}$$

$$\begin{vmatrix} k & -k & 0 & 0 \\ -k & 2k & -k & 0 \\ 0 & -k & 2k & -k \\ 0 & 0 & -k & k \end{vmatrix}=4k^4-2k^4-k^4-2k^4+k^4=0$$

因此，该系统必然存在 $\omega=0$ 的刚体运动。

习题 3.2　为了隔离机器产生的振动，将机器安装在一个大基座上，基座由弹簧支承，如图 3-10 所示。试求机器和基座在图 3-10 所示平面内的运动方程。

解：图 3-10 所示多自由度系统共有 3 个独立的广义坐标，q_1 为机器和基座在 y 方向上的绝对位移，q_2 为机器和基座在 x 方向上的绝对位移，q_3 为机器和基座绕垂直于纸面轴转动的绝对角度。设机器和基座总重为 m，相对于垂直于纸面的质心轴的转动惯量为 J。以系统静平衡位置为坐标原点。

1）先分析系统动能。机器与基座在 x、y 轴方向上的绝对速度分别为 $\dot{q}_2$，$\dot{q}_1$，绕垂直于纸面轴转动的绝对角速度为 $\dot{q}_3$，因此系统总动能为

$$T=\frac{1}{2}m[(\dot{q}_1)^2+(\dot{q}_2)^2]+\frac{1}{2}J_C\dot{q}_3^2$$

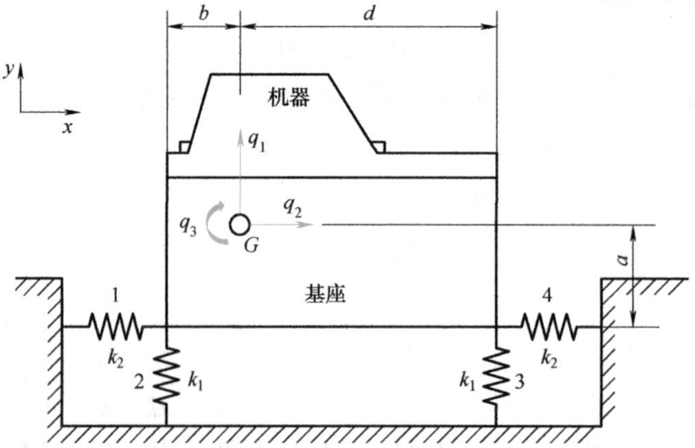

图 3-10　习题 3.2 图

2）然后分析系统势能。考虑到机器和基座的转动，第 1 根弹簧右端的绝对位移为 q_2-q_3a，第 2 根弹簧上端的绝对位移为 q_1+q_3b，第 3 根弹簧上端的绝对位移为 q_1-q_3d，第 4 根弹簧左端的绝对位移为 q_2-q_3a。因此，系统总势能为

$$V=\frac{1}{2}k_2(q_2-q_3a)^2+\frac{1}{2}k_1(q_1+q_3b)^2+\frac{1}{2}k_1(q_1-q_3d)^2+\frac{1}{2}k_2(q_2-q_3a)^2$$

由系统总动能与总势能得拉格朗日函数为

$$L=T-V=\frac{1}{2}m[(\dot{q}_1)^2+(\dot{q}_2)^2]+\frac{1}{2}J_G\dot{q}_3^2-\left[\frac{1}{2}k_2(q_2-q_3a)^2+\frac{1}{2}k_1(q_1+q_3b)^2+\right.$$
$$\left.\frac{1}{2}k_1(q_1-q_3d)^2+\frac{1}{2}k_2(q_2-q_3a)^2\right]$$

最后分析系统耗散功。系统无阻尼，则总耗散功 $D=0$。系统无外力作用，则广义力 $Q_i(i=1,2,3)$ 为零。

根据推导的拉格朗日函数 L 和系统总耗散功 D，分别计算 $\frac{\partial L}{\partial \dot{x}_i}$，$\frac{\mathrm{d}}{\mathrm{d}t}\left(\frac{\partial L}{\partial \dot{x}_i}\right)$，$\frac{\partial L}{\partial x_i}$，$\frac{\partial D}{\partial \dot{x}_i}(i=1,2,3)$，代入拉格朗日方程，即

$$\frac{\mathrm{d}}{\mathrm{d}t}\left(\frac{\partial L}{\partial \dot{x}_i}\right)-\frac{\partial L}{\partial x_i}+\frac{\partial D}{\partial \dot{x}_i}=Q_i\quad(i=1,2,3)$$

可得系统的运动微分方程为

$$\boldsymbol{M}\ddot{\boldsymbol{x}}+\boldsymbol{K}\boldsymbol{x}=\boldsymbol{0}$$

其中，$\boldsymbol{x}=[q_1,q_2,q_3]^{\mathrm{T}}$ 质量矩阵、刚度矩阵分别为

$$\boldsymbol{M}=\begin{bmatrix}m&0&0\\0&m&0\\0&0&J_G\end{bmatrix},\boldsymbol{K}=\begin{bmatrix}2k_1&0&k_1(b-d)\\0&2k_2&-2k_2a\\k_1(b-d)&-2k_2a&k_1(b^2+d^2)+2k_2a^2\end{bmatrix}$$

习题 3.3　应用拉格朗日方程推导图 3-11 所示系统的动力学方程。

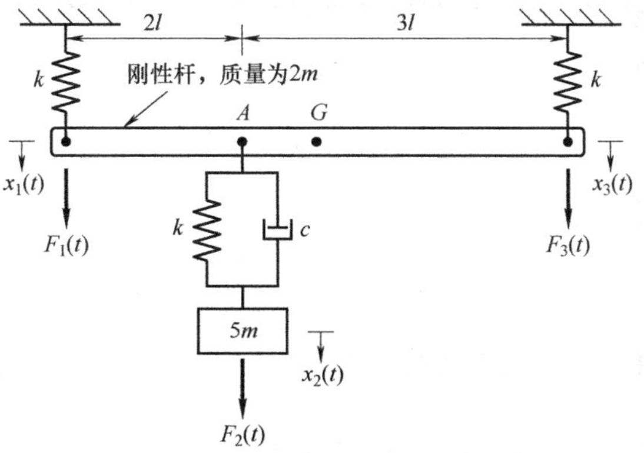

图 3-11 习题 3.3 图

解：图 3-11 所示多自由度系统共有 3 个独立的广义坐标 x_1，x_2，x_3，均表示绝对位移；有 1 个质量为 $5m$ 的质量块与 1 个质量为 $2m$ 的刚性杆；有 3 根弹簧，刚度均为 k。系统受外力 $F_1(t)$，$F_2(t)$，$F_3(t)$作用。以系统静平衡位置为坐标原点。

1）先分析系统动能。对于质量块，其绝对速度为 $\dot{x}_2$，因此其动能为

$$T_1=\frac{1}{2}\cdot 5m\cdot\dot{x}_2^2=\frac{5}{2}m\dot{x}_2^2$$

对于刚性杆，其绕垂直于纸面的质心轴 G 的转角和角速度分别为

$$\begin{cases}\beta=\dfrac{x_1-x_3}{5l}\\[2ex]\dot{\beta}=\dfrac{\dot{x}_1-\dot{x}_3}{5l}\end{cases}$$

刚性杆绕垂直于纸面的质心轴 G 的转动惯量为

$$J_G=\frac{1}{12}\cdot 2m\cdot(5l)^2=\frac{25}{6}ml^2$$

刚性杆质心 G 位置的绝对位移和绝对速度为

$$\begin{cases}x_G=\dfrac{x_1-x_3}{5l}\cdot\dfrac{5l}{2}+x_3=\dfrac{x_1}{2}+\dfrac{x_3}{2}\\[2ex]\dot{x}_G=\dfrac{\dot{x}_1}{2}+\dfrac{\dot{x}_3}{2}\end{cases}$$

刚性杆的动能为质心的平动动能与绕质心的转动动能之和，即

$$\begin{aligned}T_2&=\frac{1}{2}\cdot 2m\cdot\dot{x}_G^2+\frac{1}{2}J_G\dot{\beta}^2=\frac{1}{2}\cdot 2m\cdot\left(\frac{\dot{x}_1}{2}+\frac{\dot{x}_3}{2}\right)^2+\frac{1}{2}\cdot\frac{25}{6}ml^2\cdot\left(\frac{\dot{x}_1-\dot{x}_3}{5l}\right)^2\\&=\frac{1}{4}m(\dot{x}_1+\dot{x}_3)^2+\frac{1}{12}m(\dot{x}_1-\dot{x}_3)^2\end{aligned}$$

系统总动能为质量块动能与刚性杆动能之和，即

$$T=T_1+T_2=\frac{5}{2}m\dot{x}_2^2+\frac{1}{4}m(\dot{x}_1+\dot{x}_3)^2+\frac{1}{12}m(\dot{x}_1-\dot{x}_3)^2$$

2）然后分析系统势能。刚性杆两端的绝对位移 x_1，x_3，连接顶部固定端与刚性杆两端的两根弹簧势能分别为

$$V_1=\frac{1}{2}kx_1^2,\ V_3=\frac{1}{2}kx_3^2$$

刚性杆 A 点绝对位移为

$$x_A=\frac{x_1-x_3}{5l}\cdot 3l+x_3=\frac{3x_1}{5}+\frac{2x_3}{5}$$

连接质量块与刚性杆 A 点的弹簧的势能为

$$V_2=\frac{1}{2}k(x_2-x_A)^2=\frac{1}{2}k\left(x_2-\frac{3x_1}{5}-\frac{2x_3}{5}\right)^2$$

因此，系统总势能为

$$V=V_1+V_2+V_3=\frac{1}{2}kx_1^2+\frac{1}{2}k\left(x_2-\frac{3x_1}{5}-\frac{2x_3}{5}\right)^2+\frac{1}{2}kx_3^2$$

由系统总动能与总势能得拉格朗日函数为

$$L=T-V=\frac{5}{2}m\dot{x}_2^2+\frac{1}{4}m(\dot{x}_1+\dot{x}_3)^2+\frac{1}{12}m(\dot{x}_1-\dot{x}_3)^2-\left[\frac{1}{2}kx_1^2+\frac{1}{2}k\left(x_2-\frac{3x_1}{5}-\frac{2x_3}{5}\right)^2+\frac{1}{2}kx_3^2\right]$$

最后分析系统耗散功。质量块与刚性杆 A 点之间的相对速度为

$$\dot{x}_2-\dot{x}_A=\dot{x}_2-\frac{3\dot{x}_1}{5}-\frac{2\dot{x}_3}{5}$$

因此系统总耗散功为

$$D=\frac{1}{2}c\left(\dot{x}_2-\frac{3\dot{x}_1}{5}-\frac{2\dot{x}_3}{5}\right)^2$$

系统受外力 $F_1(t)$，$F_2(t)$，$F_3(t)$ 作用，假设系统产生位移 x_1，x_2，x_3，外力所做功为

$$W=F_1x_1+F_2x_2+F_3x_3$$

因此对应于 3 个广义坐标的广义力 Q_1，Q_2，Q_3 分别为

$$\begin{cases}Q_1=\dfrac{\partial W}{\partial x_1}=F_1\\[2ex] Q_2=\dfrac{\partial W}{\partial x_2}=F_2\\[2ex] Q_3=\dfrac{\partial W}{\partial x_3}=F_3\end{cases}$$

根据推导的拉格朗日函数 L 和系统总耗散功 D，分别计算 $\dfrac{\partial L}{\partial \dot{x}_i}$，$\dfrac{\mathrm{d}}{\mathrm{d}t}\left(\dfrac{\partial L}{\partial \dot{x}_i}\right)$，$\dfrac{\partial L}{\partial x_i}$，$\dfrac{\partial D}{\partial \dot{x}_i}$ $(i=1,2,3,4)$，代入拉格朗日方程，即

$$\frac{\mathrm{d}}{\mathrm{d}t}\left(\frac{\partial L}{\partial \dot{x}_i}\right)-\frac{\partial L}{\partial x_i}+\frac{\partial D}{\partial \dot{x}_i}=Q_i\quad(i=1,2,3)$$

可得系统的运动微分方程为

$$\boldsymbol{M}\ddot{\boldsymbol{x}}+\boldsymbol{C}\dot{\boldsymbol{x}}+\boldsymbol{K}\boldsymbol{x}=\boldsymbol{F}$$

其中，

$$\boldsymbol{M}=\begin{bmatrix}\frac{2m}{3} & 0 & \frac{m}{3}\\ 0 & 5m & 0\\ \frac{m}{3} & 0 & \frac{2m}{3}\end{bmatrix},\ \boldsymbol{C}=\begin{bmatrix}\frac{9c}{25} & -\frac{3c}{5} & \frac{6c}{25}\\ -\frac{3c}{5} & c & -\frac{2c}{5}\\ \frac{6c}{25} & -\frac{2c}{5} & \frac{4c}{25}\end{bmatrix},\ \boldsymbol{K}=\begin{bmatrix}\frac{34k}{25} & -\frac{3k}{5} & \frac{6k}{25}\\ -\frac{3k}{5} & k & -\frac{2k}{5}\\ \frac{6k}{25} & -\frac{2k}{5} & \frac{29k}{25}\end{bmatrix}$$

$$\boldsymbol{x}=\begin{bmatrix}x_1(t)\\ x_2(t)\\ x_3(t)\end{bmatrix},\ \boldsymbol{F}=\begin{bmatrix}F_1(t)\\ F_2(t)\\ F_3(t)\end{bmatrix}$$

习题 3.4　求图 3-12 所示系统的受迫振动响应，初值均为零。其中，$m_1=m_2=m_3=m$，$k_1=k_2=k_3=k_4=k_5=k_6=k$。

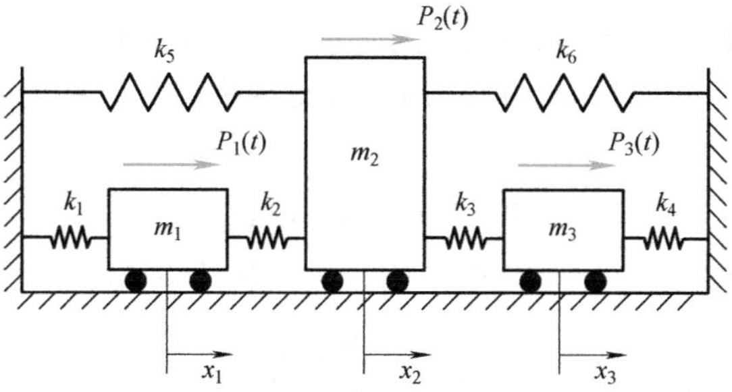

图 3-12　习题 3.4 图

习题 3.4 讲解

解：1）推导系统运动微分方程。

图 3-12 所示多自由度系统共有 3 个独立的广义坐标 x_1，x_2，x_3，均表示绝对位移，有 3 个质量块，质量分别为 m_1，m_2，m_3，有 6 根弹簧，刚度分别为 k_1，k_2，k_3，k_4，k_5，k_6。系统受外力 $P_1(t)$，$P_2(t)$，$P_3(t)$ 作用。设静平衡时所有弹簧均处于原长状态，以系统静平衡位置为坐标原点。

先分析系统动能。对于质量块 m_1，m_2，m_3，其绝对速度分别为 $\dot{x}_1$，$\dot{x}_2$，$\dot{x}_3$，因此总动能为

$$T=\frac{1}{2}m_1\dot{x}_1^2+\frac{1}{2}m_2\dot{x}_2^2+\frac{1}{2}m_3\dot{x}_3^2$$

然后分析系统势能。弹簧 k_1 连接质量块 m_1 与顶部固定端，其形变量等于质量块 m_1 的绝对位移 x_1，因此其势能为

$$V_1=\frac{1}{2}k_1x_1^2$$

弹簧 k_2 连接质量块 m_1 与质量块 m_2，其形变量等于质量块 m_1 与质量块 m_2 之间的相

对位移 x_2-x_1，因此其势能为

$$V_2=\frac{1}{2}k_2(x_2-x_1)^2$$

同理可得弹簧 k_3，k_4，k_5，k_6 的势能为

$$V_3=\frac{1}{2}k_3(x_3-x_2)^2,\ V_4=\frac{1}{2}k_4x_3^2,\ V_5=\frac{1}{2}k_5x_2^2,\ V_6=\frac{1}{2}k_6x_2^2$$

因此，系统总势能为

$$\begin{aligned}V&=V_1+V_2+V_3+V_4+V_5+V_6\\&=\frac{1}{2}k_1x_1^2+\frac{1}{2}k_2(x_2-x_1)^2+\frac{1}{2}k_3(x_3-x_2)^2+\frac{1}{2}k_4x_3^2+\frac{1}{2}k_5x_2^2+\frac{1}{2}k_6x_2^2\end{aligned}$$

由系统总动能与总势能得拉格朗日函数为

$$\begin{aligned}L=T-V=&\frac{1}{2}m_1\dot{x}_1^2+\frac{1}{2}m_2\dot{x}_2^2+\frac{1}{2}m_3\dot{x}_3^2-\left[\frac{1}{2}k_1x_1^2+\frac{1}{2}k_2(x_2-x_1)^2+\frac{1}{2}k_3(x_3-x_2)^2+\right.\\&\left.\frac{1}{2}k_4x_3^2+\frac{1}{2}k_5x_2^2+\frac{1}{2}k_6x_2^2\right]\end{aligned}$$

最后分析系统耗散功，系统无阻尼，因此总耗散功 $D=0$。

系统受外力 $P_1(t)$，$P_2(t)$，$P_3(t)$ 作用，假设系统产生位移为 x_1，x_2，x_3，外力所做功为

$$W=P_1x_1+P_2x_2+P_3x_3$$

因此，对应于3个广义坐标的广义力 Q_1，Q_2，Q_3 分别为

$$\begin{cases}Q_1=\dfrac{\partial W}{\partial x_1}=P_1\\[2ex]Q_2=\dfrac{\partial W}{\partial x_2}=P_2\\[2ex]Q_3=\dfrac{\partial W}{\partial x_3}=P_3\end{cases}$$

根据推导的拉格朗日函数 L 和系统总耗散功 D，分别计算 $\frac{\partial L}{\partial \dot{x}_i}$，$\frac{\mathrm{d}}{\mathrm{d}t}\left(\frac{\partial L}{\partial \dot{x}_i}\right)$，$\frac{\partial L}{\partial x_i}$，$\frac{\partial D}{\partial \dot{x}_i}(i=1,2,3,4)$，代入拉格朗日方程，即

$$\frac{\mathrm{d}}{\mathrm{d}t}\left(\frac{\partial L}{\partial \dot{x}_i}\right)-\frac{\partial L}{\partial x_i}+\frac{\partial D}{\partial \dot{x}_i}=Q_i\quad(i=1,2,3)$$

可得系统的运动微分方程为

$$\boldsymbol{M}\ddot{\boldsymbol{x}}+\boldsymbol{K}\boldsymbol{x}=\boldsymbol{F}$$

其中，$\boldsymbol{x}=[x_1,x_2,x_3]^{\mathrm{T}}$，质量矩阵、刚度矩阵、力矩阵分别为

$$\boldsymbol{M}=\begin{bmatrix}m_1&0&0\\0&m_2&0\\0&0&m_3\end{bmatrix}=\begin{bmatrix}m&0&0\\0&m&0\\0&0&m\end{bmatrix}$$

$$\boldsymbol{K}=\begin{bmatrix} k_1+k_2 & -k_2 & 0 \\ -k_2 & k_2+k_3+k_5+k_6 & -k_3 \\ 0 & -k_3 & k_3+k_4 \end{bmatrix}=\begin{bmatrix} 2k & -k & 0 \\ -k & 4k & -k \\ 0 & -k & 2k \end{bmatrix}$$

$$\boldsymbol{F}=\begin{bmatrix} P_1(t) \\ P_2(t) \\ P_3(t) \end{bmatrix}$$

2）求系统的固有频率与振型矩阵。

特征方程为

$$|\boldsymbol{K}-\omega^2\boldsymbol{M}|=\left|\begin{bmatrix} 2k & -k & 0 \\ -k & 4k & -k \\ 0 & -k & 2k \end{bmatrix}-\omega^2\begin{bmatrix} m & 0 & 0 \\ 0 & m & 0 \\ 0 & 0 & m \end{bmatrix}\right|=0$$

可得系统的固有频率为

$$\omega_1=\sqrt{(3-\sqrt{3})\frac{k}{m}},\ \omega_2=\sqrt{2\frac{k}{m}},\ \omega_3=\sqrt{(3+\sqrt{3})\frac{k}{m}}$$

系统的三阶主振型分别为

$$\boldsymbol{X}^1=\begin{bmatrix} 1 \\ \sqrt{3}-1 \\ 1 \end{bmatrix},\ \boldsymbol{X}^2=\begin{bmatrix} 1 \\ 0 \\ -1 \end{bmatrix},\ \boldsymbol{X}^3=\begin{bmatrix} 1 \\ -\sqrt{3}-1 \\ 1 \end{bmatrix}$$

可得振型矩阵为

$$\boldsymbol{X}=[\boldsymbol{X}^1,\boldsymbol{X}^2,\boldsymbol{X}^3]=\begin{bmatrix} 1 & 1 & 1 \\ \sqrt{3}-1 & 0 & -\sqrt{3}-1 \\ 1 & -1 & 1 \end{bmatrix}$$

将振型矩阵正则化，则

$$\bar{\boldsymbol{M}}=\begin{bmatrix} M_1 & 0 & 0 \\ 0 & M_2 & 0 \\ 0 & 0 & M_3 \end{bmatrix}=\boldsymbol{X}^{\mathrm{T}}\boldsymbol{M}\boldsymbol{X}=\begin{bmatrix} (6-2\sqrt{3})m & 0 & 0 \\ 0 & 2m & 0 \\ 0 & 0 & (6+2\sqrt{3})m \end{bmatrix}$$

$$\bar{\boldsymbol{X}}=\left[\frac{1}{\sqrt{M_1}}\boldsymbol{X}^1,\frac{1}{\sqrt{M_2}}\boldsymbol{X}^2,\frac{1}{\sqrt{M_3}}\boldsymbol{X}^3\right]=\begin{bmatrix} \frac{1}{\sqrt{(6-2\sqrt{3})m}} & \frac{1}{\sqrt{2m}} & \frac{1}{\sqrt{(6+2\sqrt{3})m}} \\ \frac{\sqrt{3}-1}{\sqrt{(6-2\sqrt{3})m}} & 0 & \frac{-\sqrt{3}-1}{\sqrt{(6+2\sqrt{3})m}} \\ \frac{1}{\sqrt{(6-2\sqrt{3})m}} & \frac{-1}{\sqrt{2m}} & \frac{1}{\sqrt{(6+2\sqrt{3})m}} \end{bmatrix}$$

3）应用模态叠加 $\boldsymbol{x}=\bar{\boldsymbol{X}}\boldsymbol{q}$ 化简系统运动微分方程。

解向量表示成固有振型的线性组合为

$$\boldsymbol{x}=\bar{\boldsymbol{X}}\boldsymbol{q}$$

其中，$\boldsymbol{q}=[q_1(t),q_2(t),q_3(t)]^{\mathrm{T}}$。运动微分方程(3-21)两侧同时左乘 $\bar{\boldsymbol{X}}^{\mathrm{T}}$，化为

$$\bar{\boldsymbol{X}}^{\mathrm{T}}\boldsymbol{M}\bar{\boldsymbol{X}}\ddot{\boldsymbol{q}}+\bar{\boldsymbol{X}}^{\mathrm{T}}\boldsymbol{K}\bar{\boldsymbol{X}}\boldsymbol{q}=\bar{\boldsymbol{X}}^{\mathrm{T}}\boldsymbol{F}$$

将 $\bar{\boldsymbol{X}}$，$\boldsymbol{M}$，$\boldsymbol{K}$，$\boldsymbol{F}$ 代入上式，得

$$\bar{\boldsymbol{X}}^{\mathrm{T}}\boldsymbol{M}\bar{\boldsymbol{X}}=\begin{bmatrix}1&0&0\\0&1&0\\0&0&1\end{bmatrix}$$

$$\bar{\boldsymbol{X}}^{\mathrm{T}}\boldsymbol{K}\bar{\boldsymbol{X}}=\begin{bmatrix}(3-\sqrt{3})\dfrac{k}{m}&0&0\\0&2\dfrac{k}{m}&0\\0&0&(3+\sqrt{3})\dfrac{k}{m}\end{bmatrix}=\begin{bmatrix}\omega_1^2&0&0\\0&\omega_2^2&0\\0&0&\omega_3^2\end{bmatrix}$$

$$\bar{\boldsymbol{X}}^{\mathrm{T}}\boldsymbol{F}=\begin{bmatrix}\dfrac{P_1(t)+(\sqrt{3}-1)P_2(t)+P_3(t)}{\sqrt{(6-2\sqrt{3})m}}\\ \dfrac{P_1(t)-P_3(t)}{\sqrt{2m}}\\ \dfrac{P_1(t)-(\sqrt{3}+1)P_2(t)+P_3(t)}{\sqrt{(6+2\sqrt{3})m}}\end{bmatrix}=\begin{bmatrix}f_1(t)\\f_2(t)\\f_3(t)\end{bmatrix}$$

系统的运动微分方程可化为

$$\begin{cases}\ddot{q}_1(t)+\omega_1^2q_1(t)=f_1(t)\\ \ddot{q}_2(t)+\omega_2^2q_2(t)=f_2(t)\\ \ddot{q}_3(t)+\omega_3^2q_3(t)=f_3(t)\end{cases}$$

4）求解单自由度运动微分方程，将模态坐标变换回原始物理坐标。

初值均为零，由式(3-96)可知，模态坐标的解为

$$\begin{cases}q_1(t)=\dfrac{1}{\omega_1}\displaystyle\int_0^t\sin[\omega_1(t-\tau)]f_1(\tau)\mathrm{d}\tau\\ q_2(t)=\dfrac{1}{\omega_2}\displaystyle\int_0^t\sin[\omega_2(t-\tau)]f_2(\tau)\mathrm{d}\tau\\ q_3(t)=\dfrac{1}{\omega_3}\displaystyle\int_0^t\sin[\omega_3(t-\tau)]f_3(\tau)\mathrm{d}\tau\end{cases}$$

最后可由模态叠加法求得系统的全响应解

$$\begin{bmatrix}x_1(t)\\x_2(t)\\x_3(t)\end{bmatrix}=\bar{\boldsymbol{X}}\boldsymbol{q}=\begin{bmatrix}\dfrac{1}{\sqrt{(6-2\sqrt{3})m}}&\dfrac{1}{\sqrt{2m}}&\dfrac{1}{\sqrt{(6+2\sqrt{3})m}}\\ \dfrac{\sqrt{3}-1}{\sqrt{(6-2\sqrt{3})m}}&0&\dfrac{-\sqrt{3}-1}{\sqrt{(6+2\sqrt{3})m}}\\ \dfrac{1}{\sqrt{(6-2\sqrt{3})m}}&\dfrac{-1}{\sqrt{2m}}&\dfrac{1}{\sqrt{(6+2\sqrt{3})m}}\end{bmatrix}\begin{bmatrix}q_1(t)\\q_2(t)\\q_3(t)\end{bmatrix}$$

第4章

连续体振动——弦、杆、轴

4.1 引言

连续系统的振动是指分布在空间中的弹性体(如弦、杆、轴、梁、板等)在受到激励或初始扰动时产生的振动现象。与离散系统(如单自由度或多自由度系统)不同，在连续系统中，结构的惯性、弹性以及阻尼都是连续分布的，因此连续系统的振动涉及无限多个自由度，也可称之为无限自由度系统。

在连续系统中，其运动状态必须由时间和空间位置坐标来描述，因此振动行为最终由偏微分方程描述，通常是波动方程、弯曲方程或者其他适当的弹性体方程。如果把连续系统的质量分段视为有限个点，每一个质量分段通过弹性元件连接，则该系统可以作为离散系统进行分析。连续系统的振动解析通常需要使用数学工具，如偏微分方程的求解技术，而在实际情况中，许多问题无法通过解析手段得到闭合解。因此，研究者经常使用数值模拟、有限元分析等方法来近似地描述连续系统的振动行为。

本章主要内容如图 4-1 所示。本章中所有的分析均在线弹性、小变形以及各向同性的假设前提下开展。

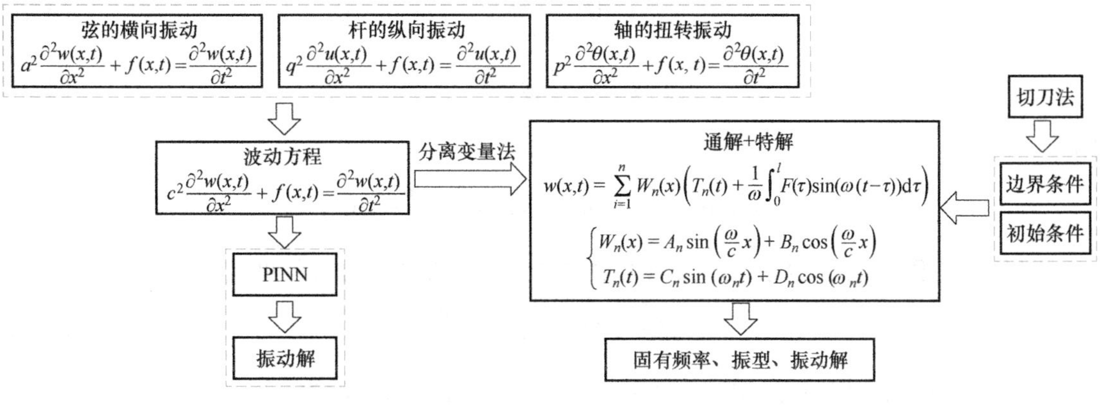

图 4-1 第 4 章主要内容

1）首先，利用力平衡、力矩平衡原理推导弦的横向振动、杆的纵向振动以及轴的扭转振动微分方程，将其统一为波动方程形式。

2）然后，利用切刀法构建不同的边界条件，根据系统的初始状态确定初始条件，利用传统的分离变量法分别对这三种连续体的振动特性进行分析。

3）最后，针对波动方程介绍了一种统一的求解方法，即物理信息神经网络（PINN）方法。与分离变量方法的对比结果说明 PINN 方法具有高度准确性。

4.2 连续体振动方程推导

4.2.1 弦的横向振动方程

长度为 l，张力为 P，受横向力 $f(x,t)$ 作用的弦如图 4-2 所示。沿弦长度方向建立坐标系，在弦上取 x 处一微元，其质量表示为 $\mathrm{d}m=\rho(x)\mathrm{d}x$。其中，$\rho(x)$ 表示弦的质量密度。此时弦微元的受力如图 4-3 所示。

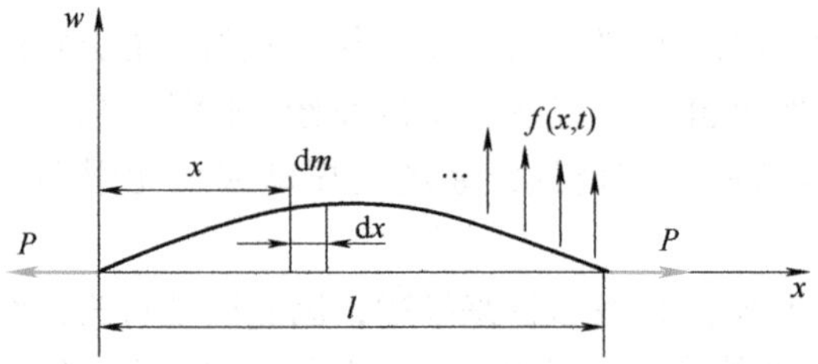

图 4-2 弦的连续系统模型

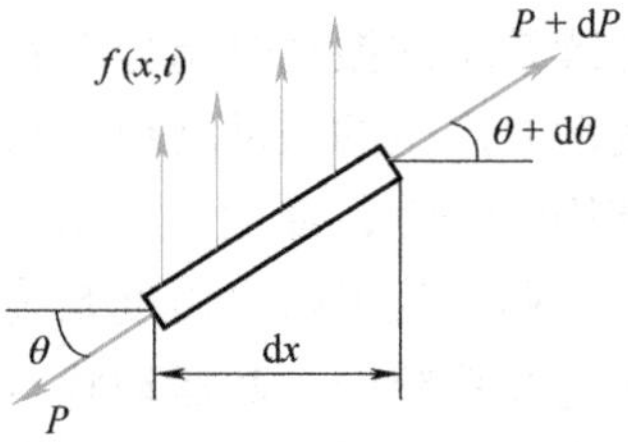

图 4-3 弦微元受力图

考虑作用在微元上的外力等于作用在微元上的惯性力，故平衡方程可以表示为

$$(P+\mathrm{d}P)\sin(\theta+\mathrm{d}\theta)+f\mathrm{d}x-P\sin\theta=\rho(x)\mathrm{d}x\frac{\partial^2 w}{\partial t^2} \tag{4-1}$$

式中，P 为张力；θ 表示相对于 x 轴旋转的角度；w 为弦的横向位移。

对微长度 $\mathrm{d}x$，存在

$$\mathrm{d}P=\frac{\partial P}{\partial x}\mathrm{d}x \tag{4-2}$$

$$\sin\theta\approx\tan\theta=\frac{\partial w}{\partial x} \tag{4-3}$$

则

$$\sin(\theta+\mathrm{d}\theta)\approx\tan(\theta+\mathrm{d}\theta)=\frac{\partial w}{\partial x}+\frac{\partial^2 w}{\partial x^2}\mathrm{d}x \tag{4-4}$$

因此，考虑均匀弦，即弦的质量密度为常数，弦的振动微分方程可以表示为

$$P\frac{\partial^2 w}{\partial x^2}+f(x,t)=\rho\frac{\partial^2 w}{\partial t^2} \tag{4-5}$$

当弦不受横向力作用时，即 $f(x,t)=0$，弦的自由振动可表示为

$$a^2\frac{\partial^2 w}{\partial x^2}=\frac{\partial^2 w}{\partial t^2} \tag{4-6}$$

式中，$a=\sqrt{\dfrac{P}{\rho}}$，表示波沿弦长度方向的传播速度。

4.2.2 杆的纵向振动方程

长度为 l，横截面面积为 $A(x)$ 的杆如图 4-4 所示，杆单位长度受到外力 $f(x,t)$ 的作用。仅考虑杆的纵向振动，假设垂直于杆轴线的任一横截面在振动时仍保持平面且和原截面保持平行，每个横截面内的各点只沿杆轴线方向运动。

取杆的微元横截面，其长度为 x 的截面与长度为 $x+\mathrm{d}x$ 截面上的内力分别用 P 与 $P+\mathrm{d}P$ 表示，如图 4-5 所示。其中，$\mathrm{d}P=(\partial P/\partial x)\mathrm{d}x$。

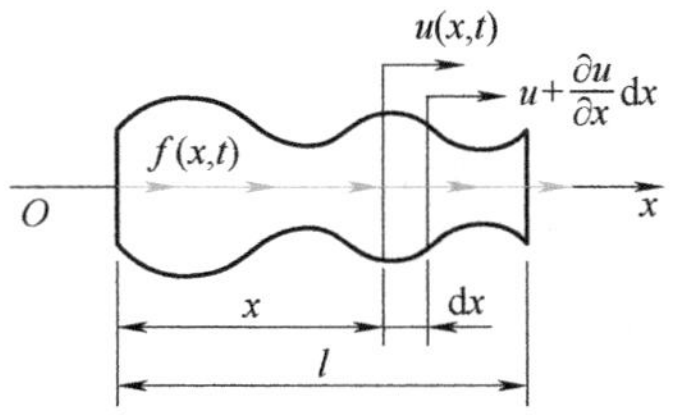

图 4-4 杆纵向振动模型

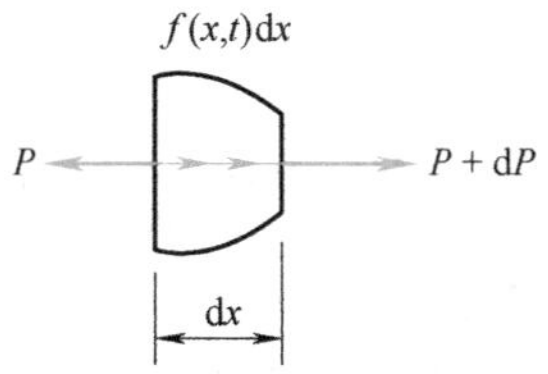

图 4-5 杆截面微元受力图

P 的表达式为

$$P=\sigma A(x)=E(x)A(x)\frac{\partial u}{\partial x} \tag{4-7}$$

式中，σ 表示纵向应力；$E(x)$ 表示杆的弹性模量；u 表示杆沿纵向位移；$\partial u/\partial x$ 表示纵向应变。

根据牛顿第二定律，杆沿 x 轴方向的力平衡关系可以表示为

$$(P+\mathrm{d}P)+f\mathrm{d}x-P=\rho(x)A(x)\mathrm{d}x\frac{\partial^2 u}{\partial t^2} \tag{4-8}$$

式中，$\rho(x)$ 表示杆的质量密度。

将式(4-7)代入式(4-8)中，且考虑均匀杆，即杆质量密度、截面积以及弹性模量均为常数，杆的振动微分方程可表示为

$$EA\frac{\partial^2 u(x,t)}{\partial x^2}+f(x,t)=\rho A\frac{\partial^2 u}{\partial t^2} \tag{4-9}$$

与弦的振动方程类似，若令外力 $f(x,t)=0$，则杆的自由振动可表示为

$$q^2\frac{\partial^2 u}{\partial x^2}=\frac{\partial^2 u}{\partial t^2} \tag{4-10}$$

式中，q 表示杆内弹性纵波沿杆纵向的传播速度，满足：

$$q=\sqrt{\frac{E}{\rho}} \tag{4-11}$$

4.2.3 轴的扭转振动方程

图 4-6 所示为长为 l、质量密度为 $\rho(x)$ 的轴，$\theta(x,t)$ 表示横截面的扭转角，$f(x,t)$ 表示作用在轴上的分布扭矩。根据轴的纯扭转假设，轴的横截面在扭转振动过程中仍保持平面，即忽略扭转振动时截面的翘曲。

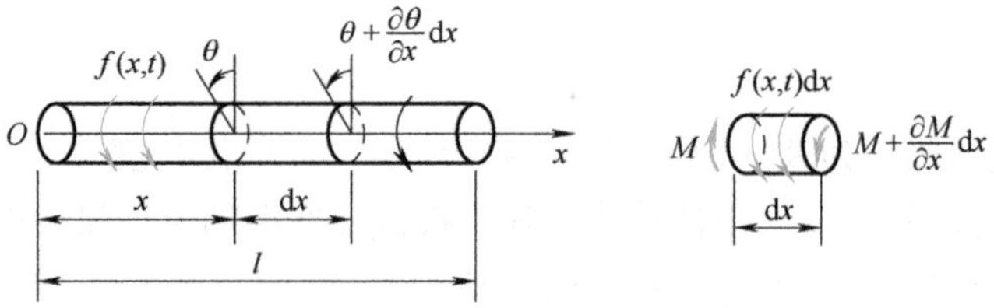

图 4-6 轴扭转振动受力图

取轴微段 dx，作用于其两侧截面的扭矩分别可以表示为

$$\begin{cases} M(x,t)=GJ(x)\dfrac{\partial\theta(x,t)}{\partial x} \\ M(x,t)+\dfrac{\partial M}{\partial x}\mathrm{d}x=GJ(x)\dfrac{\partial\theta(x,t)}{\partial x}+\dfrac{\partial}{\partial x}\left[GJ(x)\dfrac{\partial\theta(x,t)}{\partial x}\right]\mathrm{d}x \end{cases} \tag{4-12}$$

式中，G 表示轴的剪切模量；$J(x)$表示轴横截面的极惯性矩。

根据达朗贝尔原理，轴微段的平衡方程可以表示为

$$\rho(x)J(x)\mathrm{d}x\frac{\partial^2\theta}{\partial t^2}=\left[M+\frac{\partial M}{\partial x}\mathrm{d}x\right]-M+f(x,t)\mathrm{d}x \tag{4-13}$$

式中，$J(x)$表示轴的惯性矩；$\rho(x)$表示轴的质量密度。

将式(4-12)代入式(4-13)中，考虑轴是均匀的，即轴的质量密度、极惯性矩为常数，轴的振动微分方程可表示为

$$\rho(x)J(x)\frac{\partial^2\theta}{\partial t^2}=GJ(x)\frac{\partial^2\theta}{\partial x^2}+f(x,t) \tag{4-14}$$

若不考虑外力矩，则轴的自由振动可表示为

$$p^2\frac{\partial^2\theta}{\partial x^2}=\frac{\partial^2\theta}{\partial t^2} \tag{4-15}$$

式中，p 表示轴内剪切弹性波沿轴纵向的传播速度，即

$$p=\sqrt{\frac{G}{\rho}} \tag{4-16}$$

对于弦、杆、轴连续振动系统，其振动微分方程如式(4-5)、式(4-9)与式(4-14)，可统称为波动方程，即

$$c^2\frac{\partial^2 w(x,t)}{\partial x^2}+F(x,t)=\frac{\partial^2 w(x,t)}{\partial t^2} \tag{4-17}$$

式中，c 表示波速；x 表示波传播的方向，对于弦、杆、轴来说，由于其长度方向尺寸往往远大于宽度以及厚度方向的尺寸，因此波的传播方向通常考虑沿着长度方向；$w(x,t)$表示波传播过程中系统对应 x 位置处，波的振动幅值；F 表示系统受到的外部载荷。若外载荷为零，方程则退化为自由振动方程。

4.3 连续体振动初始条件与边界条件的确定

连续体振动的初始条件一般是指时间 $t=0$ 时连续体的响应情况，边界条件则考虑系统两个端点位置，即 $x=0$ 以及 $x=l$ 处。由于所考虑位置的不同，系统满足的边界条件等式符

号将发生改变。因此，本章提出一种切刀法，读者利用该方法只需对靠近边界的区域薄切一刀，然后对这两个位置的微元进行受力分析，即可得到满足相应边界条件的等式关系。切刀法可以很好地解决系统不同边界处存在质量块、弹性约束的边值问题。读者只需解决微元上系统的内力或内力矩与边界约束外力或外力矩的平衡问题，就可推导出对应的边界方程。

4.3.1　弦横向振动的初始条件与边界条件

1. 初始条件

弦横向振动的初始条件定义为在时间 $t=0$ 时，弦的挠度为 $w_0(x)$，速度为 $\dot{w}_0(x)$，其表达式为

$$\begin{cases} w\big|_{t=0}=w_0(x) \\ \left.\dfrac{\partial w}{\partial t}\right|_{t=0}=\dot{w}_0(x) \end{cases} \tag{4-18}$$

2. 边界条件

弦的边界条件根据不同的约束来确定。

(1) 两端固定

当弦两端固定时，弦边界处的位移始终为零，因此其两端端点满足：

$$w(x,t)\big|_{x=0,x=l}=0 \tag{4-19}$$

(2) 两端销连接

当弦与可沿 z 轴方向移动的销钉连接时，如图 4-7 所示，此时端点处不能承受横向力，端点处需要满足：

$$EA\left.\frac{\partial w(x,t)}{\partial x}\right|_{x=0,x=l}=0 \tag{4-20}$$

(3) 两端自由

当弦处于自由状态时，弦边界处的应变始终为零，两端端点需要满足：

$$\left.\frac{\partial w(x,t)}{\partial x}\right|_{x=0,x=l}=0 \tag{4-21}$$

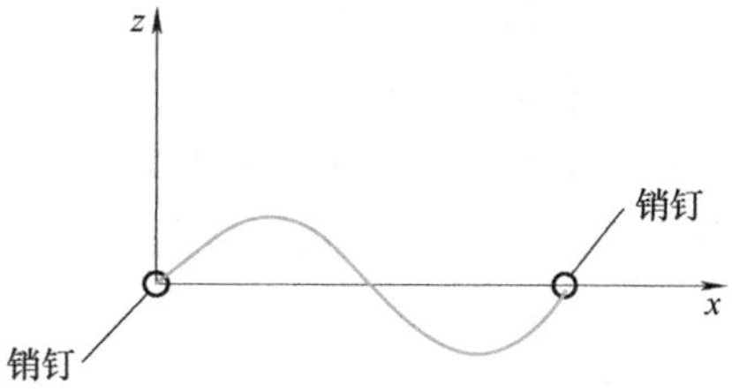

图 4-7　末端与销钉相连的弦

(4) 一端弹性连接

当弦右端处于弹性约束下时，采用切刀法，对弦右侧边界薄切一刀，对微元进行受力分析，如图 4-8 所示。弦右侧边界位移为 w，此时弹簧对弦微元产生一个与 w 轴正向相反的弹性力 kw。弦主体对弦微元的作用力为内力 P，方向同样与 w 轴正向相反。根据平衡关系可得

$$P=-kw \tag{4-22}$$

因此边界条件满足：

$$EA\left.\frac{\partial w(x,t)}{\partial x}\right|_{x=l}=-kw(x,t)\big|_{x=l} \tag{4-23}$$

式中，k 表示弹簧刚度。

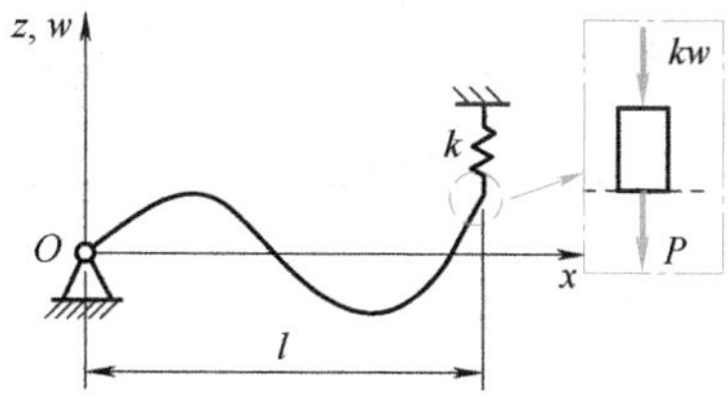

图 4-8　右端弹性连接的弦

而当弦左端受到弹性约束时，取弦左端微元进行分

析。微元下侧受弹性力 kw 作用，与 w 轴正向相反；微元上侧受内力 P 作用，与 w 轴正向相同。此时平衡关系为 $P=kw$，由此对应的边界条件为

$$EA\frac{\partial w(x,t)}{\partial x}\bigg|_{x=0}=kw(x,t)\big|_{x=0} \tag{4-24}$$

4.3.2 杆纵向振动的初始条件与边界条件

1. 初始条件

杆纵向振动的初始条件定义为杆在时间 $t=0$ 时，杆的位移为 $u_0(x)$，速度为 $\dot{u}_0(x)$，其表达式为

$$\begin{cases} u\big|_{t=0}=u_0(x) \\ \dfrac{\partial u}{\partial t}\bigg|_{t=0}=\dot{u}_0(x) \end{cases} \tag{4-25}$$

2. 边界条件

（1）两端固定

杆的边界条件与弦类似，当杆两端固定时，杆边界处的位移始终为零，因此其两端端点满足：

$$u(x,t)\big|_{x=0,x=l}=0 \tag{4-26}$$

（2）两端自由

当杆处于自由状态时，杆边界处的应变始终为零，杆两端端点需要满足：

$$\frac{\partial u(x,t)}{\partial x}\bigg|_{x=0,x=l}=0 \tag{4-27}$$

（3）一端弹性连接

当杆右端处于弹性约束下时，采用切刀法，对杆右侧边界薄切一刀，然后对微元进行受力分析，如图 4-9 所示。杆右侧边界位移为 u，此时弹簧对杆微元产生一个与 u 轴正向相反的弹性力 ku。杆主体对杆微元的作用力为内力 P，方向与 u 轴正向相反。根据平衡关系可得

$$P=-ku \tag{4-28}$$

因此边界条件满足：

$$EA\frac{\partial u(x,t)}{\partial x}\bigg|_{x=l}=-ku(x,t)\big|_{x=l} \tag{4-29}$$

式中，k 表示弹簧刚度。

而当杆左端受到弹性约束时，取杆左端微元进行分析。微元左侧受弹性力 ku 作用，与 u 轴正向相反；微元右侧受内力 P 作用，与 u 轴正向相同。此时平衡关系为 $P=ku$，由此对应的边界条件为

$$EA\frac{\partial u(x,t)}{\partial x}\bigg|_{x=0}=ku(x,t)\big|_{x=0} \tag{4-30}$$

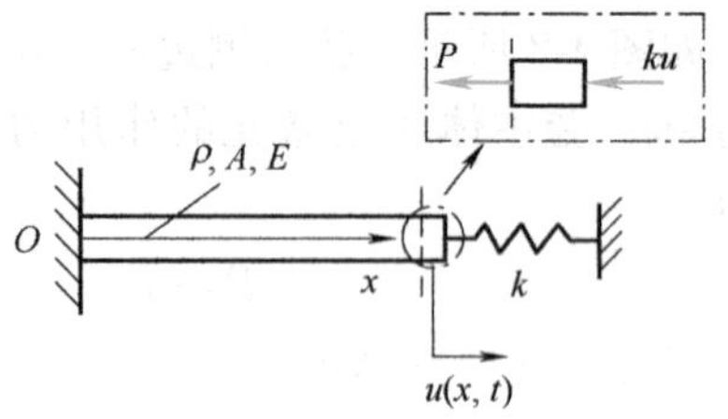

图 4-9　右端弹性连接的杆

（4）一端连接惯性载荷

当杆一端处于惯性载荷作用时，即杆一端带有质量块，此时采用切刀法，对杆带有质量块的边界薄切一刀，对微元进行受力分析，如图 4-10 所示。杆右侧边界位移为 u，此时产生

的加速度表示为 $\ddot{u}$，方向与位移保持一致。此时，根据牛顿第二定律，杆微元右侧将受到大小为 $M\ddot{u}$ 的力(方向与加速度 $\ddot{u}$ 的方向相反)。而杆主体对杆微元的作用力为内力 P(方向与位移 u 的方向相反)。根据平衡关系可得

$$P=-M\ddot{u} \tag{4-31}$$

因此边界条件满足：

$$EA\frac{\partial u(x,t)}{\partial x}\bigg|_{x=l}=-M\frac{\partial^2 u(x,t)}{\partial t^2}\bigg|_{x=l} \tag{4-32}$$

而当杆左端受到惯性载荷时，取杆左端微元进行分析。此时微元左侧受到大小为 $M\ddot{u}$ 的力(方向与加速度 $\ddot{u}$ 的方向相反)，而微元右侧受到内力 P 作用(方向与位移 u 方向相同)。此时平衡关系为 $P=M\ddot{u}$，因此对应的边界条件为

$$EA\frac{\partial u(x,t)}{\partial x}\bigg|_{x=0}=M\frac{\partial^2 u(x,t)}{\partial t^2}\bigg|_{x=0} \tag{4-33}$$

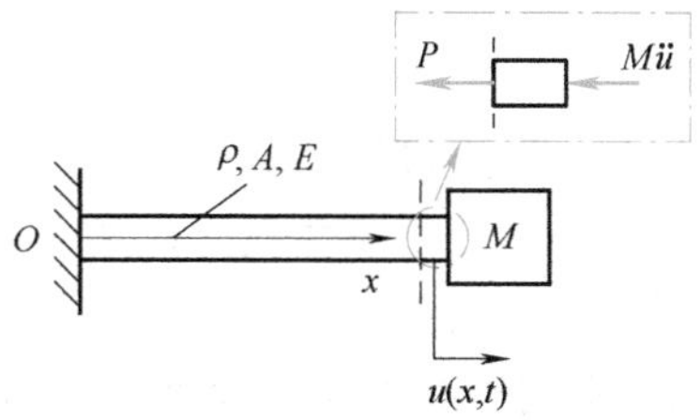

图 4-10 末端带有质量块的杆

4.3.3 轴扭转振动的初始条件与边界条件

1. 初始条件

轴扭转振动的初始条件定义为杆在时间 $t=0$ 时，轴的转角为 $\theta_0(x)$，角速度为 $\dot{\theta}_0(x)$，其表达式为

$$\begin{cases}\theta\big|_{t=0}=\theta_0(x)\\ \dfrac{\partial\theta}{\partial t}\bigg|_{t=0}=\dot{\theta}_0(x)\end{cases} \tag{4-34}$$

2. 边界条件

(1) 两端固定

对于轴的边界条件，当轴两端固定时，轴边界处的转角始终为零，因此其两端端点满足：

$$\theta(x,t)\big|_{x=0,x=l}=0 \tag{4-35}$$

(2) 两端自由

当轴处于自由状态时，轴边界处的扭矩始终为零，两端点应变需要满足：

$$\frac{\partial\theta(x,t)}{\partial x}\bigg|_{x=0,x=l}=0 \tag{4-36}$$

(3) 一端弹性连接

当轴一端处于弹性约束下时，此时采用切刀法，对轴弹性约束边界薄切一刀，然后对微元进行受力分析，如图 4-11 所示。轴右侧边界转角为 θ，此时扭转弹簧对轴微元右侧产生一个与 θ 方向相反的扭矩 $k\theta$。轴主体对轴微元左侧的内力矩为 M，方向同样与 θ 方向相反。根据平衡关系可得

$$M=-k\theta \tag{4-37}$$

因此边界条件满足：

$$GJ\frac{\partial\theta(x,t)}{\partial x}\bigg|_{x=l}=-k\theta(x,t)\big|_{x=l} \tag{4-38}$$

式中，k 表示弹簧刚度。

而当轴左端受到弹性约束时，取轴左端微元进行分析。微元左侧受扭矩 $k\theta$ 作用，与 θ 方向相反；微元右侧受内力矩 M 作用，与 θ 方向相同。此时平衡关系为 $M=k\theta$，因此对应的边界条件为

$$GJ\frac{\partial\theta(x,t)}{\partial x}\bigg|_{x=0}=k\theta(x,t)\big|_{x=0} \tag{4-39}$$

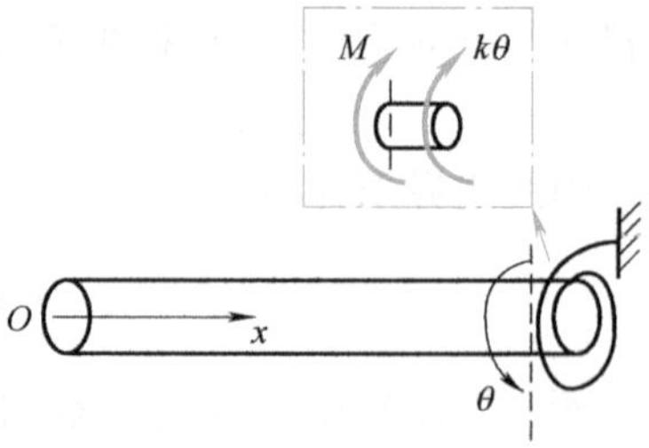

图 4-11　右端弹性约束的轴

（4）一端连接惯性载荷

当轴一端处于惯性载荷作用下时，如轴一端带有转动惯量为 I 的圆盘，此时采用切刀法，对轴带有圆盘的边界薄切一刀，对微元进行力学分析，如图 4-12 所示。轴右侧边界转角为 θ，此时产生的角加速度表示为 $\ddot{\theta}$，方向与转角保持一致。此时，轴微元右侧受到大小为$I\ddot{\theta}$ 的力矩（方向与角加速度 $\ddot{\theta}$ 的方向相反）。而轴主体对轴微元的作用力矩为内力矩 M（方向与转角 θ 方向相反）。根据平衡关系可得

$$M=-I\ddot{\theta} \tag{4-40}$$

因此边界条件满足：

$$GJ\frac{\partial\theta(x,t)}{\partial x}\bigg|_{x=l}=-I\frac{\partial^2\theta(x,t)}{\partial t^2}\bigg|_{x=l} \tag{4-41}$$

当轴左端受到惯性载荷时，取轴左端微元进行分析。微元左侧受到大小为 $I\ddot{\theta}$ 的力矩（方向与角加速度 $\ddot{\theta}$ 的方向相反），而微元右侧受到内力矩 M 作用（方向与转角 θ 方向相同）。此时平衡关系为 $M=I\ddot{\theta}$，对应的边界条件为

$$GJ\frac{\partial\theta(x,t)}{\partial x}\bigg|_{x=0}=I\frac{\partial^2\theta(x,t)}{\partial t^2}\bigg|_{x=0} \tag{4-42}$$

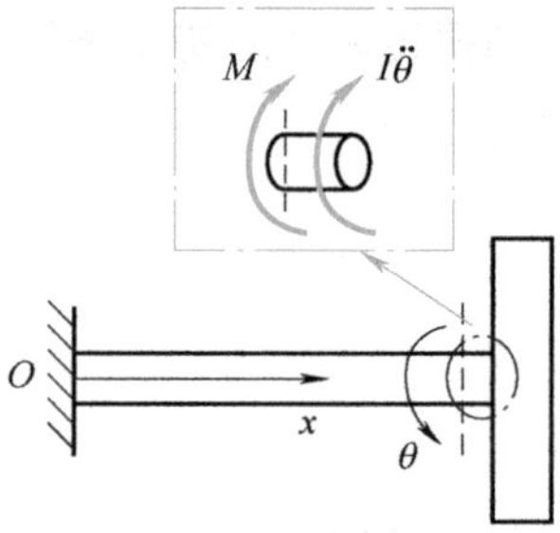

图 4-12　末端带有圆盘的轴

4.4 连续体振动的求解与分析

为求解弦、杆、轴连续系统的振动，观察式(4-17)可知，其解可以通过叠加原理表示为齐次偏微分方程的通解加上一个非齐次方程特解的形式。接下来，将展示该通解与特解的求解过程。

首先，令式(4-17)中的 $F(x,t)=0$，得到连续系统自由振动微分方程，该方程可通过分离变量法进行求解，即假设方程的解为仅依赖空间与仅依赖时间的两个函数的乘积，即

$$w(x,t)=W(x)T(t) \tag{4-43}$$

将式(4-43)代入式(4-17)中，方程可以表示为

$$c^2\frac{\mathrm{d}^2W(x)}{\mathrm{d}x^2}T(t)=W(x)\frac{\mathrm{d}^2T(t)}{\mathrm{d}t^2} \tag{4-44}$$

通过分离变量，可以将式(4-44)进一步表示为

$$\frac{1}{W(x)}\frac{\mathrm{d}^2W(x)}{\mathrm{d}x^2}=\frac{1}{c^2T(t)}\frac{\mathrm{d}^2T(t)}{\mathrm{d}t^2} \tag{4-45}$$

观察式(4-45)可知，等式左侧是关于空间的函数，等式右侧是关于时间的函数，要使得等式成立，等式两侧应等于一个常数，令这个常数为$-\omega^2$。因此，得到两个常微分方程，分别为

$$\frac{\mathrm{d}^2T(t)}{\mathrm{d}t^2}+c^2\omega^2T(t)=0 \tag{4-46}$$

$$\frac{\mathrm{d}^2W(x)}{\mathrm{d}x^2}+\omega^2W(x)=0 \tag{4-47}$$

分别求解这两个方程，可以得到

$$\begin{cases}W(x)=A\cos\dfrac{\omega x}{c}+B\sin\dfrac{\omega x}{c}\\T(t)=C\cos(\omega t)+D\sin(\omega t)\end{cases} \tag{4-48}$$

式中，A、B、C、D 为待定常数，由系统的边界条件与初始条件确定。对于振动问题，ω 表示系统的固有圆频率。

以连续系统两端固支为例，根据 4.3 节内容分析可知，波动方程此时满足：

$$w(x,t)\big|_{x=0,x=l}=0 \tag{4-49}$$

结合式(4-49)与式(4-43)，可得

$$W(x)\big|_{x=0,x=l}=0 \tag{4-50}$$

将式(4-50)代入式(4-48)，可得

$$\begin{cases}A=0\\B\sin\dfrac{\omega l}{c}=0\end{cases} \tag{4-51}$$

由于 $B\neq0$，则有特征频率方程：

$$\sin\frac{\omega l}{c}=0 \tag{4-52}$$

求解式(4-52)可得 n 个 ω 的值为

$$\frac{\omega_n l}{c}=n\pi\ (n=1,2,3,\cdots) \tag{4-53}$$

$$\omega_n=\frac{n\pi c}{l}\ (n=1,2,3,\cdots) \tag{4-54}$$

式中，ω_n 称为系统的第 n 阶固有圆频率，对应系统的固有频率为$f=\omega/2\pi$，且固有频率是系统的固有特性，其仅由系统本身的物理属性决定的，如质量、刚度和几何形状等。

由式(4-54)可以解得系统最小频率，即基频，还可得到基频整数倍的频率，即谐波振动。结合式(4-43)、式(4-48)和式(4-53)，可得系统第 n 阶振动的位移 $w_n(x,t)$，即式(4-17)的通解可以表示为

$$w_n(x,t)=W_n(x)T_n(t)=\sin\frac{n\pi x}{l}\left(C_n\cos\frac{nc\pi t}{l}+D_n\sin\frac{nc\pi t}{l}\right) \tag{4-55}$$

式中，C_n 与 D_n 表示任意常数，可通过初始条件确定；$w_n(x,t)$ 表示系统第 n 阶主振动或固

有振动；$W_n(x)$称为系统的主振型。

在第 n 阶主振动中，系统的每点振动的幅值与主振型成比例。如图 4-13 所示描述了系统前 3 阶振型的形状。通常情况下，当 $n=1$ 时，此时的振型称为基本振型，对应的频率为基频。

在所有时刻 $w_n=0$ 的点称为节点。由式(4-55)可知，对于第 1 阶振型有 $x=0$ 与 $x=l$ 两个节点；第 2 阶振型有 $x=0$，$x=l/2$，$x=l$ 共 3 个节点；第 3 阶振型有 $x=0$，$x=l/3$，$x=2l/3$，$x=l$ 共 4 个节点。

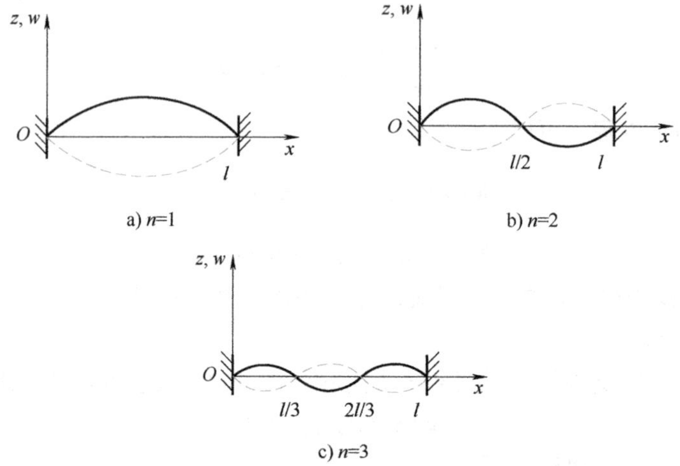

图 4-13　系统前 3 阶振型

根据模态叠加法，$F(x,t)=0$ 时系统振动可以表示为各阶主振动的叠加

$$w(x,t)=\sum_{n=1}^{\infty}w_n(x,t)=\sum_{n=1}^{\infty}\sin\frac{n\pi x}{l}\left(C_n\cos\frac{nc\pi t}{l}+D_n\sin\frac{nc\pi t}{l}\right) \tag{4-56}$$

式中，C_n 与 D_n 表示任意常数，由初始条件确定。

由 4.3 节内容可知，此时波动方程对应的初始条件可表示为

$$\begin{cases} w\big|_{t=0}=w_0(x) \\ \left.\dfrac{\partial w}{\partial t}\right|_{t=0}=\dot{w}_0(x) \end{cases} \tag{4-57}$$

将式(4-57)代入式(4-56)，可得

$$\begin{cases} w_0(x)=\displaystyle\sum_{n=1}^{\infty}C_n\sin\frac{n\pi x}{l} \\ \dot{w}_0(x)=\displaystyle\sum_{n=1}^{\infty}\frac{nc\pi}{l}D_n\sin\frac{n\pi x}{l} \end{cases} \tag{4-58}$$

对式(4-58)两边同乘以 $\sin\dfrac{n\pi x}{l}$，然后对 x 从 $0\to l$ 进行积分，根据三角函数的正交性，可以求得 C_n 与 D_n，即

$$\begin{cases} C_n=\dfrac{2}{l}\displaystyle\int_0^l w_0(x)\sin\frac{n\pi x}{l}\mathrm{d}x \\ D_n=\dfrac{2}{nc\pi}\displaystyle\int_0^l \dot{w}_0(x)\sin\frac{n\pi x}{l}\mathrm{d}x \end{cases} \tag{4-59}$$

对于其他边界条件，波动方程将表现为不同形式的自由振动。表 4-1 为经典边界条件下波动方程对应的系统频率方程、振型函数以及固有圆频率。将波数 c 替换为弦、杆、轴连续振动系统对应的值，即可得到弦、杆、轴系统的自由振动特性。

表 4-1　系统经典边界条件

系统两端边界条件示意图	频率方程	固有圆频率	主振型
固定　自由 	$\cos\frac{\omega l}{c}=0$	$\omega_n=\frac{(2n+1)\pi c}{2l}\ (n=0,1,2,\cdots)$	$W_n(x)=\cos\frac{(2n+1)\pi x}{2l}$
自由　自由 	$\sin\frac{\omega l}{c}=0$	$\omega_n=\frac{n\pi c}{l}\ (n=0,1,2,\cdots)$	$W_n(x)=\cos\frac{n\pi x}{l}$
固定　固定 	$\sin\frac{\omega l}{c}=0$	$\omega_n=\frac{n\pi c}{l}\ (n=1,2,3,\cdots)$	$W_n(x)=\sin\frac{n\pi x}{l}$

我们得到了弦、杆、轴连续系统经典边界下的主振型，那么其是否会像多自由度系统一样满足正交性呢？答案是肯定的。这意味着连续系统的固有振动彼此之间不交换能量。

由主振型函数可知，系统的第 n 阶固有圆频率 ω_n 和固有振型函数 $W_n(x)$ 满足

$$c^2\frac{\mathrm{d}^2W_n(x)}{\mathrm{d}x^2}+\omega_n^2W_n(x)=0 \tag{4-60}$$

在式(4-60)两边同时乘以 $W_m(x)$，并对系统长度方向进行积分，可得

$$\begin{aligned}\left(\frac{\omega_n}{c}\right)^2\int_0^l W_m(x)W_n(x)\,\mathrm{d}x&=-\int_0^l W_m(x)\ddot{W}_n(x)\,\mathrm{d}x\\&=-\int_0^l W_m(x)\,\mathrm{d}\dot{W}_n(x)\\&=-W_m(x)\dot{W}_n(x)\big|_0^l+\int_0^l\dot{W}_n(x)\dot{W}_m(x)\,\mathrm{d}x\end{aligned} \tag{4-61}$$

以系统固支为例，将式(4-50)代入式(4-61)，有

$$\left(\frac{\omega_n}{c}\right)^2\int_0^l W_n(x)W_m(x)\,\mathrm{d}x=\int_0^l\dot{W}_n(x)\dot{W}_m(x)\,\mathrm{d}x \tag{4-62}$$

在式(4-60)两边同时乘以 $W_n(x)$，并对系统长度方向进行积分，同理可得

$$\left(\frac{\omega_m}{c}\right)^2\int_0^l W_m(x)W_n(x)\,\mathrm{d}x=\int_0^l\dot{W}_m(x)\dot{W}_n(x)\,\mathrm{d}x \tag{4-63}$$

将式(4-62)与式(4-63)相减可得

$$\frac{\omega_n^2-\omega_m^2}{c^2}\int_0^l W_n(x)W_m(x)\,\mathrm{d}x=0 \tag{4-64}$$

由于 $n\neq m$，系统的固有频率是互异的，因此，根据式(4-62)和式(4-64)有

$$\int_0^l W_n(x)W_m(x)\,\mathrm{d}x=0\quad(n\neq m) \tag{4-65}$$

$$\int_0^l\dot{W}_n(x)\dot{W}_m(x)\,\mathrm{d}x=0\quad(n\neq m) \tag{4-66}$$

式(4-65)与式(4-66)就是系统的固有振型函数的正交关系。

通过上述推导，我们已经得到了式(4-17)齐次情况下的解，并证明了固有振型函数的正交性。接下来，当 $F(x,t)\neq 0$ 时，对式(4-17)对应的特解进行推导。由于系统的振型函数与系统受到的外载荷无关，因此，式(4-17)的解可以假设为

$$w_n(x,t)=W_n(x)H_n(t) \tag{4-67}$$

式中，$w_n(x,t)$表示系统受外载荷时第 n 阶主振动或固有振动；$W_n(x)$称为系统的主振型，其与 $F(x,t)=0$ 时，所求得的振型一致；$H_n(t)$表示与时间相关的未知函数。

根据模态叠加法，$F(x,t)\neq 0$ 时连续系统的振动可以表示为

$$w(x,t)=\sum_{n=1}^{\infty}w_n(x,t)=\sum_{n=1}^{\infty}W_n(x)H_n(t) \tag{4-68}$$

观察式(4-68)可知，一旦我们求解得到 $H_n(t)$，系统的振动就能被确定地表示出来。

以两端固支的系统为例，将式(4-68)代入式(4-17)，并根据表 4-1，系统第 n 阶振型函数为 $W_n(x)=\sin\dfrac{n\pi x}{l}$，可得

$$c^2\sum_{n=1}^{\infty}\left(\frac{n\pi x}{l}\right)^2\sin\frac{n\pi x}{l}H_n(t)+F(x,t)=\sum_{n=1}^{\infty}\sin\frac{n\pi x}{l}\frac{\mathrm{d}^2H_n(t)}{\mathrm{d}t^2} \tag{4-69}$$

根据式(4-65)、式(4-66)振型正交性，对式(4-69)等式两侧同乘以 $W_n(x)$，并对 x 积分，可以得到

$$\ddot{H}_n(t)+\omega_n^2H_n(t)=F_n(t) \tag{4-70}$$

式中，ω_n 表示系统第 n 阶固有圆频率。

$$F_n(t)=\frac{\int_0^l F(x,t)\sin\dfrac{n\pi x}{l}\mathrm{d}x}{\int_0^l\left(\sin\dfrac{n\pi x}{l}\right)^2\mathrm{d}x} \tag{4-71}$$

式(4-71)和受外部激励的无阻尼单自由度系统运动微分方程的形式相同，通过杜阿梅尔积分，$H_n(t)$可表示为

$$H_n(t)=H_n(0)\cos(\omega_n t)+\frac{\dot{H}_n(0)}{\omega_n}\sin(\omega_n t)+\frac{1}{\omega_n}\int_0^l F_n(\tau)\sin(\omega_n(t-\tau))\mathrm{d}\tau \tag{4-72}$$

式中，$H_n(0)$与 $\dot{H}_n(0)$由初始条件确定。

观察式(4-72)易知，其就是通解 $T_n(t)$加上特解的形式，即

$$H_n(t)=T_n(t)+\frac{1}{\omega_n}\int_0^l F_n(\tau)\sin(\omega_n(t-\tau))\mathrm{d}\tau \tag{4-73}$$

综上，式(4-17)的解可表示为

$$\begin{aligned}w(x,t)&=\sum_{n=1}^{\infty}w_n(x,t)\\&=\sum_{n=1}^{\infty}W_n(x)\left\{T_n(t)+\frac{1}{\omega_n}\int_0^l F_n(\tau)\sin[\omega_n(t-\tau)]\,\mathrm{d}\tau\right\}\end{aligned} \tag{4-74}$$

例 4.1　假设长为 l 的弦两端固定，如图 4-14 所示，在弦的中点处施加一个力，在弦

产生变形后，将力撤去，此时弦开始自由振动。求解弦的运动形式。

解：对于如图 4-14 所示的弦，其初始条件认为是 $\dot{w}_0(x,0)=0$，代入式(4-59)，即

$$D_n=\frac{2}{nc\pi}\int_0^l \dot{w}_0(x)\sin\frac{n\pi x}{l}\mathrm{d}x$$

可得待定参数 $D_n=0$。

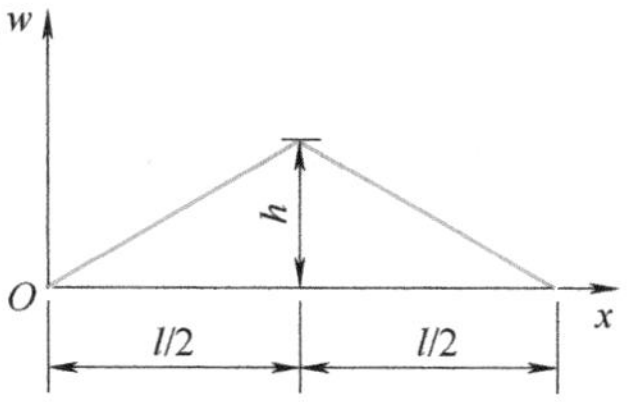

图 4-14 弦受力初始变形

因此，根据式(4-56)，该弦的自由振动解可以简化为

$$w_0(x,t)=\sum_{n=1}^{\infty}w_n(x,t)=\sum_{n=1}^{\infty}\sin\frac{n\pi x}{l}\left(C_n\cos\frac{nc\pi t}{l}+D_n\sin\frac{nc\pi t}{l}\right)\sum_{n=1}^{\infty}w_n(x,t)$$
$$=\sum_{n=1}^{\infty}C_n\sin\frac{n\pi x}{l}\cos\frac{nc\pi t}{l}$$

假定弦受力后的变形为初始条件，即 $w_0(x)$ 可表示为

$$w_0(x,0)=\begin{cases}\dfrac{2hx}{l} & \left(0\leqslant x\leqslant\dfrac{l}{2}\right)\\[2mm] \dfrac{2h(l-x)}{l} & \left(\dfrac{l}{2}\leqslant x\leqslant l\right)\end{cases}$$

由此，待定参数 C_n 可以计算为

$$C_n=\frac{2}{l}\int_0^l w_0(x)\sin\frac{n\pi x}{l}\mathrm{d}x=\frac{2}{l}\left(\int_0^{\frac{l}{2}}\frac{2hx}{l}\sin\frac{n\pi x}{l}\mathrm{d}x+\int_{\frac{l}{2}}^{l}\frac{2h(l-x)}{l}\sin\frac{n\pi x}{l}\mathrm{d}x\right)$$
$$=\begin{cases}\dfrac{8h}{\pi^2 n^2}\sin\dfrac{n\pi}{2} & (n=1,3,5,\cdots)\\[2mm] 0 & (n=2,4,6,\cdots)\end{cases}$$

将 $\sin\dfrac{n\pi}{2}$ 展开可得

$$\sin\frac{n\pi}{2}=(-1)^{\frac{n-1}{2}}\quad(n=1,3,5,\cdots)$$

最终弦的运动形式可以表示为

$$w_0(x,t)=\sum_{n=1}^{\infty}(-1)^{\frac{n-1}{2}}\frac{8h}{n^2\pi^2}\sin\frac{n\pi x}{l}\cos\frac{n\pi ct}{l}\quad(n=1,3,5,\cdots)$$

例 4.2 假设长为 l 的杆，其质量密度为 ρ，弹性模量为 E，横截面积为 A，一端固定，另一端附着有集中质量 M，如图 4-15 所示，求杆的固有频率。

解：由于杆的左端固定，即对应波动方程 $w(0,t)=0$。根据式(4-43)，即

$$w(x,t)=W(x)T(t)$$

可得

$$W(0)=0$$

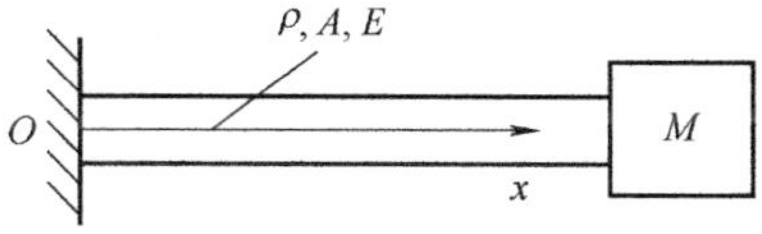

图 4-15 附着集中质量的悬臂杆

将上式代入式(4-48)，$W(x)=A\cos\dfrac{\omega x}{c}+B\sin\dfrac{\omega x}{c}$ 中，可得到待定参数 $A=0$。进一步，由

于杆的另一端附着有集中质量，可认为杆在 $x=l$ 处满足式(4-32)，即

$$EA\frac{\partial w}{\partial x}(l,t)=-M\frac{\partial^2 w}{\partial t^2}(l,t)$$

由此得到杆的固有频率方程为

$$EA\frac{\omega}{c}\cos\frac{\omega l}{c}=M\omega^2\sin\frac{\omega l}{c}$$

令

$$\alpha=\frac{\omega l}{c},\ \beta=\frac{EAl}{c^2M}=\frac{A\rho l}{M}=\frac{m}{M}$$

式中，β 表示杆的质量与杆端集中质量的比值。

因此，杆固有频率方程可以表示为

$$\alpha\tan\alpha=\beta$$

通过求解频率方程可以得到杆的固有频率。当给定 β 值后，通过绘制曲线 β/α 与曲线 $\tan\alpha$，利用图解法，可以得到两条曲线交点的横坐标 α_r，即为频率方程的解，进而固有频率可以表示为

$$\omega=\frac{\alpha_r c}{l}$$

1）假设 $\beta=1$，则根据图解法，在 0~10 范围内，曲线 $1/\alpha$ 与曲线 $\tan\alpha$ 有 4 个交点，如图 4-16 所示($\gamma=\tan\alpha=1/\alpha$)，可读取交点横坐标数据分别为 0.8602，3.4267，6.4371，9.4912。由此，杆的前 4 阶固有频率近似可以表示为 $\omega_1=\frac{0.8602c}{l}$，$\omega_2=\frac{3.4267c}{l}$，$\omega_3=\frac{6.4371c}{l}$，$\omega_4=\frac{9.4912c}{l}$。

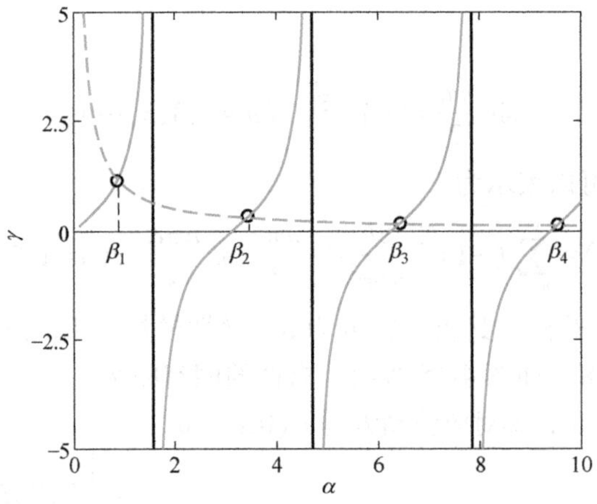

图 4-16　图解法

2）特殊地，当杆的质量远小于集中质量时，即 $\beta\approx0$，此时 $\tan\alpha\approx\alpha$，杆的基频可以表示为

$$\omega_1=\frac{c}{l}\sqrt{\frac{\rho Al}{M}}=\sqrt{\frac{EA}{Ml}}=\sqrt{\frac{K}{M}}$$

式中，$K=\dfrac{EA}{l}$表示杆的抗拉刚度。这一结果与例 2.5 中单自由度系统结果相同，说明在计算基频时，如果杆本身质量比悬挂的质量小得多时，可以略去杆的质量。

3）当杆质量小于集中质量，此时并不满足 $\tan\alpha\approx\alpha$，为了保证精度，可取泰勒展开 $\tan\alpha\approx\alpha+\dfrac{1}{3}\alpha^3$，此时杆频率方程可以表示为

$$\alpha\left(\alpha+\frac{1}{3}\alpha^3\right)=\beta$$

此时 α 可以进一步表示为

$$\alpha=\sqrt{\frac{\beta}{1+\dfrac{\alpha^2}{3}}}$$

因此杆的基频可以求解为

$$\omega_1=\frac{c\alpha}{l}=\sqrt{\frac{EA}{l\left(M+\dfrac{\rho Al}{3}\right)}}=\sqrt{\frac{K}{M+\dfrac{\rho Al}{3}}}$$

这一结果相当于将杆质量的 1/3 加到集中质量上后得到的单自由度振动频率。

例 4.3　如图 4-17 所示，有一端固定、一端自由的均质杆，其质量密度为 ρ，弹性模量为 E，横截面积为 A，设在自由端作用轴向力 F_0，在 $t=0$ 时释放。求杆的运动规律。

解：首先对于一端固定一端自由不受轴向力的杆，其边界条件由式(4-26)和式(4-27)可表示为

$$w(0,t)=0,\ \frac{\partial w}{\partial x}(l,t)=0$$

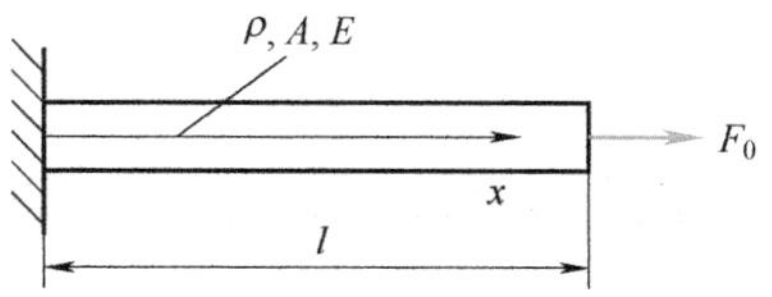

图 4-17　末端受轴向力的杆

考虑式(4-43)，则

$$w(x,t)=W(x)T(t)$$

可得

$$W(0)=0,\ \frac{\mathrm{d}W}{\mathrm{d}x}(l)=0$$

将上式代入式(4-48)，$W(x)=A\cos\dfrac{\omega x}{c}+B\sin\dfrac{\omega x}{c}$中，可以求得待定系数为

$$\begin{cases}A=0\\ B\dfrac{\omega}{c}\cos\dfrac{\omega l}{c}=0\end{cases}$$

例 4.3 讲解

因此，杆的频率方程可以表示为

$$\cos\frac{\omega l}{c}=0$$

故可解出杆的固有圆频率为

$$\omega_n=\frac{(2n+1)\pi c}{2l}\quad(n=0,1,2,\cdots)$$

根据振型叠加法，此时杆的运动可以表示为

$$\begin{aligned}w(x,t)&=\sum_{n=0}^{\infty}w_n(x,t)\\&=\sum_{n=0}^{\infty}\sin\frac{(2n+1)\pi x}{2l}\left[C_n\cos\frac{(2n+1)\pi ct}{2l}+D_n\sin\frac{(2n+1)\pi ct}{2l}\right]\end{aligned}$$

接下来,根据受轴向力时杆的初始条件,求解待定系数 C_n 和 D_n。

当杆自由端受到轴向力 F_0 作用时,其初始状态会产生变形,考虑初速度为 0,初始条件可表示为

$$w(x,0)=\frac{F_0x}{EA},\quad \frac{\partial w}{\partial t}(x,0)=0$$

结合杆的运动形式，待定参数可以表示为代数方程为

$$\begin{cases}w(x,0)=\displaystyle\sum_{n=0}^{\infty}C_n\sin\frac{(2n+1)\pi x}{2l}=\frac{F_0x}{EA}\\ \dfrac{\partial w}{\partial t}(x,0)=\displaystyle\sum_{n=0}^{\infty}D_n\frac{(2n+1)\pi c}{2l}\sin\frac{(2n+1)\pi x}{2l}=0\end{cases}$$

易得 $D_n=0$。而对于 C_n，利用三角函数的正交性，在上述方程的第一个等式两边乘上 $\sin\dfrac{(2n+1)\pi x}{2l}$并对杆长积分，可得

$$\int_0^l C_n\sin^2\frac{(2n+1)\pi x}{2l}\mathrm{d}x=\int_0^l\frac{F_0x}{EA}\sin\frac{(2n+1)\pi x}{2l}\mathrm{d}x$$

因此，

$$C_n=(-1)^n\frac{8F_0l}{(2n+1)^2EA\pi^2}$$

根据待定系数，杆的运动可以确定地表示为

$$w(x,t)=\sum_{n=0}^{\infty}(-1)^n\frac{8F_0l}{(2n+1)^2EA\pi^2}\sin\frac{(2n+1)\pi x}{2l}\cos\frac{(2n+1)\pi ct}{2l}$$

由解析公式可以看出，杆上某点的运动是由幅值为$(-1)^n\dfrac{8F_0l}{(2n+1)^2EA\pi^2}\sin\dfrac{(2n+1)\pi x_0}{2l}$，频率为$(2n+1)\pi c/2l$的各次谐波组成。同时，随着 n 的增大，幅值呈现 $1/(2n+1)^2$ 形式的衰减，也就是说对于杆的高阶振动对杆整体的运动贡献远小于低阶情况，在实际工程中，通常情况仅考虑杆低阶模态的贡献。

例 4.4　设长为 l，剪切模量为 G，极惯性矩为 J_P 的轴一端固定、一端含有转动惯量为 I 的圆盘，如图 4-18 所示，求该系统的固有频率及振型。

解：对此种类型的轴，其边界条件由式(4-35)和式(4-41)可以表示为

$$w(0,t)=0,\quad GJ_P\frac{\partial w(l,t)}{\partial x}=-I\frac{\partial^2w(l,t)}{\partial t^2}$$

考虑式(4-43)，则

$$w(x,t)=W(x)T(t)$$

可得

$$W(0)=0,GJ_{\mathrm{P}}\frac{\mathrm{d}W(x)}{\mathrm{d}x}\bigg|_{x=l}T(t)=-IW(x)\frac{\mathrm{d}^2T(t)}{\mathrm{d}t^2}$$

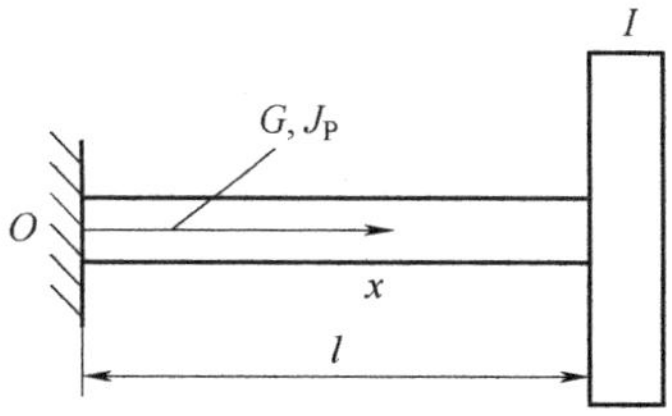

图 4-18　带有圆盘的轴扭转振动

代入式(4-48)

$$\begin{cases}W(x)=A\cos\dfrac{\omega x}{c}+B\sin\dfrac{\omega x}{c}\\T(t)=C\cos(\omega t)+D\sin(\omega t)\end{cases}$$

可以求得待定系数

$$A=0$$

$$GJ_{\mathrm{P}}\frac{\omega}{c}\cos\frac{\omega}{c}l=I\omega^2\sin\frac{\omega}{c}l$$

记轴的转动惯量与圆盘转动惯量比为 $\alpha=\dfrac{\rho J_{\mathrm{P}}l}{I}$，$\beta=\dfrac{\omega}{c}l$

则轴的频率方程可以简化为

$$\beta\tan\beta=\alpha$$

对于给定 α 值，可以求出轴扭转振动固有频率的数值解。当轴的转动惯量远小于圆盘的转动惯量，即 $\alpha\approx0$，此时 $\tan\beta\approx\beta$，轴的基频可以表示为

$$\omega_1=\frac{\alpha}{l}\sqrt{\frac{\rho lJ_{\mathrm{P}}}{I}}=\sqrt{\frac{GJ_{\mathrm{P}}}{Il}}=\sqrt{\frac{k}{I}}$$

式中，$k=\dfrac{GJ_{\mathrm{P}}}{l}$表示轴的扭转弹性刚度。

当杆质量小于集中质量，此时并不满足 $\tan\beta\approx\beta$，为了保证精度，可取泰勒(Taylor)展开 $\tan\beta\approx\beta+\dfrac{1}{3}\beta^3$，此时杆频率方程可以表示为

$$\beta\left(\beta+\frac{1}{3}\beta^3\right)=\alpha$$

此时 β 可以进一步表示为

$$\beta=\sqrt{\frac{\alpha}{1+\dfrac{\beta^2}{3}}}$$

由此杆的基频可以求解为

$$\omega_1=\sqrt{\frac{k}{I+\dfrac{\rho J_{\mathrm{P}}l}{3}}}$$

这一结果相当于轴的转动惯量与圆盘的转动惯量相近，将轴转动惯量的 1/3 加到圆盘的转动惯量 I 上，再按单自由度系统计算基频。

例 4.5　如图 4-19 所示的等直圆轴，长为 l，以等角速度 ω 转动，某瞬时左端突然固定，

求轴的扭转振动响应。

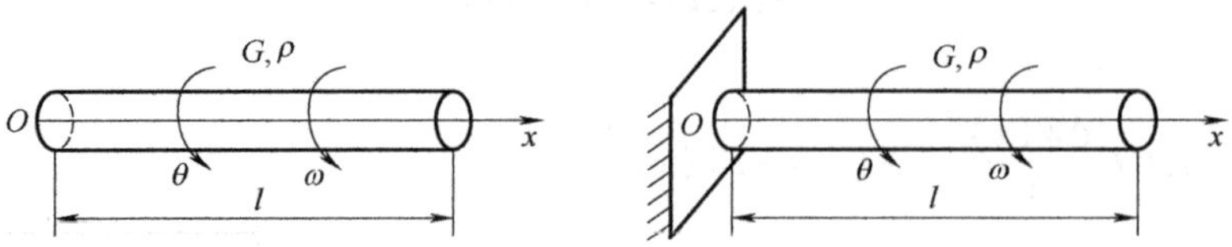

a) 两端自由　　b) 一端固定一端自由

图 4-19　等直圆轴

解：对于一端固定、一端自由的轴来说，其边界条件可以表示为

$$w(0,t)=0$$

$$\frac{\partial w}{\partial x}(l,t)=0$$

考虑式(4-43)，有

$$w(x,t)=W(x)T(t)$$

可得

$$W(0)=0,\ \frac{\mathrm{d}W}{\mathrm{d}x}(l)=0$$

将上式代入式(4-48)，即

$$W(x)=A\cos\frac{\omega x}{c}+B\sin\frac{\omega x}{c}$$

可以求得待定系数

$$\begin{cases} A=0 \\ B\dfrac{\omega}{c}\cos\dfrac{\omega l}{c}=0 \end{cases}$$

因此，轴的频率方程可以表示为

$$\cos\frac{\omega l}{c}=0$$

故轴的固有圆频率可以求解为

$$\omega_n=\frac{(2n+1)\pi c}{2l}\quad (n=0,1,2,\cdots)$$

根据振型叠加法，此时轴的运动可以表示为

$$\begin{aligned} w(x,t) &= \sum_{n=0}^{\infty} w_n(x,t) \\ &= \sum_{n=0}^{\infty}\sin\frac{(2n+1)\pi x}{2l}\left[C_n\cos\frac{(2n+1)\pi ct}{2l}+D_n\sin\frac{(2n+1)\pi ct}{2l}\right] \end{aligned}$$

接下来，根据初始条件，确定待定系数 C_n 和 D_n，此时初始条件为

$$w(x,0)=0,\ \frac{\partial w}{\partial t}(x,0)=\omega$$

结合轴的运动形式，待定参数可以表示为代数方程形式，即

$$\begin{cases} w(x,0)=\sum_{n=0}^{\infty} C_n \sin\dfrac{(2n+1)\pi x}{2l}=0 \\ \dfrac{\partial w}{\partial t}(x,0)=\sum_{n=0}^{\infty} D_n \dfrac{(2n+1)\pi c}{2l}\sin\dfrac{(2n+1)\pi x}{2l}=\omega \end{cases}$$

从而，易得 $C_n=0$。而对于 D_n，利用三角函数的正交性，在上述方程的第二个等式两边乘上 $\sin\dfrac{(2n+1)\pi x}{2l}$，并对轴长积分，可得

$$\int_0^l D_n \frac{(2n+1)\pi c}{2l}\sin^2\frac{(2n+1)\pi x}{2l}\mathrm{d}x=\int_0^l \omega\sin\frac{(2n+1)\pi x}{2l}\mathrm{d}x$$

因此，可得

$$D_n=\frac{8\omega l}{(2n+1)^2\pi^2 c}$$

根据待定系数，轴的运动形式可以确定地表示为

$$w(x,t)=\sum_{n=0}^{\infty}\frac{8\omega l}{(2n+1)^2\pi^2 c}\sin\frac{(2n+1)\pi x}{2l}\sin\frac{(2n+1)\pi ct}{2l}$$

与杆的结论一致，轴上某点的运动是由幅值为 $\dfrac{8\omega l}{(2n+1)^2\pi^2 c}\sin\dfrac{(2n+1)\pi x_0}{2l}$，圆频率为 $\dfrac{(2n+1)\pi c}{2l}$ 的各次谐波组成。在实际工程中，通常情况下仅考虑轴低阶模态的贡献。

例 4.6　如图 4-20 所示，假设长为 l 的杆，其质量密度为 ρ，弹性模量为 E，横截面积为 A，两端固支，在杆 $x=a$ 处作用一简谐力 $f(x,t)=f_0\sin(\omega t)$，其中 f_0 为常量。试求初始条件为零时杆的响应。

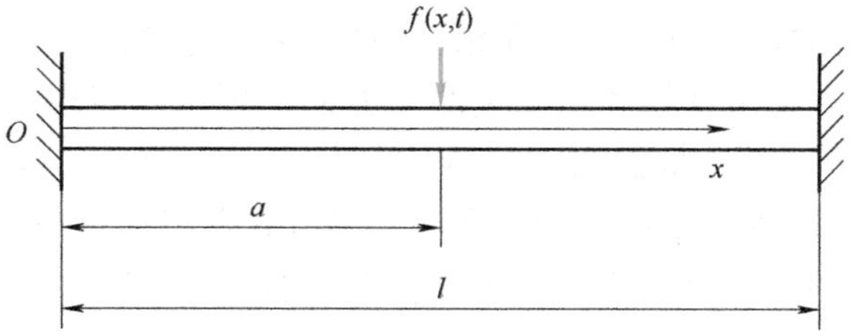

图 4-20　受简谐力的简支杆

解：对于固支杆，其各阶固有圆频率与振型函数分别为

$$\omega_n=\frac{n\pi a}{l}\quad(n=1,2,3,\cdots)$$

$$W_n(x)=\sin\frac{n\pi x}{l}\quad(n=1,2,3,\cdots)$$

根据式(4-71)可知，杆受到的广义力可以表示为

$$F_n(t)=\int_0^l f_0\sin(\omega t)\sin\frac{n\pi x}{l}\delta(x-a)\mathrm{d}x=f_0\sin\frac{n\pi a}{l}\sin(\omega t)\quad(n=1,2,3,\cdots)$$

式中，δ 为狄拉克函数。

由于杆的初始条件均为 0，结合式(4-72)和式(4-73)，可得

$$H_n(t)=\frac{1}{\rho Ab\omega_n}\int_0^l F_n(\tau)\sin[\omega_n(t-\tau)]\,\mathrm{d}\tau=\frac{f_0}{\rho Ab}\frac{\sin\frac{n\pi a}{l}}{\omega_n^2-\omega^2}\left[\sin(\omega t)-\frac{\omega}{\omega_n}\sin(\omega_n t)\right]$$

式中，

$$b=\int_0^l W_n^2(x)\,\mathrm{d}x=\frac{l}{2}$$

可得杆的振动为

$$w(x,t)=\frac{f_0}{\rho Ab}\sum_{n=1}^{\infty}\frac{\sin\frac{n\pi a}{l}}{\omega_n^2-\omega^2}\sin\frac{n\pi x}{l}\left[\sin(\omega t)-\frac{\omega}{\omega_n}\sin(\omega_n t)\right]$$

4.5 基于物理信息神经网络的波动方程统一解法

弦、杆、轴连续体振动均能利用分离变量法通过对波动方程(4-17)求解得到。其根本思路是将偏微分方程转换为常微分方程进行求解。这一过程涉及人为假定的试探解，然而，对于复杂结构来说，试探解往往很难构造。针对这一难题，是否存在一种统一方法可以避开假定试探解这一步骤而直接对偏微分方程进行求解呢？

为了解决上述问题，本节结合深度学习的知识，利用基于物理信息神经网络(Physics-Informed Neural Network，PINN)的求解方法，提出了针对波动方程的统一解法。这一方法可以完成对一类问题的求解，且该方法直接对偏微分方程进行求解，不需要经过人为假定试探函数转换为常微分方程求解的过程，可以有效提高求解的精度。

接下来，对所用到的求解方法进行介绍。PINN 主要包含两个信息，即物理信息“PI”和神经网络“NN”，体现了可认知和可测量两个方面。可认知表现为方程的物理信息提供了神经网络需要逼近的目标，从而为神经网络提供了可解释性；可测量则是指对物理信息的数值化进行测度，即通过模拟、计算和实验等方式获得体现方程物理信息的数据，最终以数据驱动方式训练神经网络实现从“NN”向“PI”的逼近。这两者具体逻辑关系如图 4-21 所示。

因此，对于一个偏微分方程有

$$u_t+N[u]=0 \tag{4-75}$$

式中，u_t 表示函数 $u(x,t)$ 对时间 t 的偏导数；$N[\cdot]$ 是空间中的非线性微分算子。物理信息部分 $f_u(x,t)$ 如下

$$f_u(x,t)=u_t+N_u[u] \tag{4-76}$$

定义深度为 D 的 PINN 对应一个输入层、$D-1$ 个隐藏层和一个输出层的 NN。N_d 表示第 d 个隐藏层神经元的数量，PINN 的每个隐藏层从上一层接收一个输出 $\boldsymbol{x}^{d-1}\in\mathbb{R}^{N_{d-1}}$。

记一个仿射变换

$$\mathcal{L}_d(\boldsymbol{x}^{d-1})\triangleq\boldsymbol{W}^d\boldsymbol{x}^{d-1}+\boldsymbol{b}^d \tag{4-77}$$

其中，网络权值 $\boldsymbol{W}^d\in\mathbb{R}^{N_d\times N_{d-1}}$，偏差项 $\boldsymbol{b}^d\in\mathbb{R}^{N_d}$ 与 d 层相关联。

此时可以构造一个前馈神经网络，为

$$u(\boldsymbol{x};\boldsymbol{\Theta})=(\mathcal{L}_D\circ\sigma\circ\mathcal{L}_{D-1}\circ\cdots\circ\mathcal{L}_1)\boldsymbol{x} \tag{4-78}$$

式中，$\boldsymbol{x}$ 表示偏微分方程的输入参数；$\boldsymbol{\Theta}=\{\boldsymbol{W}^d,\boldsymbol{b}^d\}_{d=1}^{D}$ 代表可训练参数集；u 表示偏微分方程的输出；$\circ$ 表示不同层之间的操作，即前一层的输出是下一层的输入。

为了保证神经网络求解的精度，需要构造损失函数，即

$$\wp(\Theta)=Loss_u+Loss_{f_u} \tag{4-79}$$

其中，$Loss_u$，$Loss_{f_u}$ 可以定义为

$$Loss_u=\frac{1}{N_q}\sum_{j=1}^{N_q}|\acute{u}(x^j,t^j)-u^j|^2 \tag{4-80}$$

$$Loss_{f_u}=\frac{1}{N_f}\sum_{j=1}^{N_f}|f_u(x_f^l,t_f^l)|^2 \tag{4-81}$$

式中，N_q 表示数据点总数；$\{x^j,t^j,u^j\}_{j=1}^{N_u}$ 表示偏微分方程（PDE）的边界条件，N_u 表示满足 PDE 边界条件的数据点数；$\acute{u}(x^j,t^j)$ 表示通过 PINN 训练后的最优输出数据。$\{x_f^l,t_f^l\}_{j=1}^{N_f}$ 表示网络 $f_u(x,t)$ 上的配置点，N_f 表示满足网络 $f_u(x,t)$ 的配置点数；$Loss_u$ 表示对于初始条件以及边界条件的损失；$Loss_{f_u}$ 表示对不满足 PDE 点的惩罚。

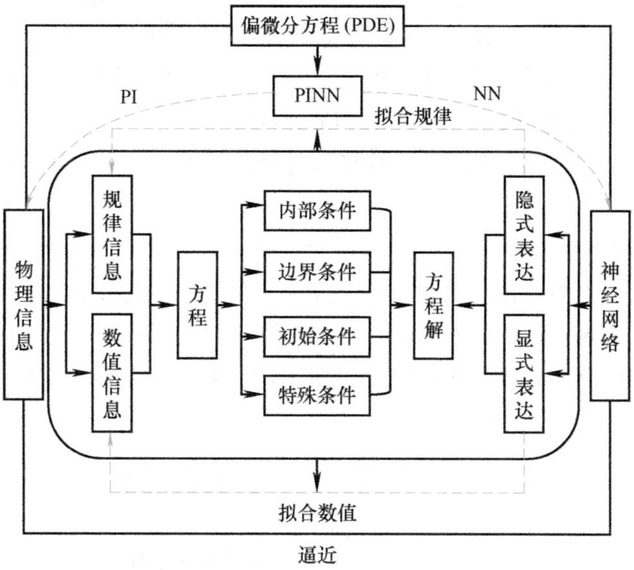

图 4-21　PINN 求解偏微分方程（PDE）的逻辑解释

因此，利用 NN 部分的贡献以及物理信息部分给出的控制方程的残差来评估损失函数。由此产生的优化算法将试图找到优化的参数，包括权重、偏差和激活中的额外系数，以及最小化损失函数。为了使损失函数在损失函数计算得到的均方误差值 ε 以下最小化，直到规定的最大迭代次数，需要寻求 Θ 的最优。

PINN 方法求解 PDE 方程的一般步骤如下。

1）确定训练数据集：给出 PDE 初边值问题的形式，采用随机抽样方法和超立方拉丁抽样方法随机确定初始数据、边值数据和内部配置采样点数据所对应的训练样本数目。

2）构建神经网络：定义 D 层全连接前馈神经网络模型，如图 4-22 所示。每一层隐藏层都采用非线性激活函数，如 Sigmoid 激活函数、tanh 激活函数、ReLU 激活函数、Leaky ReLU 激活函数等，它们构成了所需要训练的网络参数 Θ。

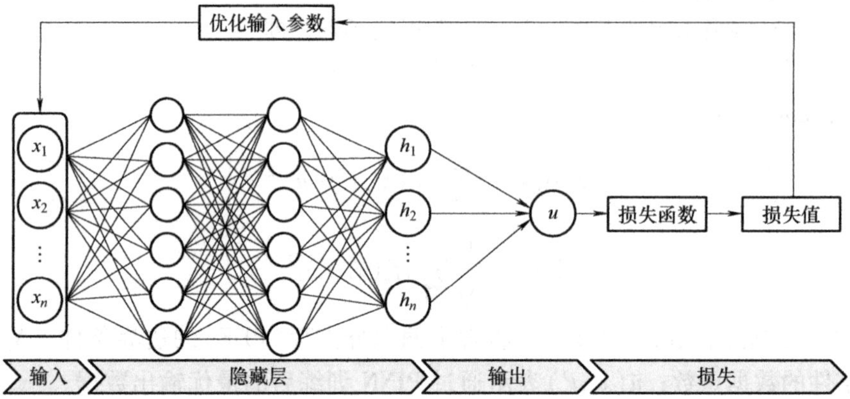

图 4-22　神经网络架构

3）构建损失函数：根据所考虑的问题构建相应的损失函数来度量预测值和实际值之间的差异。对于求解未知参数的问题，只需要将 PDE 中所有的参数作为与网络参数类似的可学习参数，从而利用训练数据求解 PDE 中的未知参数。常见的损失函数有均方误差、平均绝对误差、Huber 损失(平滑 L1 损失)、Log-Cosh 损失等。

4）训练神经网络：通过优化损失函数来训练神经网络，使误差最小化。

5）得到 PDE 解。

例 4.7　以例 4.1 中的弦振动为例，利用 PINN 求解弦的振动。

解：在本例中，PINN 程序基于 pytorch 框架进行编写，计算环境为 Python 3. 11. 7，计算配置为 64 核 Inter（R）Xeon（R）W-2133 3. 60GHz 处理器，GPU 为 GTX1650。

首先，确定弦的初始条件为

$$\begin{cases} w(x,0)=\begin{cases} \dfrac{2hx}{l} & \left(0\leqslant x\leqslant \dfrac{l}{2}\right) \\ \dfrac{2h(l-x)}{l} & \left(\dfrac{l}{2}\leqslant x\leqslant l\right) \end{cases} \\ \dfrac{\partial w(x,0)}{\partial x}=0 \end{cases}$$

其对应的边界条件为

$$\begin{cases} w(x,t)\big|_{x=0,l}=0 \\ \left.\dfrac{\partial w(x,t)}{\partial x}\right|_{x=0,l}=0 \end{cases}$$

由于该模型较为简单，因此分析过程中不考虑数据损失，故 PINN 中的损失函数可以构造为

$$L=\omega_{PDE}L_{PDE}+\omega_{bc}L_{bc}+\omega_{in}L_{in}$$

式中，L_{PDE}，L_{bc}，L_{in}分别表示来源于 PDE、边界条件、初始条件的损失；ω_{PDE}、ω_{bc}、ω_{in}分别表示误差来源的权重系数。

来源于 PDE 部分、边界条件以及初始条件的损失函数可以由 $L_i(i=1\sim7)$ 乘以不同的权重系数构成，即

$$\begin{cases}L_1=\dfrac{1}{N_1}\sum\limits_{(x_i,t_i)\in R}\left(c^2\dfrac{\partial^2\acute{w}(x_i,t;\Theta)}{\partial x^2}+\dfrac{\partial^2\acute{w}(x_i,t_i;\Theta)}{\partial t^2}\right)^2\\ L_2=\dfrac{1}{N_2}\sum\limits_{(x_i,t_i)\in\{0\}\times R_t}(\acute{w}(x_i,y_i;\Theta))^2\\ L_3=\dfrac{1}{N_3}\sum\limits_{(x_i,t_i)\in\{0\}\times R_t}\left(\dfrac{\partial\acute{w}(x_i,t_i;\Theta)}{\partial t}\right)^2\\ L_4=\dfrac{1}{N_4}\sum\limits_{(x_i,t_i)\in\{l\}\times R_t}(\acute{w}(x_i,y_i;\Theta))^2\\ L_5=\dfrac{1}{N_5}\sum\limits_{(x_i,t_i)\in\{l\}\times R_t}\left(\dfrac{\partial\acute{w}(x_i,t_i;\Theta)}{\partial t}\right)^2\\ L_6=\dfrac{1}{N_6}\sum\limits_{(x_i,t_i)\in R_x\times\{0\}}(\acute{w}(x_i,y_i;\Theta)-\omega(x,0))^2\\ L_7=\dfrac{1}{N_7}\sum\limits_{(x_i,t_i)\in R_x\times\{0\}}\left(\dfrac{\partial\acute{w}(x_i,t_i;\Theta)}{\partial t}\right)^2\end{cases}$$

接下来，在 Spyder 软件中，进行编译代码。

1）首先，配置所需要的环境，由于波动方程涉及求导运算，因此需要配置 pytorch 框架，利用其自动微分构建偏微分方程；对于结果可视化，安装 matplotlib 包；对于基本代码计算安装基础包。

2）其次，定义计算参数取值范围。弦的长度为 2，波速为 1，因此，x 的取值范围为 [0,2]，t 的取值范围为 [0,5]。由此，定义初始条件，边界条件以及根据偏微分方程随机生成初始数据。

3）然后，将这些数据点转换为 pytorch 框架可进行计算的张量形式，搭建深度神经网络架构，根据定义的损失函数计算每次迭代数据产生的误差利用，并利用 LBFGS(基于准牛顿方法的优化算法)和 Adam 优化器对误差进行优化，以获取最小的误差值，完成迭代计算。定义两个优化器允许的最大迭代步数为 50000，学习率为 0.001，损失误差的计算权重值均为 1。每一步迭代后，输出 3 个损失函数计算的误差值以及总误差。

4）最后，对迭代过程进行可视化处理。输出结果包括每迭代 100 次，输出弦中点处的位移响应以及最后一次迭代后各点处的位移响应云图。PINN 求解过程如图 4-23 所示。

通过 PINN 方法迭代 11695 次后损失误差和达到最小值，初始条件损失误差为 3.981×10^{-6}，边界条件损失误差为 5.117×10^{-6}，PDE 损失误差为 1.413×10^{-6}，总误差为 1.051×10^{-5}。

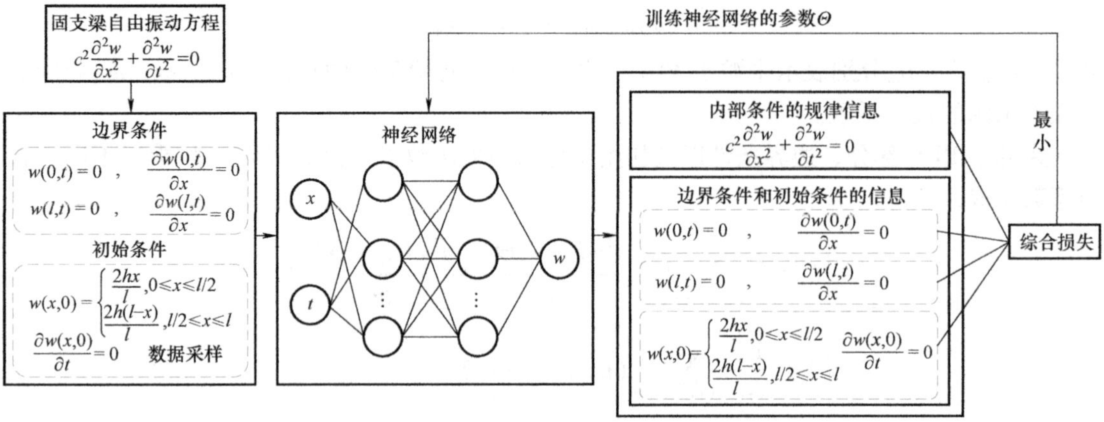

图 4-23　PINN 求解过程

利用最后一次迭代生成的结果与采用分离变量法得到的解析解进行对比，分别对比了弦上 $x=1$ 及 $x=0.5$ 处位移响应，结果如图 4-24 所示。解析解为级数展开 200 阶所计算的结果。通过对比表明，PINN 方法可以实现对波动方程的求解。

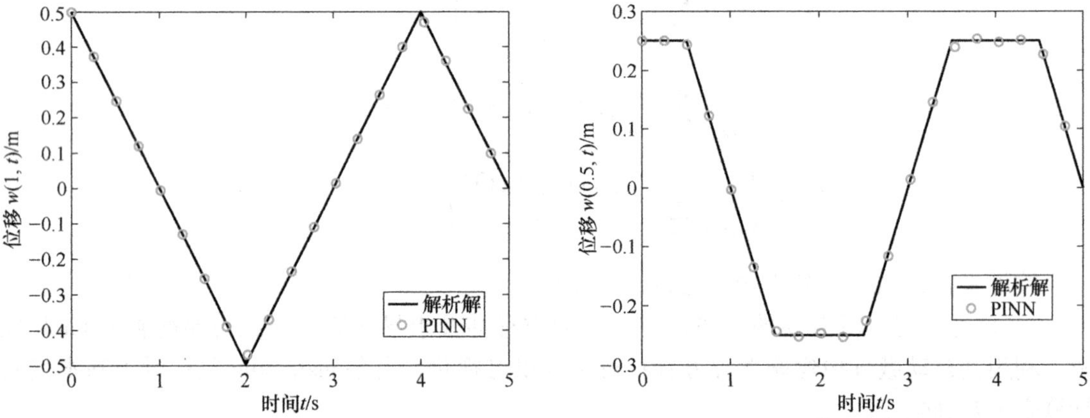

a) $x=1$m　　b) $x=0.5$m

图 4-24　解析解与 PINN 结果对比

同理，对于其他振动偏微分方程只需设置合理的神经网络参数，构造损失函数，直接对偏微分方程进行求解即可获得精度较高的解。

4.6 本章习题

习题 4.1　一张紧弦的长度为 1m，两端被固定，其基频为 1500Hz，求第 3 阶振型对应的频率。若所受张力增加 10%，则基频与第 3 阶振型对应的频率分别变为多少？

解：根据表 4-1 的结果，可知两端固定弦的圆频率可表示为

$$\omega_n=\frac{n\pi c}{l}\quad(n=1,2,3,\cdots)$$

由此，可以看出弦的任意阶固有频率是基频的整数倍，则第3阶固有频率为

$$f_3 = 3f_1 = 4500\text{Hz}$$

当所受张力增加10%时，根据式(4-6)与表4-1可知，此时弦的固有频率增加为

$$\omega_n' = \sqrt{1.1}\,\omega_n$$

因此，此时第三阶固有频率为

$$f_3' = 3f_1' = 4719.6\text{Hz}$$

习题4.2　如图4-25所示，均质阶梯杆的两段横截面面积分别为 A_1 与 A_2，所对应的长度分别为 l_1 与 l_2。假定该杆一端与刚度为 k 的弹簧连接，另一端自由，试推导其纵向振动的频率方程。

解：以固定端和杆连接处为坐标原点，命名左边杆为1号杆，右边杆为2号杆，分别对两个杆进行独立建模，其振动微分方程形式如式(4-10)，即

$$\begin{cases} c_1^2\dfrac{\partial^2 u_1}{\partial x_1^2} = \dfrac{\partial^2 u_1}{\partial t^2} & (0 \leqslant x_1 \leqslant l_1) \\ c_2^2\dfrac{\partial^2 u_2}{\partial x_2^2} = \dfrac{\partial^2 u_2}{\partial t^2} & (0 \leqslant x_2 \leqslant l_2) \end{cases}$$

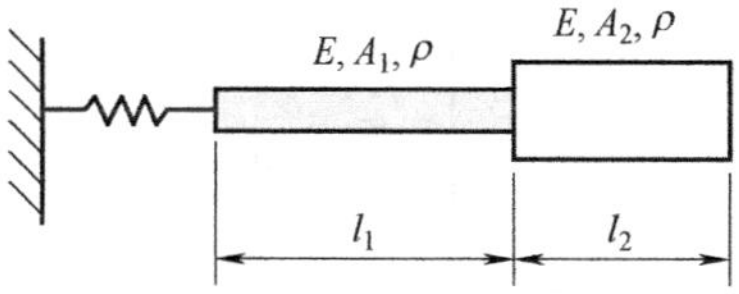

图4-25　习题4.2图

该系统一端固支，一端自由，边界条件由切刀法可以表示为

$$EA_1\frac{\partial u_1(x_1,t)}{\partial x_1}\bigg|_{x_1=0} = ku_1(x_1,t)\big|_{x_1=0}$$

$$\frac{\partial u_2(x_2,t)}{\partial x_2}\bigg|_{x_2=l_2} = 0$$

由于1号杆和2号杆连接在一起，其还需要满足连接处位移和内力相同的连续性条件，即

$$u_1(x_1,t)\big|_{x_1=l_1} = u_2(x_2,t)\big|_{x_2=0}$$

$$EA_1\frac{\partial u_1(x_1,t)}{\partial x_1}\bigg|_{x_1=l_1} = EA_2\frac{\partial u_2(x_2,t)}{\partial x_2}\bigg|_{x_2=0}$$

利用分离变量法，此时两杆满足边界条件以及连续性条件的振型函数可以分别假设为

$$U_1(x_1) = C_1\sin\frac{\omega x_1}{c_1} + D_1\cos\frac{\omega x_1}{c_1}$$

$$U_2(x_2) = C_2\sin\frac{\omega x_2}{c_2} + D_2\cos\frac{\omega x_2}{c_2}$$

式中，

$$c_1 = c_2 = \sqrt{\frac{E}{\rho}}$$

将振型函数代入边界条件以及连续性条件中，可得

$$EA_1C_1\frac{\omega}{c_1}=kD_1$$

$$C_2\frac{\omega}{c_2}\cos\frac{\omega l_2}{c_2}-D_2\frac{\omega}{c_2}\sin\frac{\omega l_2}{c_2}=0$$

$$C_1\sin\frac{\omega l_1}{c_1}+D_1\cos\frac{\omega l_1}{c_1}=D_2$$

$$EA_1\left(C_1\frac{\omega}{c_1}\cos\frac{\omega l_1}{c_1}-D_1\frac{\omega}{c_1}\sin\frac{\omega l_1}{c_1}\right)=EA_2C_2\frac{\omega}{c_2}$$

由此，固有频率方程可以写作矩阵形式，即

$$\begin{bmatrix} EA_1\frac{\omega}{c_1} & -k & 0 & 0 \\ 0 & 0 & \frac{\omega}{c_2}\cos\frac{\omega l_2}{c_2} & -\frac{\omega}{c_2}\sin\frac{\omega l_2}{c_2} \\ \sin\frac{\omega l_1}{c_1} & \cos\frac{\omega l_1}{c_1} & 0 & -1 \\ EA_1\frac{\omega}{c_1}\cos\frac{\omega l_1}{c_1} & -EA_1\frac{\omega}{c_1}\sin\frac{\omega l_1}{c_1} & -EA_2\frac{\omega}{c_2} & 0 \end{bmatrix}\begin{bmatrix} C_1 \\ D_1 \\ C_2 \\ D_2 \end{bmatrix}=0$$

此时，由于系统一定存在非零固有频率，因此，求解行列式即可得到各阶固有频率，即

$$\begin{vmatrix} EA_1\frac{\omega}{c_1} & -k & 0 & 0 \\ 0 & 0 & \frac{\omega}{c_2}\cos\frac{\omega l_2}{c_2} & -\frac{\omega}{c_2}\sin\frac{\omega l_2}{c_2} \\ \sin\frac{\omega l_1}{c_1} & \cos\frac{\omega l_1}{c_1} & 0 & -1 \\ EA_1\frac{\omega}{c_1}\cos\frac{\omega l_1}{c_1} & -EA_1\frac{\omega}{c_1}\sin\frac{\omega l_1}{c_1} & -EA_2\frac{\omega}{c_2} & 0 \end{vmatrix}=0$$

习题 4.3　长为 l，截面面积为 A，密度为 ρ 的细长杆一端固定，一端自由。为使纵向振动的第一阶固有频率降低 60%，试确定必须在自由端附加的质量块 m 大小。

解：一端固定，一端自由的细长杆，其一阶固有频率为

$$\omega_1=\frac{\pi}{2l}\sqrt{\frac{E}{\rho}}$$

杆的抗弯刚度为

$$K=\frac{EA}{l}$$

因此，杆的一阶固有频率可以改写为

$$\omega_1=\frac{\pi}{2}\sqrt{\frac{K}{M}}$$

式中，M 表示杆的质量。

此时若要使得杆的第一阶固有频率降低 60%，需要在杆的自由端增加质量块，当质量块的质量远大于杆时，杆的一阶固有频率计算与单自由度系统相同，则

$$\omega_1' = \sqrt{\frac{K}{m+M}}$$

因此，需要满足 $\omega_1' = 0.6\omega_1$，可得

$$\sqrt{\frac{K}{m+M}} = 0.6\frac{\pi}{2}\sqrt{\frac{K}{M}}$$

$$m = 7.95M$$

因此，若要使得杆的第一阶固有频率降低 60%，需要在杆的自由端附加 7.95 倍杆质量的质量块。

习题 4.4　设长为 l，剪切模量为 G，极惯性矩为 J_P 的均匀轴与惯量分别为 I_1 和 I_2 的刚性薄圆盘组成，整个轴系在扭转方向无约束，如图 4-26 所示，试求解轴扭转振动时的频率方程。

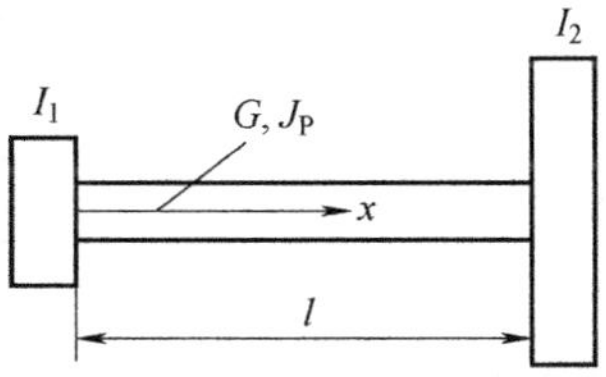

图 4-26　习题 4.4 图

解：以轴的左端与圆盘连接点为坐标系原点，根据式(4-15)和式(4-16)可知其振动微分方程形如

$$p^2\frac{\partial^2\theta}{\partial x^2} = \frac{\partial^2\theta}{\partial t^2}$$

该系统两端都与圆盘连接，其边界条件由 4.3.3 节切刀法可以表示为

$$GJ_P\frac{\partial\theta(x,t)}{\partial x}\bigg|_{x=0} = I_1\frac{\partial^2\theta(x,t)}{\partial t^2}\bigg|_{x=0}$$

$$GJ_P\frac{\partial\theta(x,t)}{\partial x}\bigg|_{x=l} = -I_2\frac{\partial^2\theta(x,t)}{\partial t^2}\bigg|_{x=l}$$

利用分离变量法，此时振动微分方程的解可以假设为

$$\Theta(x) = A_1\sin\frac{\omega x}{p_1} + B_1\cos\frac{\omega x}{p_1}$$

$$T(t) = C\cos(\omega t) + D\sin(\omega t)$$

将上两式代入边界条件中，结合式(4-43)可得

$$GJ_PA_1\frac{\omega}{p_1} = -I_1\omega^2B_1$$

$$GJ_{\mathrm{P}}\left(A_1\frac{\omega}{p_1}\cos\frac{\omega l}{p_1}-B_1\frac{\omega}{p_1}\sin\frac{\omega l}{p_1}\right)=I_2\omega^2\left(A_1\sin\frac{\omega l}{p_1}+B_1\cos\frac{\omega l}{p_1}\right)$$

化简可得

$$\begin{cases}B_1=-\dfrac{GJ_{\mathrm{P}}}{I_1\omega p_1}A_1\\[2ex]\tan\dfrac{\omega l}{p_1}=\dfrac{GJ_{\mathrm{P}}\left(A_1\dfrac{\omega}{p_1}-B_1I_2\omega^2\right)}{I_2\omega^2\left(A_1+B_1\dfrac{\omega}{p_1}\right)}\end{cases}$$

联立即得轴的频率方程。

第 5 章 连续体振动——梁、板

5.1 引言

与第 4 章一样，本章中所有的分析也均在线弹性、小变形以及各向同性的假设前提下开展。本章讨论梁的弯曲振动(横向振动)和板的横向振动。对于梁的横向振动系统，与弦、杆、轴类似，利用微元的力平衡以及力矩平衡，建立梁振动微分方程，讨论受轴向力梁以及考虑剪切效应梁的横向振动问题。对于板振动系统，本章基于能量原理，通过推导板的动能势能，利用哈密顿变分原理，进而得到板的振动微分方程。

本章主要内容如图 5-1 所示。

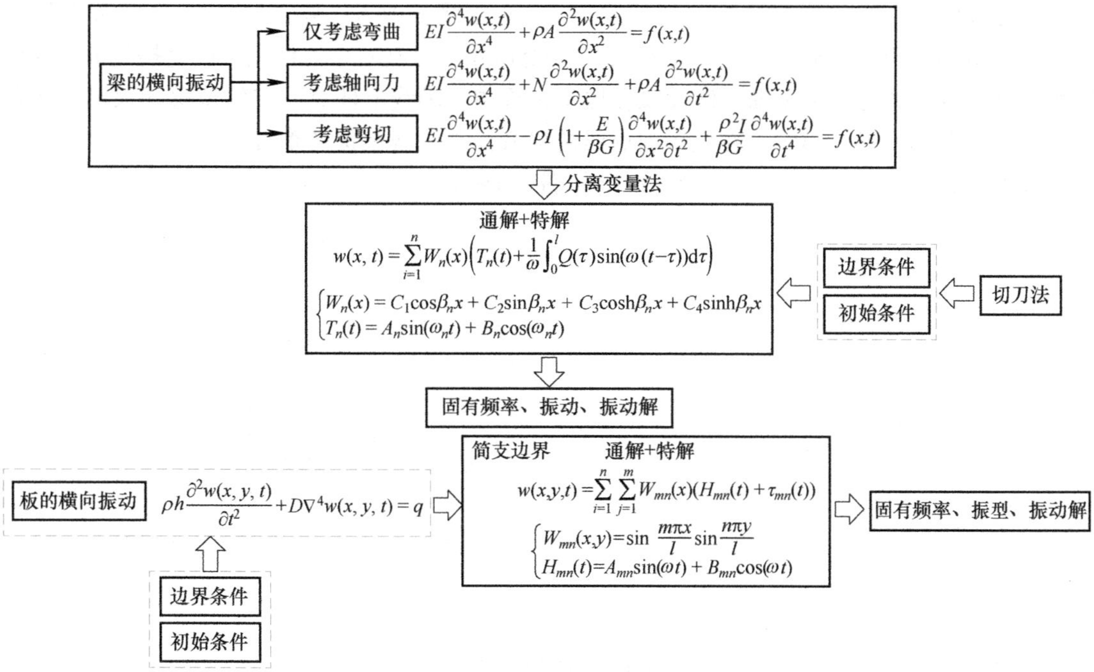

图 5-1　第 5 章主要内容

1）首先，利用力平衡与力矩平衡原理推导了仅考虑弯曲时梁的横向振动偏微分方程。

2）然后，利用分离变量法对将偏微分方程转化为时间和空间上独立的常微分方程，对其通解和特解进行求解。

3）之后，利用切刀法确定梁的不同边界条件，利用边界条件以及初始条件，求解通解与特解中的未知系数，完成对系统振动的求解，得到梁的固有频率、振型以及振动解。

4）其次，推导受轴向力作用以及考虑剪切效应下梁的横向振动，得到受轴向力时梁的横向振动方程与考虑剪切效应时梁的横向振动方程。同样利用分离变量法可以求得梁的固有频率、振型以及振动解。

5）最后，对于薄板结构，基于能量法，利用哈密顿原理，推导了振动微分方程。对于板的横向振动，以简支边界条件为例，利用分离变量法求解得到系统的固有频率、振型以及振动解。

5.2 梁的横向振动

以弯曲为主要变形的杆件称为梁。梁结构是实际工程中广泛采用的一种基本构件，如飞机机翼、直升机旋翼、发动机叶片、火箭箭体等。当梁受到的载荷垂直于梁的轴线时，梁主要产生弯曲变形，此时梁产生的振动称为横向振动，也称弯曲振动。相比于梁其他方向的振动，梁横向振动更易被激发，因此研究梁的横向振动在工程上具有重要意义。

5.2.1 梁横向振动微分方程推导

考虑如图 5-2 所示的梁结构，其长度为 l，弹性模量为 E，密度为 $\rho(x)$，横截面积为 $A(x)$，横截面关于中性轴的惯性矩为 $I(x)$。梁受到分布力 $f(x,t)$ 的作用，产生挠度 $w(x,t)$。以梁平衡时的轴线方向为 x 轴，假设梁在振动过程中，轴线上任意一点的位移均只沿 z 轴方向，忽略梁剪切变形的影响，在变形前后梁的横截面与轴线都保持垂直。

取梁上长度为 dx 的微元，其受力情况如图 5-3 所示。

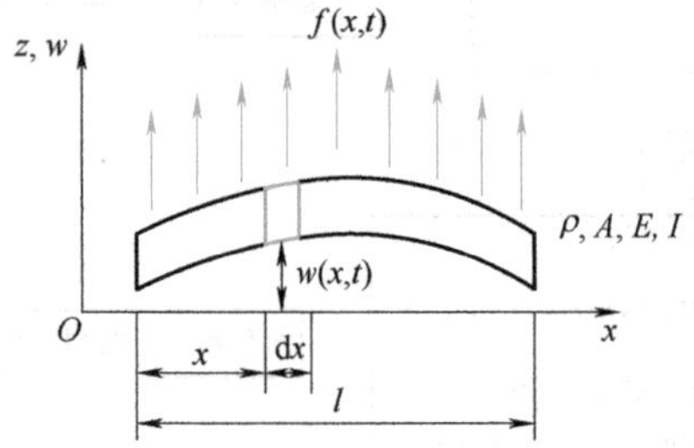

图 5-2　弯曲的梁

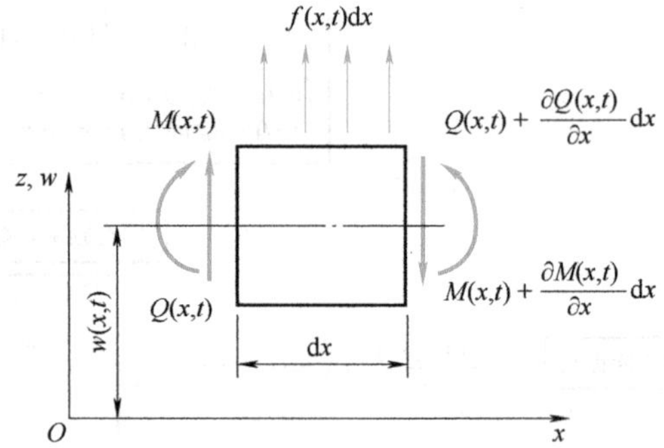

图 5-3　梁微元受力图

根据牛顿第二定律，梁上受力的平衡关系满足

$$\rho(x)A(x)\mathrm{d}x\frac{\partial^2 w}{\partial t^2}=Q-\left(Q+\frac{\partial Q}{\partial x}\mathrm{d}x\right)+f(x,t)\mathrm{d}x=\left(f(x,t)-\frac{\partial Q}{\partial x}\right)\mathrm{d}x \tag{5-1}$$

式中，$Q(x,t)$ 表示剪力；$f(x,t)$ 表示单位长度梁上作用的外力。

绕梁中心点转动的力矩平衡方程为

$$\left(M+\frac{\partial M}{\partial x}\mathrm{d}x\right)-\left(Q+\frac{\partial Q}{\partial x}\mathrm{d}x\right)\mathrm{d}x-M+f(x,t)\mathrm{d}x\frac{\mathrm{d}x}{2}=0 \tag{5-2}$$

式中，M 表示弯矩。

忽略含 $\mathrm{d}x$ 高次幂项，式(5-1)与式(5-2)可以表示为

$$\begin{cases}-\dfrac{\partial Q}{\partial x}+f(x,t)=\rho(x)A(x)\dfrac{\partial^2 w}{\partial t^2}\\ \dfrac{\partial M}{\partial x}-Q=0\end{cases} \tag{5-3}$$

根据式(5-3)，梁的振动微分方程可以表示为

$$-\frac{\partial^2 M}{\partial x^2}+f(x,t)=\rho(x)A(x)\frac{\partial^2 w}{\partial t^2} \tag{5-4}$$

根据梁弯曲的基本理论，弯矩与挠度间的关系可以表示为

$$M(x,t)=EI(x)\frac{\partial^2 w(x,t)}{\partial x^2} \tag{5-5}$$

式中，E 表示梁的弹性模量；I 表示梁横截面对 y 轴的惯性矩。

将式(5-5)代入式(5-4)中，等截面均质梁的横向振动的微分方程可进一步表示为

$$EI(x)\frac{\partial^4 w(x,t)}{\partial x^4}+\rho(x)A(x)\frac{\partial^2 w(x,t)}{\partial t^2}=f(x,t) \tag{5-6}$$

5.2.2　梁横向振动的初始条件与边界条件

1. 初始条件

根据式(5-6)，梁横向振动的初始条件定义为在时间 $t=0$ 时的梁的挠度 $w_0(x)$ 与速度 $\dot{w}_0(x)$，其表达式为

$$w\big|_{t=0}=w_0(x),\quad \left.\frac{\partial w}{\partial t}\right|_{t=0}=\dot{w}_0(x) \tag{5-7}$$

2. 边界条件

梁的边界条件包含四个物理量，即挠度、转角、弯矩和剪力。类似于杆的边界条件，将限制挠度、转角的边界条件称作几何边界条件，而限制弯矩、剪力的边界条件称作动力边界条件。具体边界条件满足如下关系：

1）考虑梁两端自由时，边界处梁的弯矩与剪力始终为零，因此其两端端点满足

$$EI\left.\frac{\partial^2 w(x,t)}{\partial x^2}\right|_{x=0,l}=0,\quad EI\left.\frac{\partial^3 w(x,t)}{\partial x^3}\right|_{x=0,l}=0 \tag{5-8}$$

2）考虑梁两端简支(铰接)时，边界处梁的挠度与弯矩始终为零，因此其两端端点满足

$$w(x,t)\big|_{x=0,l}=0,\quad EI\left.\frac{\partial^2 w(x,t)}{\partial x^2}\right|_{x=0,l}=0 \tag{5-9}$$

3）考虑梁两端固定铰支时，边界处梁的挠度与转角始终为零，因此其两端端点满足

$$w(x,t)\big|_{x=0,l}=0,\quad \left.\frac{\partial w(x,t)}{\partial x}\right|_{x=0,l}=0 \tag{5-10}$$

4）考虑梁悬臂时，如图 5-4 所示，梁的左端固定，右端自由，其边界条件满足

$$w(x,t)\big|_{x=0}=0,\quad \left.\frac{\partial w(x,t)}{\partial x}\right|_{x=0}=0$$

$$EI\left.\frac{\partial^2 w(x,t)}{\partial x^2}\right|_{x=l}=0,\quad EI\left.\frac{\partial^3 w(x,t)}{\partial x^3}\right|_{x=l}=0 \tag{5-11}$$

5）当梁右端处于弹性约束下时，采用切刀法，对梁右侧边界薄切一刀，对微元进行受力分析，如图 5-5 所示。梁右侧边界位移为 w，此时弹簧对梁微元产生一个与 w 轴正方向相反的弹性力 kw。梁主体对梁微元的作用力为剪力 Q，方向与 w 方向相同。根据平衡关系可得

$$Q=kw \tag{5-12}$$

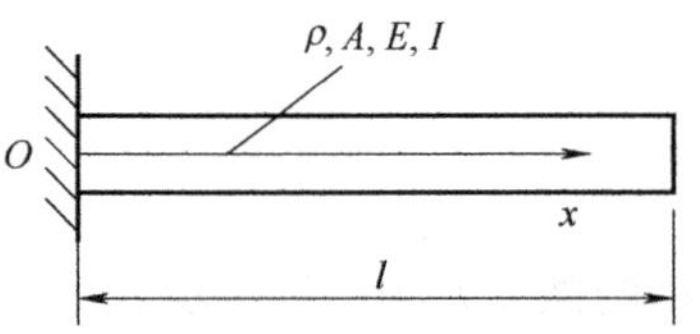

图 5-4　悬臂梁

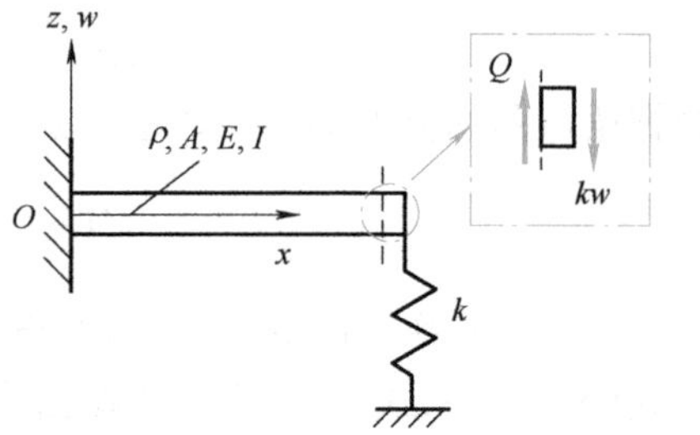

图 5-5　末端弹性连接的梁

此外，弹性支承端的弯矩为零，通过代入剪力以及梁的位移，可得到此时的边界条件应该满足

$$EI\left.\frac{\partial^2 w(x,t)}{\partial x^2}\right|_{x=l}=0,\quad EI\left.\frac{\partial^3 w(x,t)}{\partial x^3}\right|_{x=l}=kw(x,t)\big|_{x=l} \tag{5-13}$$

6）当梁一端受到惯性载荷作用时，即梁一端带有质量块，此时采用切刀法，对梁带有质量块的边界薄切一刀，进而对微元进行受力分析，如图 5-6 所示。梁右侧边界位移为 w，此时产生的加速度表示为 $\ddot{w}$，方向与位移保持一致。因此，根据牛顿第二定律，梁微元右侧受到大小为 $M\ddot{w}$ 的力（方向与加速度 $\ddot{w}$ 方向相反）。而梁主体对梁微元的作用力为剪力 Q（方向与位移 w 方向相同）。根据平衡关系可得

$$Q=M\ddot{w} \tag{5-14}$$

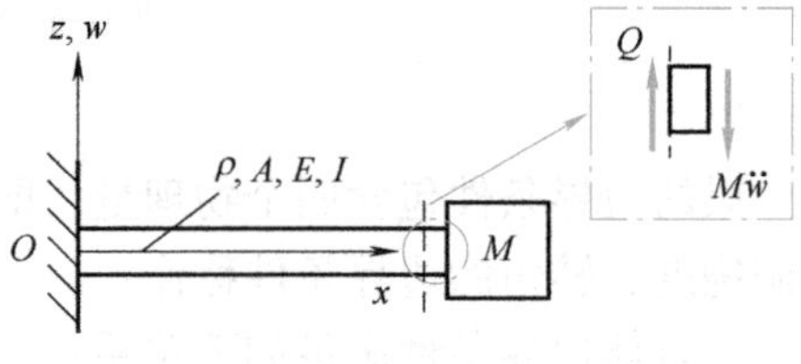

图 5-6　末端带有质量块的梁

此外，惯性载荷端的弯矩为零，通过代入剪力以及梁的位移，可得到此时的边界条件应该满足

$$EI\left.\frac{\partial^2 w(x,t)}{\partial x^2}\right|_{x=l}=0,\quad EI\left.\frac{\partial^3 w(x,t)}{\partial x^3}\right|_{x=l}=M\left.\frac{\partial^2 w(x,t)}{\partial t^2}\right|_{x=l} \tag{5-15}$$

5.2.3　梁横向振动的求解与分析

与第 4 章的方法类似，首先考虑 $f(x,t)=0$ 时，求解式(5-6)齐次情况的通解。采用分离变量法，假设解为

$$w(x,t)=W(x)T(t) \tag{5-16}$$

将式(5-16)代入式(5-6)中，可得

$$\rho AW(x)\ddot{T}(t)+EI\frac{\partial^4 W(x)}{\partial x^4}T(t)=0 \tag{5-17}$$

将 W 与 T 进行分离，方程(5-17)可进一步写为

$$\frac{EI}{\rho A}\frac{\dfrac{\partial^4 W(x)}{\partial x^4}}{W(x)}=-\frac{\ddot{T}(t)}{T(t)}=\omega^2 \tag{5-18}$$

式中，ω^2 为人为引入的中间变量。由于 W 与 T 分别表示空间与时间函数，二者相互独立，可将式(5-18)表示为两个独立的微分方程，为

$$\frac{\partial^4 W(x)}{\partial x^4}-\frac{\rho A}{EI}\omega^2 W(x)=0 \tag{5-19}$$

$$\ddot{T}(t)+\omega^2 T(t)=0 \tag{5-20}$$

令 $\beta^4=\frac{\rho A}{EI}\omega^2$，方程(5-19)可以进一步表示为

$$\frac{\partial^4 W(x)}{\partial x^4}-\beta^4 W(x)=0 \tag{5-21}$$

为了求解方程(5-21)，假设 $W(x)=Ce^{sx}$。式中，C、s 表示常数。将其代入方程(5-21)，可得

$$s^4-\beta^4=0 \tag{5-22}$$

求解式(5-22)，方程的根为

$$\begin{cases} s_{1,2}=\pm\beta \\ s_{3,4}=\pm i\beta \end{cases} \tag{5-23}$$

将式(5-23)代入 $W(x)$ 中，根据欧拉公式可得

$$W(x)=C_1\cos(\beta x)+C_2\sin(\beta x)+C_3\cosh(\beta x)+C_4\sinh(\beta x) \tag{5-24}$$

式中，C_1、C_2、C_3、C_4 均为待定常数，可由初值条件与边界条件确定。

对于方程(5-20)，其解可以表示为

$$T(t)=A\cos(\omega t)+B\sin(\omega t) \tag{5-25}$$

式(5-24)中，$W(x)$ 表示梁的主振型；C_1，C_2，C_3，C_4 可以用四个边界条件来确定，利用其中三个常数(或四个常数的相对比值)导出特征方程，从而确定梁弯曲振动的固有频率 ω，A 和 B 则需要通过梁的初始条件确定。

对于简支梁，结合式(5-9)和式(5-16)，可得

$$W(x)\big|_{x=0,l}=0, EI\frac{d^2 W(x)}{dx^2}\bigg|_{x=0,l}=0 \tag{5-26}$$

因此梁的主振型满足：

$$\begin{cases} W(0)=0,\ddot{W}(0)=0 \\ W(l)=0,\ddot{W}(l)=0 \end{cases} \tag{5-27}$$

将式(5-27)代入式(5-24)中，得

$$\begin{cases} C_1+C_3=0 \\ -C_1+C_3=0 \end{cases} \tag{5-28}$$

$$\begin{cases} C_1\cos(\beta l)+C_2\sin(\beta l)+C_3\cosh(\beta l)+C_4\sinh(\beta l)=0 \\ -C_1\cos(\beta l)-C_2\sin(\beta l)+C_3\cosh(\beta l)+C_4\sinh(\beta l)=0 \end{cases} \tag{5-29}$$

可求得

$$C_1=C_3=0 \tag{5-30}$$

$$C_2\sin(\beta l)=C_4\sinh(\beta l)=0 \tag{5-31}$$

由 $\beta l=0$，$\sinh(\beta l)\neq 0$ 可知 $C_4=0$。若要 C_2、C_4 不均为 0，则

$$\sin(\beta l)=0 \tag{5-32}$$

求解式(5-32)，梁的固有频率可以表示为

$$\omega_n=\beta_n^2\sqrt{\frac{EI}{\rho A}}=(n\pi)^2\sqrt{\frac{EI}{\rho A l^4}} \quad (n=1,2,3,\cdots) \tag{5-33}$$

相应的振型函数可表示为

$$W_n(x)=\sin\frac{n\pi x}{l} \quad (n=1,2,3,\cdots) \tag{5-34}$$

考虑式(5-16)、式(5-33)和式(5-34)，系统第 n 阶振动的位移 $w_n(x,t)$ 即式(5-6)的通解可以表示为

$$\begin{aligned} w_n(x,t) &= W_n(x)T_n(t) \\ &= \sin\frac{n\pi x}{l}\left(A_n\cos(n\pi)^2\sqrt{\frac{EI}{\rho A l^4}}t+B_n\sin(n\pi)^2\sqrt{\frac{EI}{\rho A l^4}}t\right) \end{aligned} \tag{5-35}$$

式中，A_n 与 B_n 表示任意常数，由初始条件确定。

因此，根据模态叠加法，$f(x,t)=0$ 时梁横向振动可以表示为各阶主振动的叠加，即

$$\begin{aligned} w(x,t) &= \sum_{n=1}^{\infty} w_n(x,t) \\ &= \sum_{n=1}^{\infty}\sin\frac{n\pi x}{l}\left(A_n\cos(n\pi)^2\sqrt{\frac{EI}{\rho A l^4}}t+B_n\sin(n\pi)^2\sqrt{\frac{EI}{\rho A l^4}}t\right) \end{aligned} \tag{5-36}$$

由 5.2.2 节内容可知此时系统对应的初始条件可表示为

$$\begin{cases} w(x,t=0)=w_0(x) \\ \dfrac{\partial w(x,t=0)}{\partial t}=\dot{w}_0(x) \end{cases} \tag{5-37}$$

将式(5-37)代入式(5-36)，可得

$$\begin{cases} w_0(x)=\displaystyle\sum_{n=1}^{\infty}A_n\sin\frac{n\pi x}{l} \\ \dot{w}_0(x)=\displaystyle\sum_{n=1}^{\infty}(n\pi)^2\sqrt{\frac{EI}{\rho A l^4}}B_n\sin\frac{n\pi x}{l} \end{cases} \tag{5-38}$$

对式(5-38)左右两边同乘以 $\sin\dfrac{n\pi x}{l}$，然后对 x 从 $0\to l$ 进行积分，根据三角函数的正交性，可以求得 A_n 与 B_n 为

$$\begin{cases} A_n=\dfrac{2}{l}\displaystyle\int_0^l w_0(x)\sin\dfrac{n\pi x}{l}\mathrm{d}x \\ B_n=\dfrac{2}{(n\pi)^2\sqrt{\dfrac{EI}{\rho Al^2}}}\displaystyle\int_0^l \dot{w}_0(x)\sin\dfrac{n\pi x}{l}\mathrm{d}x \end{cases} \tag{5-39}$$

对于固支梁，结合式(5-10)和式(5-16)，可得

$$W(x)\big|_{x=0,l}=0,\ EI\left.\frac{\mathrm{d}W(x)}{\mathrm{d}x}\right|_{x=0,l}=0 \tag{5-40}$$

因此梁的主振型满足

$$\begin{cases} W(0)=0,\ \dot{W}(0)=0 \\ W(l)=0,\ \dot{W}(l)=0 \end{cases} \tag{5-41}$$

将式(5-41)代入式(5-24)中，得

$$\begin{cases} C_2+C_4=0 \\ C_1+C_3=0 \end{cases} \tag{5-42}$$

$$\begin{cases} C_3(\sinh(\beta l)-\sin(\beta l))+C_4(\cosh(\beta l)-\cos(\beta l))=0 \\ C_3(\cosh(\beta l)-\cos(\beta l))+C_4(\sinh(\beta l)-\sin(\beta l))=0 \end{cases} \tag{5-43}$$

易得到

$$C_2=-C_4,\ C_1=-C_3 \tag{5-44}$$

对于式(5-43)，C_3、C_4 要存在非零解，则其对应的行列式必须为零，即

$$\begin{vmatrix} \sinh(\beta l)-\sin(\beta l) & \cosh(\beta l)-\cos(\beta l) \\ \cosh(\beta l)-\cos(\beta l) & \sinh(\beta l)-\sin(\beta l) \end{vmatrix}=0 \tag{5-45}$$

因此，梁的频率方程可以解得

$$\cos(\beta l)\cosh(\beta l)=1 \tag{5-46}$$

求解式(5-46)，观察到 $\beta=0$ 是式(5-46)的一个解，其对应于梁的静止状态，故舍去。采用数值解法求得式(5-46)近似解为

$$\beta_1 l=4.73,\ \beta_n l\approx\left(n+\frac{1}{2}\right)\pi\quad(n=2,3,4,\cdots) \tag{5-47}$$

结合 $\beta^4=\dfrac{\rho A}{EI}\omega^2$，可得梁的固有频率为

$$\omega_n=\beta_n^2\sqrt{\frac{EI}{\rho A}}=(\beta_n l)^2\sqrt{\frac{EI}{\rho Al^4}}\quad(n=1,2,3,\cdots) \tag{5-48}$$

将式(5-43)、式(5-44)代入式(5-24)中，可得相应的振型函数为

$$W_n(x)=\cosh(\beta_n x)-\cos(\beta_n x)+\gamma_n[\sinh(\beta_n x)-\sin(\beta_n x)]\quad(n=1,2,3,\cdots) \tag{5-49}$$

式中，

$$\gamma_n=-\frac{\sinh(\beta_n l)+\sin(\beta_n l)}{\cosh(\beta_n l)-\cos(\beta_n l)} \tag{5-50}$$

对于悬臂梁，结合式(5-11)和式(5-16)，可得

$$\begin{cases} W(x)\big|_{x=0}=0,\ \dfrac{\mathrm{d}W(x)}{\mathrm{d}x}\bigg|_{x=0}=0 \\ EI\dfrac{\mathrm{d}^2W(x)}{\mathrm{d}x^2}\bigg|_{x=l}=0,\ EI\dfrac{\mathrm{d}^3W(x)}{\mathrm{d}x^3}\bigg|_{x=l}=0 \end{cases} \tag{5-51}$$

因此梁的主振型满足

$$\begin{cases} W(0)=0,\ \dot{W}(0)=0 \\ \ddot{W}(l)=0,\ \dddot{W}(l)=0 \end{cases} \tag{5-52}$$

将式(5-52)代入式(5-24)中，可得

$$\begin{cases} C_2+C_4=0 \\ C_1+C_3=0 \end{cases} \tag{5-53}$$

$$\begin{cases} C_4[\sinh(\beta l)+\sin(\beta l)]+C_3[\cosh(\beta l)+\cos(\beta l)]=0 \\ C_4[\cosh(\beta l)+\cos(\beta l)]+C_3[\sinh(\beta l)-\sin(\beta l)]=0 \end{cases} \tag{5-54}$$

易得到

$$C_2=-C_4,\ C_1=-C_3 \tag{5-55}$$

同样，对于式(5-54)，C_3、C_4 要存在非零解，则式(5-54)对应的行列式必须为零，即

$$\begin{vmatrix} \sinh(\beta l)+\sin(\beta l) & \cosh(\beta l)+\cos(\beta l) \\ \cosh(\beta l)+\cos(\beta l) & \sinh(\beta l)-\sin(\beta l) \end{vmatrix}=0 \tag{5-56}$$

因此，可解得梁的频率方程为

$$\cos(\beta l)\cosh(\beta l)=-1 \tag{5-57}$$

利用图解法，βl 的取值可以被确定。结合 $\beta^4=\dfrac{\rho A}{EI}\omega^2$，梁的固有频率可以表示为

$$\omega_n=\beta_n^2\sqrt{\frac{EI}{\rho A}}=\beta_n^2\sqrt{\frac{EI}{\rho A}}=(\beta_n l)^2\sqrt{\frac{EI}{\rho A l^4}}\quad (n=1,2,3,\cdots) \tag{5-58}$$

将式(5-54)、式(5-55)代入式(5-24)中，相应的振型函数可表示为

$$W_n(x)=\cosh(\beta_n x)-\cos(\beta_n x)+\gamma_n[\sinh(\beta_n x)-\sin(\beta_n x)]\quad (n=1,2,3,\cdots) \tag{5-59}$$

式中，

$$\gamma_n=-\frac{\sinh(\beta_n l)-\sin(\beta_n l)}{\cosh(\beta_n l)+\cos(\beta_n l)} \tag{5-60}$$

对于自由梁，同理可得梁的频率方程为

$$\cos(\beta l)\cosh(\beta l)=1 \tag{5-61}$$

可以发现，其固有频率与固支梁一样。相应的振型函数为

$$W_n(x)=\cosh(\beta_n x)+\cos(\beta_n x)+\gamma_n[\sinh(\beta_n x)+\sin(\beta_n x)]\quad (n=1,2,3,\cdots) \tag{5-62}$$

式中，

$$\gamma_n=-\frac{\sinh(\beta_n l)+\sin(\beta_n l)}{\cosh(\beta_n l)-\cos(\beta_n l)} \tag{5-63}$$

对于固定、自由、悬臂边界条件下的梁，其对应式(5-6)的通解与简支情况求解方法相同，读者可以自行推导，在此不再重复赘述。

表 5-1 给出了梁横向振动经典边界条件对应的频率方程以及主振型情况。

表 5-1　梁横向振动经典边界条件

梁的两端条件	频率方程	主振型
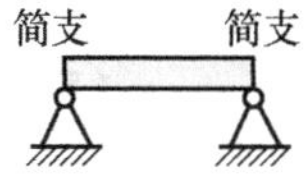	$\sin(\beta l)=0$	$W_n(x)=\sin\frac{n\pi x}{l}\quad(n=1,2,3,\cdots)$
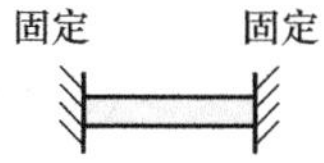	$\cos(\beta l)\cosh(\beta l)=1$	$W_n(x)=\cosh(\beta_n x)-\cos(\beta_n x)+\gamma_n[\sinh(\beta_n x)-\sin(\beta_n x)]\quad(n=1,2,3,\cdots)$ $\gamma_n=-\frac{\sinh(\beta_n l)+\sin(\beta_n l)}{\cosh(\beta_n l)-\cos(\beta_n l)}$
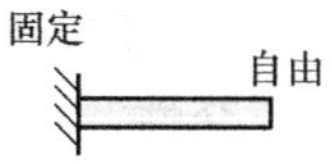	$\cos(\beta l)\cosh(\beta l)=-1$	$W_n(x)=\cosh(\beta_n x)-\cos(\beta_n x)+\gamma_n[\sinh(\beta_n x)-\sin(\beta_n x)]\quad(n=1,2,3,\cdots)$ $\gamma_n=-\frac{\sinh(\beta_n l)-\sin(\beta_n l)}{\cosh(\beta_n l)+\cos(\beta_n l)}$
	$\cos(\beta l)\cosh(\beta l)=1$	$W_n(x)=\cosh(\beta_n x)+\cos(\beta_n x)+\gamma_n[\sinh(\beta_n x)+\sin(\beta_n x)]\quad(n=1,2,3,\cdots)$ $\gamma_n=-\frac{\sinh(\beta_n l)-\sin(\beta_n l)}{\cosh(\beta_n l)+\cos(\beta_n l)}$
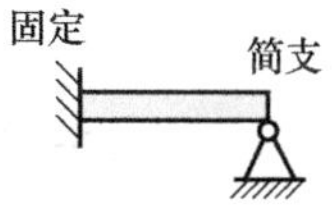	$\tan(\beta l)-\tanh(\beta l)=0$	$W_n(x)=\cosh(\beta_n x)-\cos(\beta_n x)+\gamma_n[\sinh(\beta_n x)-\sin(\beta_n x)]\quad(n=1,2,3,\cdots)$ $\gamma_n=-\frac{\cosh(\beta_n l)+\cos(\beta_n l)}{\sinh(\beta_n l)+\sin(\beta_n l)}$
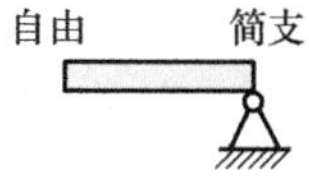	$\tan(\beta l)-\tanh(\beta l)=0$	$W_n(x)=\sin(\beta_n x)+\gamma_n\sinh(\beta_n x)\quad(n=1,2,3,\cdots)$ $\gamma_n=\frac{\sinh(\beta_n l)}{\sin(\beta_n l)}=\frac{\cosh(\beta_n l)}{\cos(\beta_n l)}$

同样地，与弦、杆、轴连续系统相同，梁的固有振型也满足正交性。梁的主振型满足式(5-19)，即

$$\frac{\partial^4 W_n(x)}{\partial x^4}=\beta_n^4 W_n(x) \tag{5-64}$$

将上式左右两端同乘以 $W_m(x)$ 并沿梁长对 x 积分，利用分部积分得

$$\begin{aligned}\beta_n^4\int_0^l W_m(x)W_n(x)\,\mathrm{d}x&=\int_0^l W_m(x)\frac{\partial^4 W_n(x)}{\partial x^4}\mathrm{d}x\\&=W_m(x)\frac{\partial^3 W_n(x)}{\partial x^3}\bigg|_0^l-\frac{\partial W_m(x)}{\partial x}\frac{\partial^2 W_n(x)}{\partial x^2}\bigg|_0^l+\int_0^l\frac{\partial^2 W_m(x)}{\partial x^2}\frac{\partial^2 W_n(x)}{\partial x^2}\mathrm{d}x\end{aligned} \tag{5-65}$$

以简单边界条件(固定、铰支、自由)为例，等式右端前两项总为零，故

$$\int_0^l\frac{\partial^2 W_n(x)}{\partial x^2}\frac{\partial^2 W_m(x)}{\partial x^2}\mathrm{d}x=\beta_n^4\int_0^l W_n(x)W_m(x)\,\mathrm{d}x \tag{5-66}$$

因为 n 和 m 为任取的，交换次序有

$$\int_0^l\frac{\partial^2 W_n(x)}{\partial x^2}\frac{\partial^2 W_m(x)}{\partial x^2}\mathrm{d}x=\beta_m^4\int_0^l W_n(x)W_m(x)\,\mathrm{d}x \tag{5-67}$$

将式(5-66)与式(5-67)相减，得

$$(\beta_n^4-\beta_m^4)\int_0^l W_n(x)W_m(x)\mathrm{d}x=0 \tag{5-68}$$

除了两端自由梁的两个固有频率为零，当 $n\neq m$ 时，总有 $\beta_n\neq\beta_m$，故

$$\int_0^l W_n(x)W_m(x)\mathrm{d}x=0 \quad (n\neq m) \tag{5-69}$$

根据 $\beta_n\neq 0$ 或 $\beta_m\neq 0$，将上式代入式(5-66)或式(5-67)，可得

$$\int_0^l \frac{\partial^2 W_n(x)}{\partial x^2}\frac{\partial^2 W_m(x)}{\partial x^2}\mathrm{d}x=0 \quad (n\neq m) \tag{5-70}$$

式(5-69)与式(5-70)即为等截面均质直梁固有振型函数的正交性条件。

通过上述推导，我们已经得到了式(5-6)齐次情况下的解，并证明了振型函数的正交性。接下来，当 $f(x,t)\neq 0$ 时，对式(5-6)对应的特解进行推导。利用振型函数的正交性，类似于有限自由度系统的模态分析方法，可以使连续系统的偏微分方程变换成一系列用主坐标表示的常微分方程，即

$$w(x,t)=\sum_{n=1}^{\infty}W_n(x)H_n(t) \tag{5-71}$$

将式(5-71)代入式(5-6)，得

$$\rho A\sum_{n=1}^{\infty}W_n(x)\ddot{H}_n(t)+\sum_{n=1}^{\infty}\frac{\partial^4 W_n(x)}{\partial x^4}H_n(t)=f(x,t) \tag{5-72}$$

式(5-72)可表示为

$$\sum_{n=1}^{\infty}W_n(x)\ddot{H}_n(t)+EI\sum_{n=1}^{\infty}\omega_n^2 W_n(x)H_n(t)=\frac{1}{\rho A}f(x,t) \tag{5-73}$$

对式(5-73)两边同时乘以 $W_m(x)$，并在整个区间 $[0,l]$ 上积分，利用振型函数的正交性，可得相互独立的常微分方程组为

$$\ddot{H}_n(t)+\omega_n^2 H_n(t)=\frac{1}{\rho Ab}Q_n(t) \tag{5-74}$$

式中，b 为常数；$Q_n(t)$ 表示广义力。应满足：

$$b=\int_0^l W_n^2(x)\mathrm{d}x \tag{5-75}$$

$$Q_n(t)=\int_0^l f(x,t)W_n(x)\mathrm{d}x \tag{5-76}$$

式(5-74)和受外部激励的无阻尼单自由度系统运动微分方程的形式完全相同，故其响应可通过杜阿梅尔积分表示为

$$H_n(t)=H_n(0)\cos(\omega_n t)+\frac{\dot{H}_n(0)}{\omega_n}\sin(\omega_n t)+\frac{1}{\rho Ab\omega_n}\int_0^l Q_n(\tau)\sin(\omega_n(t-\tau))\mathrm{d}\tau \tag{5-77}$$

式中，$H_n(0)$ 与 $\dot{H}_n(0)$ 由初始条件确定。

观察式(5-77)易知，其就是通解 $T_n(t)$ 加上特解的形式，即

$$H_n(t)=T_n(t)+\frac{1}{\rho Ab\omega_n}\int_0^l Q_n(\tau)\sin(\omega_n(t-\tau))\mathrm{d}\tau \tag{5-78}$$

综上，式(5-6)的解可表示为

$$w(x,t)=\sum_{n=1}^{\infty}w_n(x,t)$$
$$=\sum_{n=1}^{\infty}W_n(x)\left(T_n(t)+\frac{1}{\rho Ab\omega_n}\int_0^l Q_n(\tau)\sin(\omega_n(t-\tau))\,\mathrm{d}\tau\right) \tag{5-79}$$

例 5.1　如图 5-7 所示为一长度为 l，横截面积为 A，密度为 ρ，截面惯性矩为 I 的简支梁，受强度为 q 的均布载荷而产生挠曲。如果载荷移去，求梁的响应。

解：根据题干描述可知，对于简支梁，其各阶固有频率与振型函数分别为

$$\omega_n=(n\pi)^2\sqrt{\frac{EI}{\rho Al^4}}\quad(n=1,2,3,\cdots)$$

$$W_n(x)=\sin\frac{n\pi x}{l}\quad(n=1,2,3,\cdots)$$

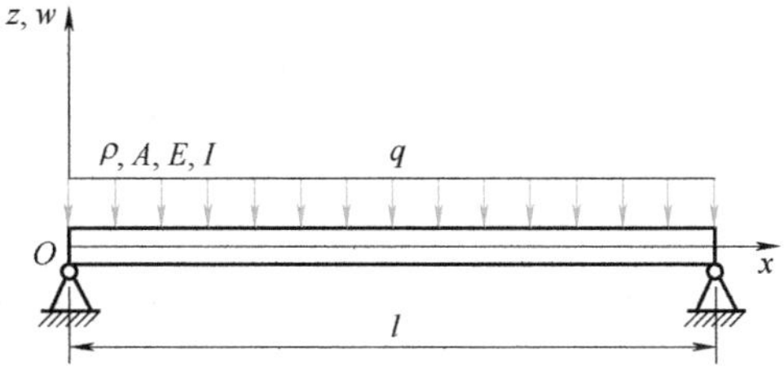

图 5-7　受均布载荷的简支梁

由振型叠加法，简支梁的振动响应可以表示为各阶响应的叠加，即

$$w(x,t)=\sum_{n=1}^{\infty}[A_n\cos(\omega_n t)+B_n\sin(\omega_n t)]\sin\frac{n\pi x}{l}$$

进一步根据初始条件，求解参数 A_n、B_n，假设在 $t=0$ 时，梁的初始挠度与初始速度为

$$w(x,0)=\sum_{n=1}^{\infty}A_n\sin\frac{n\pi x}{l}=f(x)=\frac{q}{24EI}(l^3x-2lx^3+x^4)$$

$$\dot{w}(x,0)=\sum_{n=1}^{\infty}B_n\omega_n\sin\frac{n\pi x}{l}=g(x)=0$$

利用三角函数的正交性，在上式两端同时乘以 $\sin\frac{n\pi x}{l}$，并沿梁长度方向进行积分，待定参数可以计算为

$$A_n=\frac{2}{l}\int_0^l f(x)\sin\frac{n\pi x}{l}\mathrm{d}x=\frac{2ql^4}{EI\pi^5}\frac{1-\cos(n\pi)}{n^5}$$

$$B_n=\frac{2}{\omega_n l}\int_0^l g(x)\sin\frac{n\pi x}{l}\mathrm{d}x=0$$

因此，简支梁的振动响应可以表示为

$$w(x,t)=\sum_{n=1}^{\infty}\frac{2ql^4}{EI\pi^5}\frac{1-\cos(n\pi)}{n^5}\sin\frac{n\pi x}{l}\cos(\omega_n t)$$

例 5.2　如图 5-8 所示为一长度为 l，横截面积为 A，密度为 ρ，截面惯性矩为 I 的等截面均质简支梁，在 $x=a$ 处作用一简谐力 $f(x,t)=f_0\sin(\omega t)$，其中 f_0 为常量。试求初始条件为零时系统的响应。

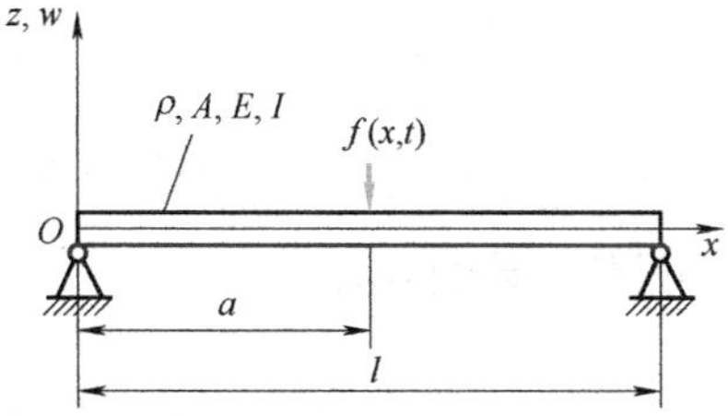

图 5-8　受定点力的简支梁

解：对于简支梁，其各阶固有圆频率与振型函数分别为

$$\omega_n=(n\pi)^2\sqrt{\frac{EI}{\rho Al^4}}\quad(n=1,2,3,\cdots)$$

$$W_n(x)=\sin\frac{n\pi x}{l}\quad(n=1,2,3,\cdots)$$

该梁受到的广义力可以表示为

$$Q_n(t)=\int_0^l f_0\sin(\omega t)\sin\frac{n\pi x}{l}\delta(x-a)\,\mathrm{d}x=f_0\sin\frac{n\pi a}{l}\sin(\omega t)\quad(n=1,2,3,\cdots)$$

式中，δ 表示狄拉克函数；f_0 为常量，表示激励幅值。

由于梁的初始条件均为 0，梁的稳态响应可以表示为

$$T_n(t)=\frac{1}{\rho Ab\omega_n}\int_0^l Q_n(\tau)\sin(\omega_n(t-\tau))\,\mathrm{d}\tau$$

$$=\frac{f_0}{\rho Ab}\frac{\sin\frac{n\pi a}{l}}{\omega_n^2-\omega^2}\left(\sin(\omega t)-\frac{\omega}{\omega_n}\sin(\omega_n t)\right)$$

式中，

$$b=\int_0^l W_n^2(x)\,\mathrm{d}x=\frac{l}{2}$$

可得梁的振动响应为

$$w(x,t)=\frac{f_0}{\rho Ab}\sum_{n=1}^{\infty}\frac{\sin\frac{n\pi a}{l}}{\omega_n^2-\omega^2}\sin\frac{n\pi x}{l}\left(\sin(\omega t)-\frac{\omega}{\omega_n}\sin(\omega_n t)\right)$$

例 5.3　在例 5.2 基础上，正弦力以等速 v 移动，即有 $a=vt$，求梁的响应。

解：梁的振型函数与固有频率均与例 5.2 相同，广义力可重新表示为

$$Q_n(t)=\int_0^l f_0\sin(\omega t)\sin\frac{n\pi x}{l}\delta(x-vt)\,\mathrm{d}x=f_0\sin\frac{n\pi vt}{l}\sin(\omega t)\quad(n=1,2,3,\cdots)$$

令 $p_n=\dfrac{n\pi v}{l}$，则广义力可以进一步表示为

$$Q_n(t)=f_0\sin(p_n t)\sin(\omega t)=\frac{f_0}{2}(\cos(p_n t-\omega t)-\cos(p_n t+\omega t))$$

因此，关于广义坐标 $T_n(t)$ 微分方程可以写为

$$\ddot{T}_n(t)+\omega_n^2T_n(t)=\frac{1}{2\rho Ab}f_0(\cos(p_n t-\omega t)-\cos(p_n t+\omega t))$$

由于此时梁的初始条件均为零，因此微分方程的解为

$$T_n(t)=\frac{f_0}{2\rho Ab}\left(\frac{1}{\omega_n^2-(p_n-\omega)^2}(\cos(p_n t-\omega t)-\cos(\omega_n t))-\frac{1}{\omega_n^2-(p_n+\omega)^2}(\cos(p_n t+\omega t)-\cos(\omega_n t))\right)$$

可得梁的振动响应为

$$w(x,t)=\frac{f_0}{\rho Al}\sum_{n=1}^{\infty}\sin\frac{n\pi x}{l}\left(\frac{1}{\omega_n^2-(p_n-\omega)^2}(\cos(p_n t-\omega t)-\cos(\omega_n t))-\right.$$
$$\left.\frac{1}{\omega_n^2-(p_n+\omega)^2}(\cos(p_n t+\omega t)-\cos(\omega_n t))\right)\quad\left(0\leqslant t\leqslant\frac{l}{v}\right)$$

例 5.4 如图 5-9 所示，长度为 l，横截面积为 A，密度为 ρ，弹性模量为 E 的简支梁，承受平行于轴线的轴向力 F_N 及分布力 $f(x,t)$ 的作用，求解梁横向振动的固有频率。假定轴向力 F_N 是常量，大小与方向均不随时间和位置发生变化。

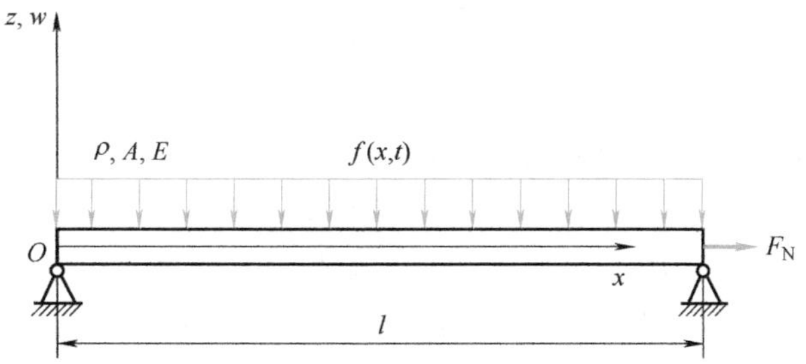

图 5-9 受轴向力与分布力的简支梁

解：与 5.2.1 节的分析类似，首先，利用牛顿第二定律列出简支梁的受力平衡方程。取该梁上长度为 dx 的微元，其受力情况如图 5-10 所示。

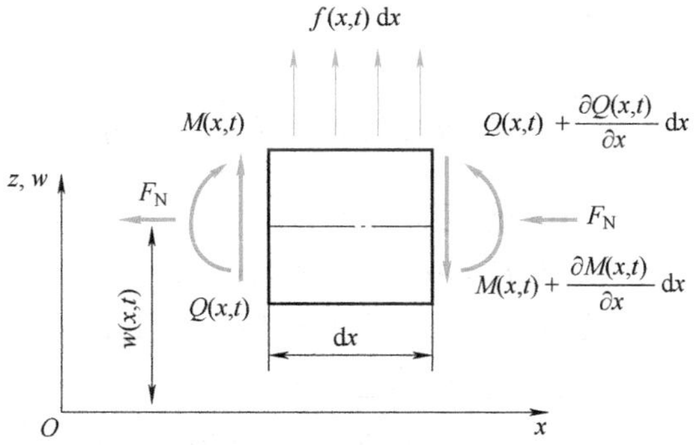

图 5-10 受轴向力与分布力的简支梁微元

梁微元段的横向受力满足

$$\rho A\mathrm{d}x\frac{\partial^2 w}{\partial t^2}=Q-\left(Q+\frac{\partial Q}{\partial x}\mathrm{d}x\right)+f(x,t)\mathrm{d}x$$

进一步可表示为

$$\rho A\frac{\partial^2 w}{\partial t^2}+\frac{\partial Q}{\partial x}=f(x,t)$$

微元段力矩平衡方程可表示为

$$\left(M+\frac{\partial M}{\partial x}\mathrm{d}x\right)-\left(Q+\frac{\partial Q}{\partial x}\mathrm{d}x\right)\mathrm{d}x-M+f(x,t)\mathrm{d}x\frac{\mathrm{d}x}{2}+F_N\frac{\partial w}{\partial x}=0$$

忽略 dx 的高阶项，上式进一步表示为

$$\frac{\partial M}{\partial x}+F_N\frac{\partial w}{\partial x}=Q$$

联立力平衡方程与力矩平衡方程，该梁的横向振动微分方程可以表示为

$$\rho A\frac{\partial^2 w}{\partial t^2}+\frac{\partial^2 M}{\partial x^2}+F_N\frac{\partial^2 w}{\partial x^2}=f(x,t) \tag{*}$$

将弯矩挠度关系式(5-5)代入微分方程中，方程可以表示为

$$EI\frac{\partial^4 w}{\partial x^4}+\rho A\frac{\partial^2 w}{\partial t^2}+F_{\mathrm{N}}\frac{\partial^2 w}{\partial x^2}=f(x,t)$$

观察可知，当轴向力 $F_{\mathrm{N}}=0$ 时，方程退化为式(5-6)所示。

应用5.2.3节的分析方法，微分方程(*)的解可以假设为

$$w(x,t)=W(x)T(t)$$

将上式代入方程(*)并对 W 与 T 进行分离，得

$$\frac{EI}{\rho A}\frac{\dfrac{\partial^4 W(x)}{\partial x^4}}{W(x)}+\frac{F_{\mathrm{N}}}{\rho A}\frac{\dfrac{\partial^2 W(x)}{\partial x^2}}{W(x)}=-\frac{\ddot{T}(t)}{T(t)}$$

记常数 ω^2，将上述方程表示为两个独立的微分方程，即

$$\frac{\mathrm{d}^4 W(x)}{\mathrm{d}x^4}-\frac{\rho A}{EI}\omega^2 W(x)-\frac{F_{\mathrm{N}}}{EI}\frac{\mathrm{d}^2 W(x)}{\mathrm{d}x^2}=0$$

$$\ddot{T}(t)+\omega^2 T(t)=0$$

令 $\alpha^2=\dfrac{N}{EI}\omega^2$，$\beta^4=\dfrac{\rho A}{EI}\omega^2$，则

$$\frac{\mathrm{d}^4 W(x)}{\mathrm{d}x^4}-\beta^4 W(x)-\alpha^2\frac{\mathrm{d}^2 W(x)}{\mathrm{d}x^2}=0$$

关于 t 的齐次常微分方程，其通解可以表示为

$$T(t)=A\cos(\omega t)+B\sin(\omega t)$$

式中，A 和 B 为常数，由梁的初始条件决定，其推导过程已在上文中详细给出，在此不再赘述。

对于关于 x 的齐次常微分方程，易知其通解为

$$W(x)=C_1\cos(bx)+C_2\sin(bx)+C_3\cosh(cx)+C_4\sinh(cx)$$

式中，

$$b=\sqrt{\left(\beta^4+\frac{\alpha^4}{4}\right)^{\frac{1}{2}}-\frac{\alpha^2}{2}},\quad c=\sqrt{\left(\beta^4+\frac{\alpha^4}{4}\right)^{\frac{1}{2}}+\frac{\alpha^2}{2}}$$

接下来，根据式(5-9)梁的简支边界条件确定固有频率 ω。考虑边界条件以及 $w(x,t)$，通解 $W(x)$ 的系数此时满足：

$$\begin{cases}C_1=C_3=0\\ C_2\sin(bl)+C_4\sinh(cl)=0\\ -C_2b^2\sin(bl)+C_4c^2\sinh(cl)=0\end{cases}$$

由于 C_2 与 C_4 存在非零解，因此其方程对应的行列式必须等于零，从而可以解得梁的频率方程为

$$\sin(bl)=0$$

将该方程的根 $b_n=n\pi/l$ 代回 b 的解析式中，经过化简，梁的固有频率可以表示为

$$\omega_n=\left(\frac{n\pi}{l}\right)^2\sqrt{\frac{EI}{\rho A}}\sqrt{1+\frac{N}{EI}\left(\frac{l}{n\pi}\right)^2}\quad(n=1,2,3,\cdots)$$

5.2.4　考虑剪切效应的梁横向振动求解

在上述梁的弯曲振动中，假设了梁的横截面尺寸相对于其长度是比较小的，即纵横比很大，从而忽略了梁的剪切变形和横截面转动的影响。对于纵横比较小(高跨比较大)的梁，应考虑剪切变形和横截面转动的影响，它们对高阶固有频率和振型有较大影响。当考虑剪切变形和横截面转动的影响时，这种梁称为铁摩辛柯(Timoshenko)梁。

铁摩辛柯梁对变形的基本假设是：梁截面在弯曲变形后仍保持平面，但未必垂直于中性轴。如图 5-11 所示，取坐标 x 处的梁微段 dx 为分离体。

由于剪切变形，梁横截面的法线不再与梁轴线重合。法线转角 θ 由轴线转角 dw/dx 和剪切角 γ 两部分合成，即

$$\theta=\frac{\partial w}{\partial x}+\gamma \tag{5-80}$$

剪切角可根据材料力学理论(剪切模量为 G)确定，即

$$\gamma=\frac{Q}{\beta^4 G} \tag{5-81}$$

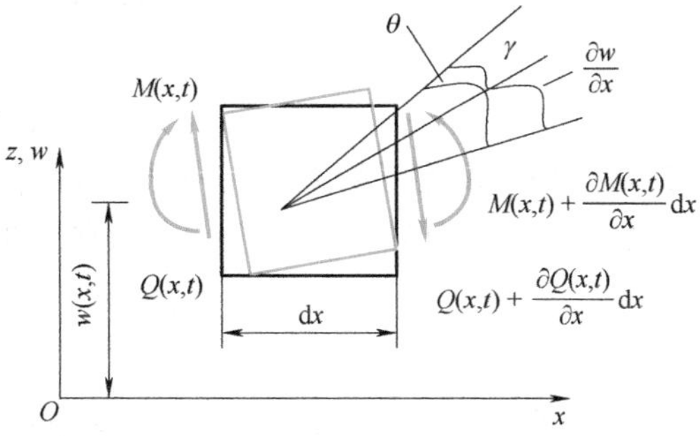

图 5-11　考虑剪切作用的梁受力微元

对于矩形截面，$\beta=5/6$；对于圆形截面，$\beta=0.9$。根据牛顿第二定律和动量矩定理，不考虑外载荷时，梁的挠度和转角满足

$$\begin{cases}\rho A\dfrac{\partial^2 w}{\partial t^2}+\dfrac{\partial}{\partial x}\left[\beta AG\left(\theta-\dfrac{\partial w}{\partial x}\right)\right]=0\\ \rho I\dfrac{\partial^2 \theta}{\partial t^2}-\dfrac{\partial}{\partial x}\left(EI\dfrac{\partial \theta}{\partial x}\right)+\beta AG\left(\theta-\dfrac{\partial w}{\partial x}\right)=0\end{cases} \tag{5-82}$$

式中，ρI 表示单位长度梁对截面惯性主轴的转动惯量。由式(5-82)消去转角 θ，得到系统振动微分方程为

$$EI\frac{\partial^4 w}{\partial x^4}+\rho A\frac{\partial^2 w}{\partial t^2}-\rho I\left(1+\frac{E}{\beta G}\right)\frac{\partial^4 w}{\partial x^2\partial t^2}+\frac{\rho^2 I}{\beta G}\frac{\partial^4 w}{\partial t^4}=0 \tag{5-83}$$

为了求解式(5-83)，需要确定铁摩辛柯梁的边界条件，可以分为以下几种情况。

1）自由端的边界条件：

$$\beta AG\left(\frac{\partial w}{\partial x}-\theta\right)=EI\frac{\partial \theta}{\partial x} \tag{5-84}$$

2）固定端的边界条件：

$$\theta=w=0 \tag{5-85}$$

3）简支端的边界条件：

$$EI\frac{\partial \theta}{\partial x}=w=0 \tag{5-86}$$

以简支梁为例，考察剪切变形与转动惯量对梁振动固有频率的影响，设梁第 n 阶固有振动为

$$w_n(x,t)=\sin\frac{n\pi x}{l}\sin(\omega_n t) \tag{5-87}$$

将上式代入式(5-83)，得到梁的频率方程为

$$\frac{\rho^2 I}{\beta G}\omega_n^4-\left[\rho A+\rho I\left(1+\frac{E}{\beta G}\right)\left(\frac{n\pi}{l}\right)^2\right]\omega_n^2+EI\left(\frac{n\pi}{l}\right)^4=0 \tag{5-88}$$

忽略高阶小项，从而有

$$\rho A\omega_n^2+\rho I\left(\frac{n\pi}{l}\right)^2\omega_n^2+\frac{\rho EI}{\beta G}\left(\frac{n\pi}{l}\right)^2\omega_n^2-EI\left(\frac{n\pi}{l}\right)^4=0 \tag{5-89}$$

对于任意给定的 n 值，式(5-89)是关于 ω_n^2 的二次方程，存在两个满足等式的解。较小的值对应梁弯曲变形的振型，较大的值对应梁剪切变形的振型。

当不计剪切变形和转动惯量的影响时，略去式(5-89)左端的第二、三项得

$$\omega_n=\left(\frac{n\pi}{l}\right)^2\sqrt{\frac{EI}{\rho A}} \tag{5-90}$$

式(5-90)即为两端铰支欧拉-伯努利梁的固有频率表达式。

当忽略剪切变形的影响，只计转动惯量的影响时，式(5-83)可以简化为

$$EI\frac{\partial^4 w}{\partial x^4}+\rho A\frac{\partial^2 w}{\partial t^2}-\rho I\frac{\partial^4 w}{\partial x^2\partial t^2}=0 \tag{5-91}$$

记 $\alpha^2=\frac{EI}{\rho A}$，$r^2=\frac{I}{A}$，则梁的频率方程可以简化为

$$\omega_n^2=\frac{\alpha^2 n^4\pi^4}{l^4\left(1+\frac{n^2\pi^2 r^2}{l^2}\right)} \tag{5-92}$$

当不计转动惯量的影响，只计剪切变形的影响时，式(5-83)可以简化为

$$EI\frac{\partial^4 w}{\partial x^4}+\rho A\frac{\partial^2 w}{\partial t^2}-\frac{E\rho I}{\beta G}\frac{\partial^4 w}{\partial x^2\partial t^2}=0 \tag{5-93}$$

因此，梁的频率方程可以简化为

$$\omega_n^2=\frac{\alpha^2 n^4\pi^4}{l^4\left(1+\frac{n^2\pi^2 r^2}{l^2}\frac{E}{\beta G}\right)} \tag{5-94}$$

5.3 薄板的横向振动

5.3.1 薄板横向振动微分方程推导

弹性薄板是指厚度比平面尺寸要小得多的弹性体，它可提供抗弯刚度。为了描述板的振动，如图 5-12 所示，在板中面上建立笛卡儿坐标系，x 轴沿板的长度方向，y 轴沿板的宽度方向，z 轴沿板的厚度方向。

设板的长度为 a，宽度为 b，厚度为 h，材料密度为 ρ，弹性模量为 E，泊松比为 μ，中面上的各点只沿 z 轴方向横向振动，运动位移为 $w(x,y,t)$。

对板横向振动的分析基于下述基尔霍夫(Kirchhoff)假设：

1）微振动时，板的挠度远小于厚度，从而中面挠曲为中性面，中面内无应变；

2）垂直于平面的法线在板弯曲变形后仍为直线，且垂直于挠曲后的中面；该假设等价于忽略横向剪切变形，即 $\gamma_{xz}=\gamma_{yz}=0$；

3）板弯曲变形时，板的厚度变化可忽略不计，即 $\varepsilon_z=0$；

4）板的惯性主要由平动的质量提供，忽略由于弯曲而产生的转动惯量。

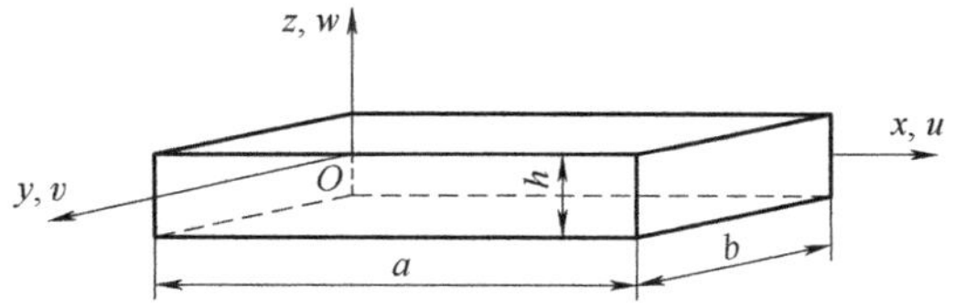

图 5-12　板的横向振动

下面根据虚功原理推导薄板振动微分方程。薄板上任意点的位移为

$$u=-z\frac{\partial w}{\partial x},\quad v=-z\frac{\partial w}{\partial y},\quad w=w \tag{5-95}$$

板的应变可以表示为位移的函数，则

$$\begin{cases}\varepsilon_x=\dfrac{\partial u}{\partial x}=-z\dfrac{\partial^2 w}{\partial x^2}\\[2ex]\varepsilon_y=\dfrac{\partial v}{\partial x}=-z\dfrac{\partial^2 w}{\partial y^2}\\[2ex]\gamma_{xy}=\dfrac{\partial u}{\partial y}+\dfrac{\partial v}{\partial x}=-2z\dfrac{\partial^2 w}{\partial x\partial y}\end{cases} \tag{5-96}$$

根据胡克定律，薄板的物理方程可以表示为

$$\begin{aligned}\begin{bmatrix}\sigma_x\\ \sigma_y\\ \tau_{xy}\end{bmatrix}&=\frac{E}{1-\mu^2}\begin{bmatrix}1&\mu&0\\ \mu&1&0\\ 0&0&\dfrac{1+\mu}{2}\end{bmatrix}\begin{bmatrix}\varepsilon_x\\ \varepsilon_y\\ \gamma_{xy}\end{bmatrix}\\&=\begin{bmatrix}-\dfrac{Ez}{1-\mu^2}\left(\dfrac{\partial^2 w}{\partial x^2}+\dfrac{\partial^2 w}{\partial y^2}\right)\\[2ex]-\dfrac{Ez}{1-\mu^2}\left(\dfrac{\partial^2 w}{\partial y^2}+\dfrac{\partial^2 w}{\partial x^2}\right)\\[2ex]-\dfrac{E}{1+\mu}\dfrac{\partial^2 w}{\partial x\partial y}\end{bmatrix}\end{aligned} \tag{5-97}$$

薄板的应变能可以表示为

$$\begin{aligned}V&=\frac{1}{2}\iint\left[\int_{-\frac{h}{2}}^{\frac{h}{2}}(\sigma_x\varepsilon_x+\sigma_y\varepsilon_y+\tau_{xy}\gamma_{xy})\mathrm{d}z\right]\mathrm{d}x\mathrm{d}y\\&=\frac{1}{2}\iint D\left[(\nabla^2 w)^2+2\mu\frac{\partial^2 w}{\partial x^2}\frac{\partial^2 w}{\partial y^2}+2(1-\mu)\left(\frac{\partial^2 w}{\partial x\partial y}\right)\right]\mathrm{d}x\mathrm{d}y\end{aligned} \tag{5-98}$$

式中，$D=\dfrac{Eh^3}{12(1-\mu^2)}$表示薄板的抗弯刚度；$\nabla=\dfrac{\partial^2}{\partial x^2}+\dfrac{\partial^2}{\partial y^2}$表示拉普拉斯算子。

薄板的动能可表示为

$$T=\frac{1}{2}\iint_S\int_{-h/2}^{h/2}\rho\dot{w}^2\mathrm{d}z\mathrm{d}x\mathrm{d}y=\frac{1}{2}\iint_S\rho h\dot{w}^2\mathrm{d}x\mathrm{d}y \tag{5-99}$$

式中，S 为积分区域，即板的中面。

考虑作用于板上的分布载荷 $q(x,y,t)$，其虚功可表示为

$$\delta W=\iint q\delta w\mathrm{d}x\mathrm{d}y \tag{5-100}$$

根据哈密顿原理，有

$$\delta\int_{t_1}^{t_2}(T-V+W)\,\mathrm{d}t=0 \tag{5-101}$$

变分计算可得

$$\int_{t_1}^{t_2}\left(\iint(D\nabla^4 w+\rho h\ddot{w}-q)\delta w\mathrm{d}x\mathrm{d}y\right)\mathrm{d}t=0 \tag{5-102}$$

式中，$\nabla^4=\dfrac{\partial^4}{\partial x^4}+2\dfrac{\partial^4}{\partial x^2\partial y^2}+\dfrac{\partial^4}{\partial y^4}$为笛卡儿坐标系中的二重拉普拉斯算子，$\theta$ 为边界线的外法线和 x 轴之间的夹角。因 δw 任意，由此可得到板的振动微分方程为

$$\rho h\ddot{w}(x,y,t)+D\nabla^4 w(x,y,t)=q \tag{5-103}$$

5.3.2 薄板横向振动的初始条件与边界条件

根据式(5-103)，薄板横向振动的初始条件定义为在时间 $t=0$ 时的薄板位移 $w_0(x,y)$ 以及速度 $\dot{w}_0(x,y)$，其表达式分别为

$$w\big|_{t=0}=w_0(x,y),\quad \left.\frac{\partial w}{\partial t}\right|_{t=0}=\dot{w}_0(x,y) \tag{5-104}$$

薄板边界条件一般分为三类，分别为固定、简支、自由，其分别满足如下关系。

1）简支边界条件满足：

$$w\big|_{x=0,a}=0,\quad \left.\frac{\partial^2 w}{\partial x^2}\right|_{x=0,a}=0 \tag{5-105}$$

$$w\big|_{y=0,b}=0,\quad \left.\frac{\partial^2 w}{\partial y^2}\right|_{y=0,b}=0 \tag{5-106}$$

2）固定边界条件满足：

$$w\big|_{x=0,a}=0,\quad \left.\frac{\partial w}{\partial x}\right|_{x=0,a}=0 \tag{5-107}$$

$$w\big|_{y=0,b}=0,\quad \left.\frac{\partial w}{\partial y}\right|_{y=0,b}=0 \tag{5-108}$$

3）自由边界条件满足：

$$\left.\frac{\partial^2 w}{\partial x^2}+\mu\frac{\partial^2 w}{\partial y^2}\right|_{x=0,a}=0,\quad \left.\frac{\partial^3 w}{\partial x^3}+(2-\mu)\frac{\partial^3 w}{\partial x\partial y^2}\right|_{x=0,a}=0 \tag{5-109}$$

$$\left.\frac{\partial^2 w}{\partial y^2}+\mu\frac{\partial^2 w}{\partial x^2}\right|_{y=0,b}=0,\quad \left.\frac{\partial^3 w}{\partial y^3}+(2-\mu)\frac{\partial^3 w}{\partial x^2\partial y}\right|_{y=0,b}=0 \tag{5-110}$$

5.3.3 薄板横向振动求解与分析

对于式(5-103)，同样先求解 $q=0$ 时的齐次情况，采用分离变量法求解。设

$$w(x,y,t)=W(x,y)H(t) \tag{5-111}$$

将上式代入式(5-103)，可得

$$\frac{\ddot{H}(t)}{H(t)}=-\frac{D}{\rho h}\frac{\nabla^4 W(x,y)}{W(x,y)}=-\omega^2 \tag{5-112}$$

式中，ω^2 为引入的中间变量。由于 W 与 H 分别表示空间与时间函数，二者相互独立。

将 $W(x,y)$ 与 $H(t)$ 分离得到两个常微分方程，为

$$\begin{cases}\nabla^4 W(x,y)-\beta^4 W(x,y)=0\\ \ddot{H}(t)+\omega^2 q(t)=0\end{cases} \tag{5-113}$$

其中，

$$\beta^4=\frac{\rho h}{D}\omega^2 \tag{5-114}$$

通过求解式(5-113)，可以得到薄板固有频率以及对应的自由振动响应。

以薄板四边简支为例，假设满足边界条件的主振型函数为

$$W(x,y)=\sin\frac{m\pi x}{a}\sin\frac{n\pi y}{b} \tag{5-115}$$

将上式代入式(5-113)，得出薄板的固有频率方程为

$$\beta_{mn}^4=\pi^4\left[\left(\frac{m}{a}\right)^2+\left(\frac{n}{b}\right)^2\right]^2\quad(m,n=1,2,3,\cdots) \tag{5-116}$$

将上式代入式(5-114)，可得到四边简支薄板固有圆频率为

$$\omega_{mn}=\pi^2\sqrt{\frac{D}{\rho h}}\left(\frac{m^2}{a^2}+\frac{n^2}{b^2}\right)\quad(m,n=1,2,3,\cdots) \tag{5-117}$$

相应的固有振型函数为

$$W_{mn}(x,y)=\sin\frac{m\pi x}{a}\sin\frac{n\pi y}{b} \tag{5-118}$$

式中，取 m 和 n 为不同整数值，即可求得对应于不同振型函数 $W(x,y)$ 的固有圆频率。

求解式(5-113)，$H(t)$ 可表示为

$$H_{mn}(t)=A_{mn}\cos(\omega_{mn}t)+B_{mn}\sin(\omega_{mn}t) \tag{5-119}$$

式中，A_{mn} 和 B_{mn} 为常数，由初始条件决定。

因此，对应振动阶数的薄板振动可以表示为

$$w_{mn}(x,y,t)=[A_{mn}\cos(\omega_{mn}t)+B_{mn}\sin(\omega_{mn}t)]\sin\frac{m\pi x}{a}\sin\frac{n\pi y}{b} \tag{5-120}$$

根据模态叠加法，薄板振动响应可以视为各阶振动的叠加，可表示为

$$w(x,y,t)=\sum_{m=1}^{\infty}\sum_{n=1}^{\infty}[A_{mn}\cos(\omega_{mn}t)+B_{mn}\sin(\omega_{mn}t)]\sin\frac{m\pi x}{a}\sin\frac{n\pi y}{b} \tag{5-121}$$

式中，A_{mn} 和 B_{mn} 为常数，由初始条件确定。

根据式(5-104)，将初始条件展开成关于振型函数的级数，即

$$w_0(x,y)=\sum_{m=1}^{\infty}\sum_{n=1}^{\infty}C_{mn}\sin\frac{m\pi x}{a}\sin\frac{n\pi y}{b} \tag{5-122}$$

$$\dot{w}_0(x,y)=\sum_{m=1}^{\infty}\sum_{n=1}^{\infty}D_{mn}\sin\frac{m\pi x}{a}\sin\frac{n\pi y}{b} \tag{5-123}$$

根据三角函数的正交性，对式(5-122)和式(5-123)等式两边同乘 $\sin\frac{m\pi x}{a}\sin\frac{n\pi y}{b}$，并对 xy 平面积分，可得

$$\begin{cases} C_{mn}=\dfrac{4}{ab}\displaystyle\int_0^a\int_0^b w_0\sin\frac{m\pi x}{a}\sin\frac{n\pi y}{b}\mathrm{d}x\mathrm{d}y \\ D_{mn}=\dfrac{4}{ab}\displaystyle\int_0^a\int_0^b \dot{w}_0\sin\frac{m\pi x}{a}\sin\frac{n\pi y}{b}\mathrm{d}x\mathrm{d}y \end{cases} \tag{5-124}$$

将式(5-104)代入式(5-121)，可得关于 A_{mn} 和 B_{mn} 的级数方程为

$$\begin{cases} w_0(x,y)=\displaystyle\sum_{m=1}^{\infty}\sum_{n=1}^{\infty}A_{mn}\sin\frac{m\pi x}{a}\sin\frac{n\pi y}{b} \\ \dot{w}_0(x,y)=\displaystyle\sum_{m=1}^{\infty}\sum_{n=1}^{\infty}B_{mn}\omega_{mn}\sin\frac{m\pi x}{a}\sin\frac{n\pi y}{b} \end{cases} \tag{5-125}$$

比较式(5-124)和式(5-125)，可得 A_{mn} 和 B_{mn} 为

$$\begin{cases} A_{mn}=C_{mn} \\ B_{mn}=\dfrac{C_{mn}}{\omega_{mn}} \end{cases} \tag{5-126}$$

将上式代入式(5-121)即可得到四边简支薄板自由振动响应。

考虑 $q\neq 0$ 时的非齐次情况时的特解，假设解的形式为

$$w(x,y,t)=\sum_{m=1}^{\infty}\sum_{n=1}^{\infty}T_{mn}(t)W_{mn}(x,y) \tag{5-127}$$

将载荷也展开成关于振型函数的级数形式，即

$$q(x,y,t)=\sum_{m=1}^{\infty}\sum_{n=1}^{\infty}F_{mn}(t)W_{mn}(x,y) \tag{5-128}$$

将式(5-127)和式(5-128)代入式(5-103)，并结合式(5-113)，通过比较 $W_{mn}(x,y)$ 的系数可得

$$\frac{\mathrm{d}^2T_{mn}}{\mathrm{d}t^2}+\omega_{mn}^2T_{mn}=\frac{F_{mn}}{\rho h} \tag{5-129}$$

式(5-129)的解可以表示为

$$\begin{aligned} T_{mn}&=A_{mn}\cos(\omega_{mn}t)+B_{mn}\sin(\omega_{mn}t)+\tau_{mn}(t) \\ &=H_{mn}(t)+\tau_{mn}(t) \end{aligned} \tag{5-130}$$

式中，$\tau_{mn}(t)$ 表示式(5-129)的特解，根据给定载荷来确定。

因此，将式(5-118)和式(5-130)代入式(5-127)，即可得到四边简支薄板的振动解为

$$\begin{aligned} w(x,y,t)&=\sum_{m=1}^{\infty}\sum_{n=1}^{\infty}T_{mn}(t)W_{mn}(x,y) \\ &=\sum_{m=1}^{\infty}\sum_{n=1}^{\infty}(H_{mn}(t)+\tau_{mn}(t))W_{mn}(x,y) \end{aligned} \tag{5-131}$$

例 5.5　如图 5-13 所示为四边简支薄板，其受到垂直于板面的载荷 $q(x,y,t)=q_0(x,y)$

$\cos(\omega t)$的作用，薄板初始处于静止状态，求薄板的振动。

解：根据四边简支薄板自由振动分析，由式(5-115)可知，可以假设其振型函数为

$$W_{mn}(x,y)=\sin\frac{m\pi x}{a}\sin\frac{n\pi y}{b}$$

因此，将载荷展开为关于振型函数的级数为

$$q(x,y,t)=q_0(x,y)\cos(\omega t)=\sum_{m=1}^{\infty}\sum_{n=1}^{\infty}C_{mn}\cos(\omega t)\sin\frac{m\pi x}{a}\sin\frac{n\pi y}{b}$$

即

$$q_0(x,y)=\sum_{m=1}^{\infty}\sum_{n=1}^{\infty}C_{mn}\sin\frac{m\pi x}{a}\sin\frac{n\pi y}{b}$$

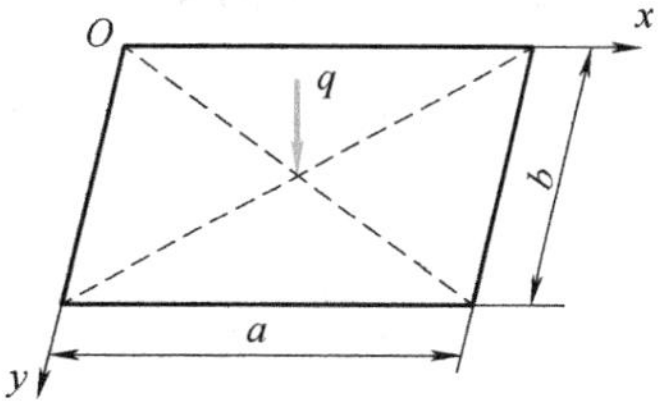

图 5-13　受垂直载荷薄板

根据三角函数的正交性，上式两边同乘 $\sin\frac{m\pi x}{a}\sin\frac{n\pi y}{b}$，并对 xy 坐标积分，可得

$$C_{mn}=\frac{4}{ab}\int_0^a\int_0^b q_0(x,y)\sin\frac{m\pi x}{a}\sin\frac{n\pi y}{b}\mathrm{d}x\mathrm{d}y$$

通过与式(5-128)及 $q(x,y,t)=\sum_{m=1}^{\infty}\sum_{n=1}^{\infty}F_{mn}(t)W_{mn}(x,y)$ 比较可得

$$F_{mn}=C_{mn}\cos(\omega t)$$

将上式代入式(5-129)，可求得特解为

$$\tau_{mn}(t)=\frac{C_{mn}\cos(\omega t)}{\rho h(\omega_{mn}^2-\omega^2)}$$

因此，结合通解 $H_{mn}(t)$，振动解可以表示为

$$w(x,y,t)=\sum_{m=1}^{\infty}\sum_{n=1}^{\infty}(A_{mn}\cos(\omega_{mn}t)+B_{mn}\sin(\omega_{mn}t)+\tau_{mn}(t))\sin\frac{m\pi x}{a}\sin\frac{n\pi y}{b}$$

接下来，通过初始条件确定 A_{mn} 和 B_{mn}。由初始条件

$$w\big|_{x,y,t=0}=0,\ \left.\frac{\partial w}{\partial t}\right|_{x,y,t=0}=0$$

将上式代入振动解中，可得

$$\begin{cases}A_{mn}=-\dfrac{C_{mn}\cos(\omega t)}{\rho h(\omega_{mn}^2-\omega^2)}\\B_{mn}=0\end{cases}$$

因此，该薄板的振动可表示为

$$w(x,y,t)=\sum_{m=1}^{\infty}\sum_{n=1}^{\infty}\left[-\frac{C_{mn}\cos(\omega t)}{\rho h(\omega_{mn}^2-\omega^2)}\cos(\omega_{mn}t)+\frac{C_{mn}\cos(\omega t)}{\rho h(\omega_{mn}^2-\omega^2)}\right]\sin\frac{m\pi x}{a}\sin\frac{n\pi y}{b}$$

5.4 本章习题

习题 5.1　如图 5-14 所示，等截面均质悬臂梁一端自由，一端有横向弹性支承，其弹簧刚度为 k。试推导频率方程。

解：取固支端作为坐标系的原点，该梁的振型函数可以假设为

$$W(x)=C_1\sin(\beta x)+C_2\cos(\beta x)+C_3\sinh(\beta x)+C_4\cosh(\beta x)$$

右端弹簧不提供扭转刚度，因此在 $x=l$ 处，梁的弯矩也为 0。给出边界条件为

$$\begin{cases} w(x,t)\big|_{x=0}=0, EI\dfrac{\partial^2 w(x,t)}{\partial x^2}\bigg|_{x=0}=0 \\ EI\dfrac{\partial^3 w(x,t)}{\partial x^3}\bigg|_{x=l}=kw(x,t)\big|_{x=l} \\ \dfrac{\partial^2 w(x,t)}{\partial x^2}\bigg|_{x=l}=0 \end{cases}$$

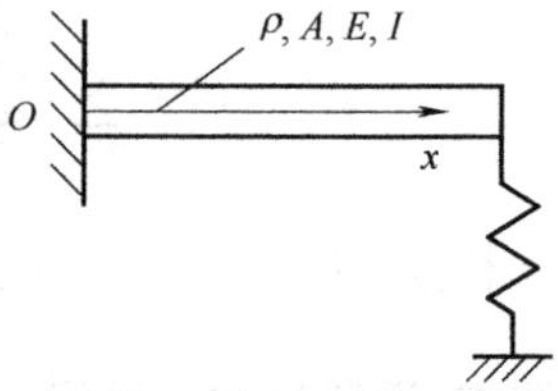

图 5-14　习题 5.1 图

将振型函数代入边界条件可得

$$\begin{cases} C_1+C_3=0 \\ C_2+C_4=0 \\ (\sinh(\beta l)+\sin(\beta l))C_3+(\cosh(\beta l)+\cos(\beta l))C_4=0 \\ (EI\beta^3(\cosh(\beta l)+\cos(\beta l))-k(\sinh(\beta l)-\sin(\beta l)))C_3+(EI\beta^3(\sinh(\beta l)-\cos(\beta l))- \\ k(\cosh(\beta l)-\cos(\beta l)))C_4=0 \end{cases}$$

化简后，梁的频率方程可表示为

$$-\frac{k}{EI}=\beta^3\frac{1+\cosh(\beta l)\cos(\beta l)}{\cosh(\beta l)\sin(\beta l)-\sinh(\beta l)\cos(\beta l)}$$

习题 5.2　如图 5-15 所示，在悬臂梁的自由端附加一集中质量 M。试求其频率方程。

解：取固定端作为坐标系的原点，假设附加质量可以视为质点，该梁的振型函数可以假设为

$$W(x)=C_1\sin(\beta x)+C_2\cos(\beta x)+C_3\sinh(\beta x)+C_4\cosh(\beta x)$$

在 $x=l$ 处，梁的弯矩为 0。给出边界条件为

$$\begin{cases} w(x,t)\big|_{x=0}=0, EI\dfrac{\partial^2 w(x,t)}{\partial x^2}\bigg|_{x=0}=0 \\ EI\dfrac{\partial^3 w(x,t)}{\partial x^3}\bigg|_{x=l}=M\dfrac{\partial^2 w(x,t)}{\partial t^2}\bigg|_{x=l} \\ \dfrac{\partial^2 w(x,t)}{\partial x^2}\bigg|_{x=l}=0 \end{cases}$$

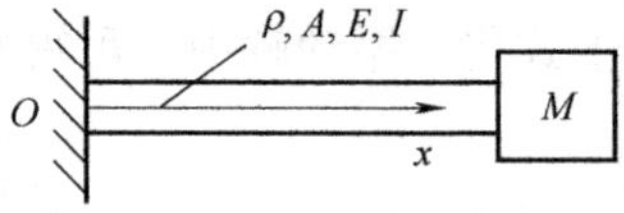

图 5-15　习题 5.2 图

边界条件有振型函数表示为

$$W(x)\big|_{x=0}=0,\quad \frac{d^2W(x)}{dx^2}\bigg|_{x=0}=0$$

$$EI\frac{d^3W(x)}{dx^3}\bigg|_{x=l}=-M\omega^2W(x)\big|_{x=l},\ \frac{d^2W(x)}{dx^2}\bigg|_{x=l}=0$$

将假设的振型函数代入上式，可得梁的频率方程为

$$\frac{M\omega^2}{EI}=\beta^3\frac{1+\cosh(\beta l)\cos(\beta l)}{\cosh(\beta l)\sin(\beta l)-\sinh(\beta l)\cos(\beta l)}$$

习题 5.3　对边简支矩形薄板厚 h，材料密度为 ρ，弹性模量为 E，泊松比为 μ，x 轴方向长为 a，y 轴方向宽为 b 薄板的抗弯刚度为 D，如图 5-16 所示。试求薄板固有振动频率方程。

解：假设对边简支矩形板的振型函数为

$$W(x,y)=\sin\frac{m\pi x}{a}Y(y)$$

将上式代入关于振型函数的常微分方程中，可得

$$\frac{d^4Y}{dy^4}-\frac{2m^2\pi^2}{a^2}\frac{d^2Y}{dy^2}+\left(\frac{m^4\pi^4}{a^4}-\beta^4\right)Y=0$$

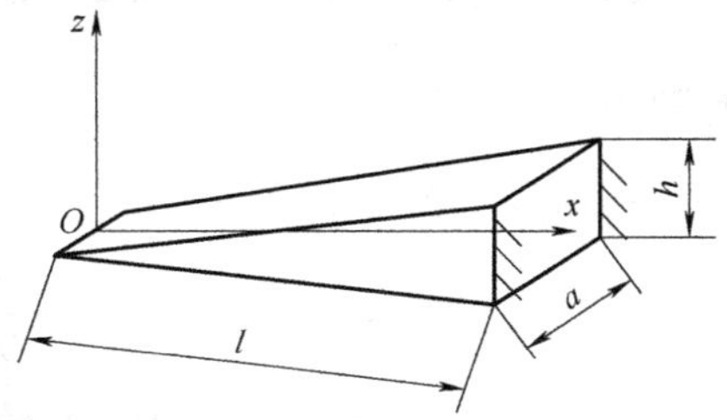

图 5-16　习题 5.3 图

该常微分方程的特征方程为

$$r^4-\frac{2m^2\pi^2}{a^2}r^2+\frac{m^4\pi^4}{a^4}-\beta^4=0$$

求解可得该方程的 4 个特征根为

$$\begin{cases}r_{1,2}=\pm\sqrt{\beta^2+\dfrac{m^2\pi^2}{a^2}}\\ r_{3,4}=\pm i\sqrt{\beta^2-\dfrac{m^2\pi^2}{a^2}}\end{cases}$$

1）当 $\beta^2>\dfrac{m^2\pi^2}{a^2}$ 时，有

$$\alpha=\sqrt{\omega\sqrt{\frac{D}{\rho h}}+\frac{m^2\pi^2}{a^2}},\ \gamma=\sqrt{\omega\sqrt{\frac{D}{\rho h}}-\frac{m^2\pi^2}{a^2}}$$

故方程特征根表示为 $\pm\alpha$，$\pm\gamma$，振型函数的通解可以表示为

$$W(x,y)=[C_1\cosh(\alpha y)+C_2\sinh(\alpha y)+C_3\cos(\gamma y)+C_4\sin(\gamma y)]\sin\frac{m\pi x}{a}$$

系数 C_1，C_2，C_3，C_4 由 y 方向的边界条件决定，即

$$w\big|_{y=0,b}=0,\ \frac{\partial^2w}{\partial y^2}\bigg|_{y=0,b}=0$$

将边界条件代入振型函数可得

$$\begin{cases}C_1+C_3=0\\ \alpha^2C_1-\gamma^2C_3=0\\ C_1\cosh(\alpha b)+C_2\sinh(\alpha b)+C_3\cos(\gamma b)+C_4\sin(\gamma b)=0\\ \alpha C_1\sinh(\alpha b)+\alpha C_2\cosh(\alpha b)-\gamma C_3\sin(\gamma b)+\gamma C_4\cos(\gamma b)=0\end{cases}$$

要使得系数 C_1, C_2, C_3, C_4 存在非零解，即使行列式为零，即

$$\begin{vmatrix} 1 & 0 & 1 & 0 \\ \alpha^2 & 0 & -\gamma^2 & 0 \\ \cosh(\alpha b) & \sinh(\alpha b) & \cos(\gamma b) & \sin(\gamma b) \\ \alpha\sinh(\alpha b) & \alpha\cosh(\alpha b) & -\gamma\sin(\gamma b) & \gamma\cos(\gamma b) \end{vmatrix} = 0$$

求解可得

$$\gamma\tanh(\alpha b) - \alpha\tan(\alpha b) = 0$$

将 $\alpha = \sqrt{\omega\sqrt{\dfrac{D}{\rho h}} + \dfrac{m^2\pi^2}{a^2}}$，$\gamma = \sqrt{\omega\sqrt{\dfrac{D}{\rho h}} - \dfrac{m^2\pi^2}{a^2}}$ 代入上式，并取 $m = 1, 2, 3, \cdots$，薄板的固有频率可以解得。

2）当 $\beta^2 < \dfrac{m^2\pi^2}{a^2}$ 时，有

$$\alpha = \sqrt{\omega\sqrt{\frac{D}{\rho h}} + \frac{m^2\pi^2}{a^2}}, \quad \gamma = \sqrt{\frac{m^2\pi^2}{a^2} - \omega\sqrt{\frac{D}{\rho h}}}$$

故方程特征根表示为 $\pm\alpha$，$\pm\gamma$，振型函数的通解可以表示为

$$W(x, y) = (C_1\cosh(\alpha y) + C_2\sinh(\alpha y) + C_3\cos(\gamma y) + C_4\sin(\gamma y))\sin\frac{m\pi x}{a}$$

系数 C_1, C_2, C_3, C_4 由 y 轴方向的边界条件决定。与上述过程类似，在此不再赘述。

第 6 章 振动控制

6.1 引言

本书前几章从单自由度系统、多自由度系统、连续体系统三个方面相继介绍了振动力学的基本知识与常用的分析方法，本章将基于这些振动理论介绍常用的振动控制方法。振动控制的方法主要有以下几种：

1）从源头上消除或减弱振源；

2）从振动传递路径上隔离振源与受控对象，称为隔振；

3）在受控对象上附加子系统吸收或消耗振动能量，称为吸振或阻振。

按是否有能源区分，振动控制可分为无源控制与有源控制，前者称为被动控制，后者称为主动控制。对于被动控制技术，本章主要介绍被动隔振与被动吸振。对于主动控制技术，本章主要从控制算法设计的角度出发，介绍反馈最优控制器设计方法与前馈自适应控制器设计方法。

本章主要内容如图 6-1 所示。在无源振动控制方面，介绍了被动隔振与被动吸振两种控制方法。推导被动隔振振动传递率表达式，进行了隔振特性分析。被动吸振方法分为无阻尼动力吸振器与有阻尼动力吸振器，通过分析稳态响应振幅，总结得到被动吸振设计标准。在有源振动控制方面，介绍了反馈最优控制，包括状态调节器、输出调节器与状态跟踪器三种情况，给出了反馈控制器设计方法。针对线谱振动控制，介绍了以 FxLMS 算法为代表的自适应前馈振动控制方法，通过仿真实例讨论了控制特性。

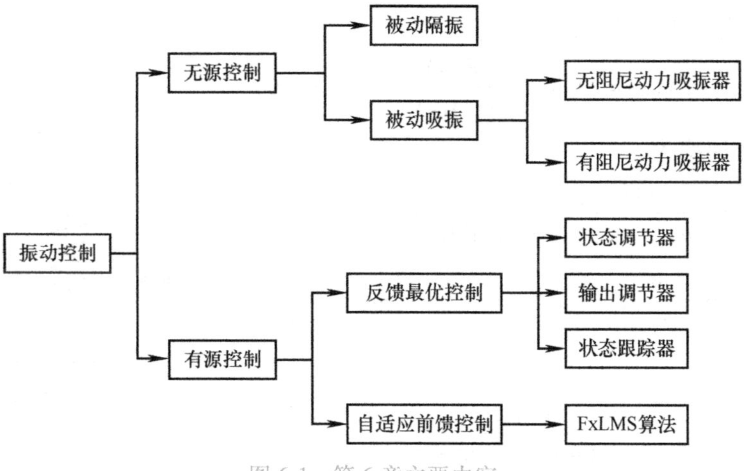

图 6-1　第 6 章主要内容

6.2 被动隔振

被动隔振是指利用具有一定弹性和阻尼的机械元件(隔振器)来隔断或减小振源与隔振对象之间的振动能量传递。根据隔振目的的不同，一般可分为两种不同形式的隔振：积极隔振与消极隔振。积极隔振是为了减少振源对周围环境的影响，用隔振器将其与基础隔离开来，以减小传递至基础的振动；消极隔振是为了保护设备不受来自基础振动的影响，用隔振器将其与基础隔离开来，以减小基础传递至它的振动。隔振器的隔振效果通常采用振动传递率表示。

对于积极隔振，振动传递率定义为传递至基础上的力振幅与振源激励力振幅之比；对于消极隔振，振动传递率定义为传递至隔振对象上的振动响应幅值与基础激励幅值之比。下面以单自由度系统为例，分别推导这两类隔振系统的振动传递率并分析其被动隔振特性。

6.2.1 振动传递率

1. 积极隔振

对于图 6-2 所示的单自由度积极隔振系统，振源设备质量为 m，隔振器由弹簧 k 与阻尼器 c 构成。假定振源设备运行时会产生一个简谐力 $f=f_0\sin(\omega t)$，按照动力学定律，写出系统的运动微分方程为

$$m\ddot{x}+c\dot{x}+kx=f_0\sin(\omega t) \tag{6-1}$$

假设初值为零，对上式作拉普拉斯变换得

$$ms^2X(s)+csX(s)+kX(s)=F(s) \tag{6-2}$$

其中，$F(s)$表示$f_0\sin(\omega t)$的拉普拉斯变换，$|F(s)|=f_0$。对上式化简可得

$$X(s)=\frac{F(s)}{ms^2+cs+k} \tag{6-3}$$

传递至基座上的力为

$$f_{\mathrm{d}}=-c\dot{x}-kx \tag{6-4}$$

做拉普拉斯变换得

$$F_{\mathrm{d}}(s)=-csX(s)-kX(s)=-(cs+k)X(s) \tag{6-5}$$

将式(6-3)代入式(6-5)得

$$F_{\mathrm{d}}(s)=-(cs+k)X(s)=-(cs+k)\frac{F(s)}{ms^2+cs+k} \tag{6-6}$$

因此，力传递率为

$$T_f=\frac{|F_{\mathrm{d}}(s)|}{|F(s)|}=\left|\frac{cs+k}{ms^2+cs+k}\right|=\left|\frac{c\omega\mathrm{j}+k}{k-m\omega^2+c\omega\mathrm{j}}\right| \tag{6-7}$$

引入频率比 $\sigma=\dfrac{\omega}{\omega_n}$ 与阻尼比 $\zeta=\dfrac{c}{2\sqrt{km}}\left(\omega_n=\sqrt{\dfrac{k}{m}}\right)$，则上式可以化简为

$$T_f=\frac{|F_{\mathrm{d}}|}{|f|}=\sqrt{\frac{1+(2\zeta\sigma)^2}{(1-\sigma^2)^2+(2\zeta\sigma)^2}} \tag{6-8}$$

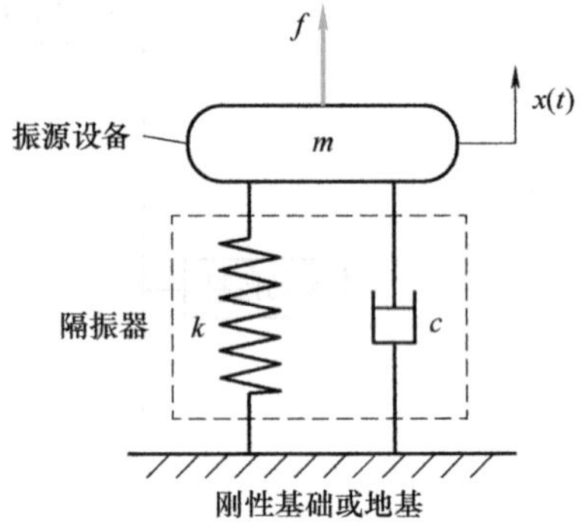

图 6-2 单自由度积极隔振系统

2. 消极隔振

对于图 6-3 所示的单自由度消极隔振系统，需防振设备质量为 m，隔振器由弹簧 k 与阻尼器 c 构成。假设刚性基础或地基做简谐运动 $z(t)=Z_0\sin(\omega t)$，按照动力学定律，系统的运动微分方程为

$$m\ddot{x}+c\dot{x}+kx=c\dot{z}+kz \tag{6-9}$$

假设初值为零，对上式做拉普拉斯变换得

$$ms^2X(s)+csX(s)+kX(s)=csZ(s)+kZ(s) \tag{6-10}$$

整理化简可得

$$(ms^2+cs+k)X(s)=(cs+k)Z(s) \tag{6-11}$$

因此，位移传递率为

$$T_d=\left|\frac{X(s)}{Z(s)}\right|=\left|\frac{cs+k}{ms^2+cs+k}\right|=\left|\frac{c\omega \mathrm{j}+k}{k-m\omega^2+c\omega \mathrm{j}}\right|=\sqrt{\frac{1+(2\zeta\sigma)^2}{(1-\sigma^2)^2+(2\zeta\sigma)^2}} \tag{6-12}$$

其中，频率比 $\sigma=\dfrac{\omega}{\omega_n}$ 与阻尼比 $\zeta=\dfrac{c}{2\sqrt{km}}\left(\omega_n=\sqrt{\dfrac{k}{m}}\right)$。

式(6-12)与式(6-8)完全相同。由此可见，无论是积极隔振还是消极隔振，虽然其目的不同，但是二者的力传递率与位移传递率计算公式相同，都是在设备和基础之间安放隔振器作为隔振手段，使力传递率与位移传递率小于 1，以达到隔振目的。基于拉普拉斯变换性质，注意式(6-12)也可表示振源设备的稳态加速度幅值与基础的稳态加速度幅值之比。

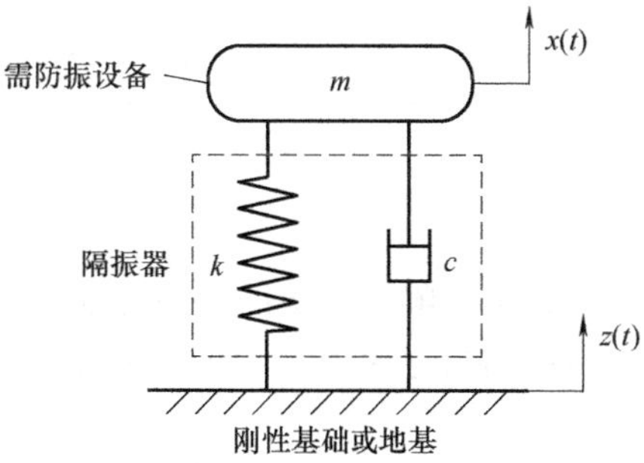

图 6-3　单自由度消极隔振系统

例 6.1　如图 6-4 所示，有一总质量为 250kg 的电动机与鼓风机分别支承在刚度为 600N/cm 和 800N/cm 的钢弹簧上。电动机转速为 1800r/min，电动机到鼓风机的传动比为 1 : 1.5。因转动不平衡，由电动机和鼓风机偏心质量产生的干扰力分别为 800N 和 1500N，设系统阻尼 c 为 0.005，求传到基础的力的大小和系统的隔振效率(仅考虑纵向振动方式)。

解：系统总质量为

$$M=M_1+M_2=250\text{kg}$$

总刚度为

$$K=K_1+K_2=(600+800)\text{N/cm}=0.14\times10^6\text{N/m}$$

因此，固有频率为

$$f_0=\frac{1}{2\pi}\sqrt{\frac{K}{M}}=\frac{1}{2\pi}\sqrt{\frac{0.14\times10^6}{250}}\text{Hz}=3.8\text{Hz}$$

定义频率比为

$$\sigma=\frac{f}{f_0}$$

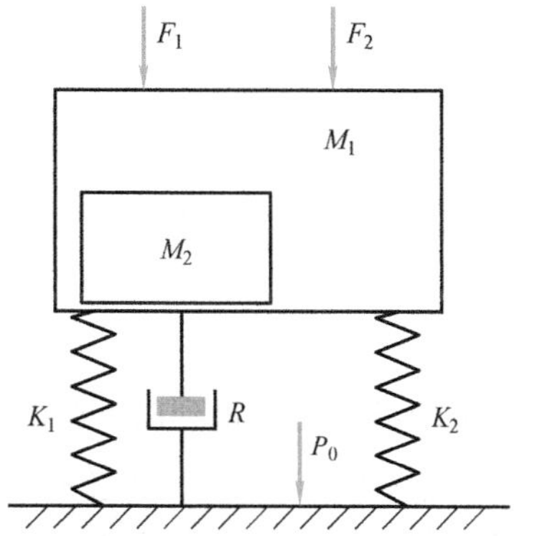

图 6-4　电动机与鼓风机简化动力学模型

阻尼可忽略，则

$$\zeta=\frac{c}{2\sqrt{KM}}=\frac{0.005}{2\sqrt{0.14\times10^6\times250}}\approx0$$

对两个扰动频率，$f_1=1800\text{r/min}=30\text{Hz}$，$f_2=1.5f_1=45\text{Hz}$，频率比分别为

$$\sigma_1=\frac{f_1}{f_0}=7.89,\sigma_2=\frac{f_2}{f_0}=11.84$$

根据式(6-8)计算力传递率为

$$T_{f_1}=\sqrt{\frac{1+(2\zeta\sigma_1)^2}{(1-\sigma_1^2)^2+(2\zeta\sigma_1)^2}}=\sqrt{\frac{1}{(1-7.89^2)^2}}=0.0163$$

$$T_{f_2}=\sqrt{\frac{1+(2\zeta\sigma_2)^2}{(1-\sigma_2^2)^2+(2\zeta\sigma_2)^2}}=\sqrt{\frac{1}{(1-11.84^2)^2}}=0.0072$$

因此，传递到基础的力为

$$P_0=T_{f_1}F_1+T_{f_2}F_2=(0.0163\times800+0.0072\times1500)\text{N}=23.8\text{N}$$

可得隔振效率为

$$\eta_1=1-T_{f_1}=98.4\%,\quad \eta_2=1-T_{f_2}=99.3\%$$

6.2.2 被动隔振特性

单自由度隔振系统的隔振特性可由力传递率或位移传递率随系统参数的变化规律看出。对于不同的阻尼比ζ、力传递率T_s或位移传递率T_d随频率比σ的变化曲线如图6-5所示。

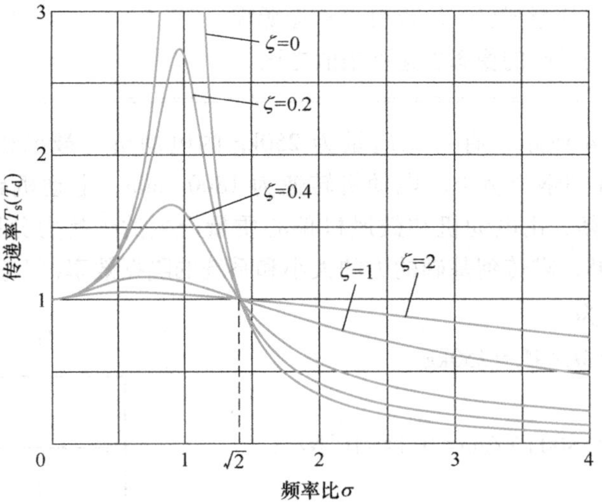

图6-5 单自由度隔振系统特性曲线

由图6-5中可以得到以下结论：

1）当频率比$\sigma>\sqrt{2}$，传递率<1时，具有隔振效果，这就是隔振区。一般来说，被动隔振只在高频有效。随着频率率比σ的增加，传递率降低，隔振效果变好，在工程应用中一

般取 $\sigma=2.5\sim5$。

2）在频率比 $\sigma<\sqrt{2}$ 的区域内，传递率>1，不但没有隔振效果，隔振器反而会把振动放大。尤其当 $\sigma=1$ 时，将发生共振现象。对于一个无阻尼系统，共振时的位移传递率将趋于无穷大。因此，在隔振器内应该有适当的阻尼以降低共振振幅。

3）当频率比 $\sigma>\sqrt{2}$ 时，减小阻尼比 ζ 会增加隔振效果，但是小阻尼比对应的共振区振动显著放大。因此，对于被动隔振而言，隔振器阻尼的选择需要权衡隔振区与共振区的要求，给出一个折中的数值。

从隔振系统共振频率来看，在振动扰动频率（对振动系统施加的外部扰动或激励的频率）远大于整个系统共振频率时，力传递率小于1。此时，系统才有隔振作用。从图6-5可以看出，振动扰动频率比整个系统共振频率越大，则力传递率越小，隔振效果越好。这就是隔振的基本原理，即通过加入弹性元件（减小系统刚度）或增大系统质量来降低系统的共振频率，使其远小于振动扰动频率，从而降低力传递率。对消极隔振系统，则是降低其位移传递率。

从隔振系统阻尼来看，当振动扰动频率远小于整个系统共振频率时，阻尼的作用不明显。当振动扰动频率在系统共振频率附近时，增大阻尼能有效地防止共振现象，防止隔振系统放大扰动力的传递。例如阻尼比为1时，基本上能避免扰动力传递的放大现象。但当扰动频率大于系统共振频率时，即在有效的隔振频段，阻尼起着减小隔振效果的作用，即当扰动频率和系统共振频率的比值固定时，阻尼越大，力传递比越大，隔振效果越差。对消极隔振系统，位移传递率存在相同的规律。

6.2.3 双层隔振系统

潜艇在海洋深处执行任务时，面临着各种复杂的振动和噪声环境。为了保证潜艇的隐蔽性和安全性，浮筏隔振系统成为关键技术之一。潜艇上的浮筏隔振系统采用双层隔振设计，能够有效隔离和减弱来自船体和外部环境的振动和噪声。这种设计不仅提高了潜艇的隐蔽性能，减少了被敌方探测到的风险，还显著提升了艇内的工作环境和舒适度。双层隔振系统通过两层独立的隔振装置协同工作，实现了振动的多级衰减。第一层隔振装置主要用于减弱高频振动，而第二层隔振装置则针对低频振动进行进一步的控制。这种结构的优势在于能够更全面、更有效地隔离各种频率的振动，从而确保潜艇在复杂海况下仍能保持平稳运行。

双层隔振系统是指将设备和基础之间的简单弹性元件换成一个弹性系统，例如一个“弹簧—质量—弹簧”系统，通过设计该弹性系统中的各元件的量，使隔振系统的振动传递率正比于 $1/\sigma^4$（单层弹簧阻尼隔振系统的振动传递率正比于 $1/\sigma^2$）。

对于图6-6所示的双层积极隔振系统，振源设备质量为 m_2，引入刚度器件 k_1 和 k_2、阻尼器件 c_1 和 c_2，以及中间质量块 m_1 来减少振源设备产生的扰动力向刚性基础或地基的传递。假定振源设备运行时会产生一个简谐力 $f=f_0\sin(\omega t)$，按照动力学定律，系统的运动微分方程为

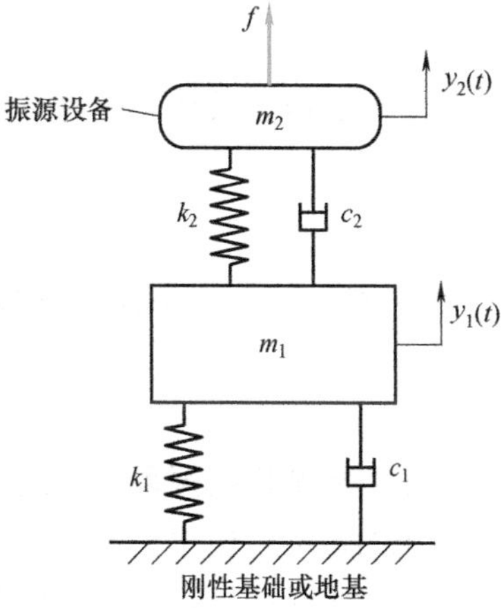

图6-6 双层积极隔振系统

$$m_1\ddot{y}_1+c_1\dot{y}_1+c_2(\dot{y}_1-\dot{y}_2)+k_1y_1+k_2(y_1-y_2)=0 \tag{6-13}$$

$$m_2\ddot{y}_2+c_2(\dot{y}_2-\dot{y}_1)+k_2(y_2-y_1)=f_0\sin(\omega t) \tag{6-14}$$

假设初值均为零，对以上两式做拉普拉斯变换并合并化简，可得

$$(m_1s^2+c_1s+c_2s+k_1+k_2)Y_1(s)-(c_2s+k_2)Y_2(s)=0 \tag{6-15}$$

$$(m_2s^2+c_2s+c_2)Y_2(s)-(c_2s+c_2)Y_1(s)=F(s) \tag{6-16}$$

其中，$F(s)$为$f_0\sin(\omega t)$的拉普拉斯变换，$|F(s)|=f_0$。因此，令$s=\mathrm{j}\omega$可求得

$$Y_1(\mathrm{j}\omega)=\frac{(k_2+\mathrm{j}\omega c_2)F(\mathrm{j}\omega)}{(k_1+k_2-\omega^2m_1+\mathrm{j}\omega c_1+\mathrm{j}\omega c_2)(k_2-\omega^2m_2+\mathrm{j}\omega c_2)-(k_2+\mathrm{j}\omega c_2)^2} \tag{6-17}$$

传递至基础上的力的大小为

$$f_\mathrm{d}=c_1\dot{y}_1+k_1y_1 \tag{6-18}$$

对上式做拉普拉斯变换，并令$s=\mathrm{j}\omega$，得

$$F_\mathrm{d}(\mathrm{j}\omega)=(k_1+\mathrm{j}\omega c_1)Y_1(\mathrm{j}\omega) \tag{6-19}$$

与上一节内容类似，该双层积极隔振系统的力传递率定义为

$$T_f=\frac{|F_\mathrm{d}(\mathrm{j}\omega)|}{|F(\mathrm{j}\omega)|} \tag{6-20}$$

将式(6-17)与式(6-19)代入式(6-20)，得到双层积极隔振系统的力传递率为

$$T_f=\frac{|(k_1+\mathrm{j}\omega c_1)(k_2+\mathrm{j}\omega c_2)|}{|(k_1+k_2-\omega^2m_1+\mathrm{j}\omega c_1+\mathrm{j}\omega c_2)(k_2-\omega^2m_2+\mathrm{j}\omega c_2)-(k_2+\mathrm{j}\omega c_2)^2|} \tag{6-21}$$

对于不同参数的双层隔振系统，可根据上述力传递率公式(6-21)进行隔振性能的分析研究。为方便研究，本书中假设$c_1\approx0$，$c_2\approx0$，则式(6-21)可简化为

$$T_f=\frac{|k_1k_2|}{|(k_1+k_2-\omega^2m_1)(k_2-\omega^2m_2)-k_2^2|} \tag{6-22}$$

令$\omega_1=\sqrt{\dfrac{k_1}{m_1}}$，$\omega_2=\sqrt{\dfrac{k_2}{m_2}}$，$\mu=\dfrac{m_1}{m_2}$，则

$$T_f=\frac{|\mu\omega_1^2\omega_2^2|}{|(\mu\omega_1^2+\omega_2^2-\mu\omega^2)(\omega_2^2-\omega^2)-\omega_2^4|} \tag{6-23}$$

假定通过隔振设计，使得$\omega\gg\omega_1$，$\omega\gg\omega_2$，则式(6-23)变为

$$T_f=\frac{\omega_1^2\omega_2^2}{\omega^4} \tag{6-24}$$

令$\omega_1=\alpha_1\omega_0$，$\omega_2=\alpha_2\omega_0$，$\sigma=\omega/\omega_0$($\omega_0$为任意定义的参考频率)，则

$$T_f=\frac{\alpha_1\alpha_2}{\sigma^4} \tag{6-25}$$

对于双层消极隔振系统，式(6-25)同样适用。在进行一系列简化分析后，可以发现双层隔振系统的振动传递率正比于$1/\sigma^4$，激励频率越高，隔振效果越好。与单层隔振系统相比，在同样的激励频率下，双层隔振系统的振动传递率更小。双层隔振系统在高频时可以达到比单层隔振系统更好的隔振效果。

6.3 被动吸振

当机器设备主系统受到激励而产生振动时，可以在主系统中引入一个附加的振动系统(一般由附加质量、弹性元件和阻尼元件构成)，当主系统振动时会引起附加系统的振动，并对主系统产生反向作用力，该反向作用力改变主系统的振动传递规律，使得主系统的振动能量被吸收。这种振动控制技术叫作动力吸振技术，所附加的辅助系统叫作动力吸振器。

仅由附加质量和弹性元件组成的附加系统，称为无阻尼动力吸振器；由附加质量、弹性元件和阻尼元件三者构成的附加系统则称为有阻尼动力吸振器。各种减振器有不同的特性，适用于不同的情况。本节主要讨论无阻尼和有阻尼动力吸振器的基本原理及抑振性能。

6.3.1 无阻尼动力吸振器

如图 6-7 所示为一个原有振动主系统中安装了无阻尼动力吸振器的无阻尼动力吸振器系统动力学模型。其中，由质量 m_1 和弹簧 k_1 组成的系统，称为主系统；由质量 m_2 和弹簧 k_2 组成的附加系统，称为无阻尼动力吸振器。主系统受到的激振力为 $f=f_0\sin(\omega t)$。显然，这是两自由度的无阻尼受迫振动系统。现建立该系统的运动微分方程：

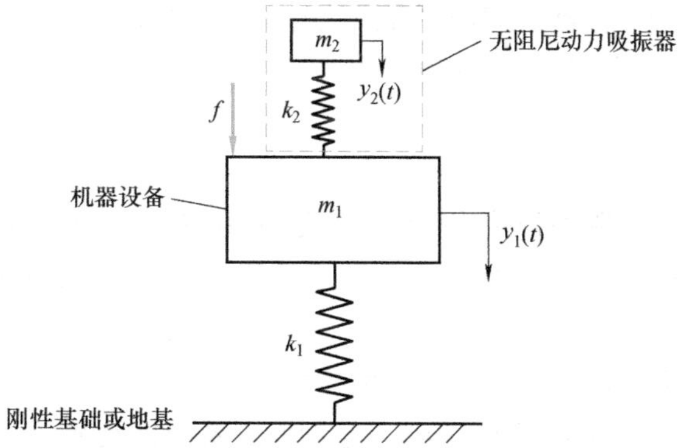

图 6-7　无阻尼动力吸振器系统动力学模型

$$m_1\ddot{y}_1+k_1y_1+k_2(y_1-y_2)=f_0\sin(\omega t) \quad (6\text{-}26)$$

$$m_2\ddot{y}_2+k_2(y_2-y_1)=0 \quad (6\text{-}27)$$

采用拉普拉斯变换求解该系统的运动微分方程，设初值均为零，对式(6-26)和式(6-27)做拉普拉斯变换得

$$m_1s^2Y_1(s)+k_1Y_1(s)+k_2[Y_1(s)-Y_2(s)]=F(s) \quad (6\text{-}28)$$

$$m_2s^2Y_2(s)+k_2[Y_2(s)-Y_1(s)]=0 \quad (6\text{-}29)$$

其中，$F(s)$为$f_0\sin(\omega t)$的拉普拉斯变换，$|F(s)|=f_0$。因此，可得到 $Y_1(s)$与 $Y_2(s)$的解为

$$Y_1(s)=\frac{(m_2s^2+k_2)F(s)}{(m_2s^2+k_2)(m_1s^2+k_1+k_2)-k_2^2} \quad (6\text{-}30)$$

$$Y_2(s)=\frac{k_2F(s)}{(m_2s^2+k_2)(m_1s^2+k_1+k_2)-k_2^2} \quad (6\text{-}31)$$

设机器设备主质量和吸振器附加质量的稳态响应振幅分别为 A_1、A_2，则

$$A_1=|Y_1(s)|=\frac{(k_2-m_2\omega^2)f_0}{(k_2-m_2\omega^2)(k_1+k_2-m_1\omega^2)-k_2^2} \quad (6\text{-}32)$$

$$A_2=|Y_2(s)|=\frac{k_2f_0}{(k_2-m_2\omega^2)(k_1+k_2-m_1\omega^2)-k_2^2} \quad (6\text{-}33)$$

定义

$$\delta_{st}=\frac{f_0}{k_1},\ \sigma_1=\frac{\omega}{\omega_1},\ \sigma_2=\frac{\omega}{\omega_2},\ \mu=\frac{m_2}{m_1},\ \alpha=\frac{k_2}{k_1},\ \lambda=\frac{\omega_2}{\omega_1}$$

式中，$\omega_1=\sqrt{\dfrac{k_1}{m_1}}$；$\omega_2=\sqrt{\dfrac{k_2}{m_2}}$；$\delta_{st}$为原主系统在与激励力振幅$f_0$相同的静力作用下产生的静变形；$\sigma_1$为激励频率与原主系统固有频率之比；$\sigma_2$为激励频率与附加动力吸振器的固有频率之比；$\mu$为动力吸振器附加质量与原主系统质量之比；$\alpha$为附加动力吸振器刚度与原主系统刚度之比；$\lambda$为附加动力吸振器固有频率与原主系统固有频率之比。则根据式(6-32)与式(6-33)，主质量和附加质量的相对振幅为

$$\frac{A_1}{\delta_{st}}=\frac{1-\sigma_2^2}{(1+\alpha-\sigma_1^2)(1-\sigma_2^2)-\alpha}=\frac{\lambda^2-\sigma_1^2}{(1-\sigma_1^2)(\lambda^2-\sigma_1^2)-\mu\lambda^2\sigma_1^2} \tag{6-34}$$

$$\frac{A_2}{\delta_{st}}=\frac{1}{(1+\alpha-\sigma_1^2)(1-\sigma_2^2)-\alpha}=\frac{\lambda^2}{(1-\sigma_1^2)(\lambda^2-\sigma_1^2)-\mu\lambda^2\sigma_1^2} \tag{6-35}$$

从式(6-34)可以看出，当$\sigma_2=1(\omega=\omega_2)$时，$A_1=0$，即原主系统的振幅等于零，这便是动力吸振器的抑振原理。此时，原主系统质量处于静止状态，由式(6-35)可得附加质量在该频率下的最大振幅为

$$A_2=-\frac{\delta_{st}}{\alpha}=-\frac{f_0}{k_2} \tag{6-36}$$

这说明附加弹簧产生的力与激振力($k_2A_2=-f_0$)等值反向，两者相互抵消，使得原主系统的振幅A_1减小为零。动力吸振器的参数可以由式(6-36)求出，即

$$k_2A_2=m_2\omega^2A_2=-f_0 \tag{6-37}$$

因此，k_2和m_2的值是由A_2的允许值决定的。

设$\mu=1/20$，$\lambda=1$，绘制原主系统振动幅值A_1/δ_{st}随激励频率与原主系统固有频率之比σ_1的变化曲线如图6-8所示。

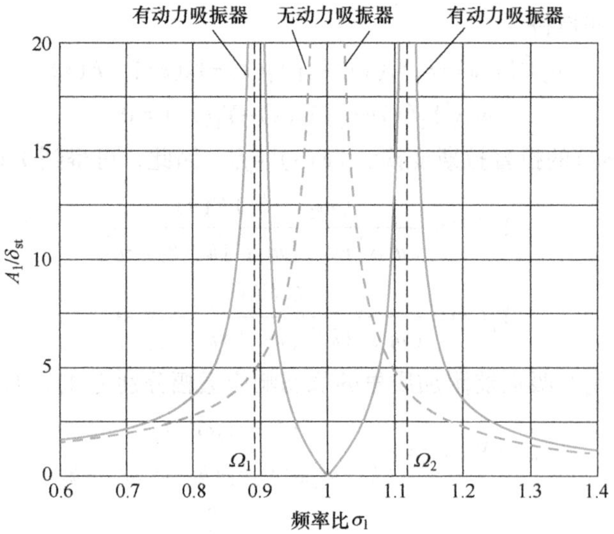

图6-8　安装无阻尼动力吸振器的主系统幅频响应

由图 6-8 可知，动力吸振器在已知的激励频率 ω 作用下消除振动时，引入了两个额外的共振频率 Ω_1 和 Ω_2。当激励频率为 Ω_1 或 Ω_2 时，原主系统的振幅会非常大。所以在实际应用中，工作频率 ω 必须远离 Ω_1 和 Ω_2。注意到

$$\alpha=\frac{k_2}{k_1}=\frac{k_2}{m_2}\frac{m_2}{m_1}\frac{m_1}{k_1}=\frac{m_2}{m_1}\left(\frac{\omega_2}{\omega_1}\right)^2=\mu\lambda^2 \tag{6-38}$$

令式(6-34)中的分母等于零，可得

$$\sigma_2^4\lambda^2-\sigma_2^2[1+(1+\mu)\lambda^2]+1=0 \tag{6-39}$$

可得上述方程的解为

$$\left.\begin{array}{c}\left(\dfrac{\Omega_1}{\omega_2}\right)^2\\[2ex]\left(\dfrac{\Omega_2}{\omega_2}\right)^2\end{array}\right\}=\frac{[1+(1+\mu)\lambda^2]\mp\sqrt{[1+(1+\mu)\lambda^2]^2-4\lambda^2}}{2\lambda^2} \tag{6-40}$$

因此，可以得到如下结论：

1）动力吸振器仅适用于控制设备在非常稳定的窄带扰动下引起的振动，而且其固有频率必须非常准确地调谐至设备的激励频率，否则不仅不能吸振，反而有可能放大振动。

2）若动力吸振器质量不够大，新构成系统的共振频率和原设备的共振频率将相差不大，则该共振系统很容易产生新的共振。这是无阻尼动力吸振器的缺点。

基于以上分析，提出无阻尼动力吸振器的设计步骤如下：

1）确定激振频率、振动幅值大小，要看激振频率是否接近机器固有频率、激励频率是否稳定、机器阻尼是否较小，若是，则可考虑使用动力吸振器，转到下一步；

2）确定吸振器的质量，使其至少大于机器质量的 1/10，以保证在新形成的两个固有频率之间有一定的频率间隔，从而保证机器安全工作；

3）确定吸振器的刚度，使吸振器的固有频率接近激振频率；

4）将设计生产好的吸振器安装到设备上，让设备启动工作，检查吸振器在整个过程中是否工作，系统是否稳定。

6.3.2　有阻尼动力吸振器

在动力吸振器中引入一定的阻尼，可以抑制原结构及其吸振器带来的附加共振峰值，表现出消除了原结构的“共振峰”。有阻尼吸振器常用来抑制被控结构系统的共振峰。图 6-9 为一个原有振动主系统中安装了有阻尼动力吸振器的动力学模型。与图 6-7 所示的无阻尼动力吸振器系统不同的是，在动力吸振器中加入了阻尼元件 c_2。主系统受到的激振力也为 $f=f_0\sin(\omega t)$。该系统的运动微分方程为

$$m_1\ddot{y}_1+k_1y_1+c_2(\dot{y}_1-\dot{y}_2)+k_2(y_1-y_2)=f_0\sin(\omega t) \tag{6-41}$$

$$m_2\ddot{y}_2+c_2(\dot{y}_2-\dot{y}_1)+k_2(y_2-y_1)=0 \tag{6-42}$$

采用拉普拉斯变换求解该系统的运动微分方程，设初值均为零，对式(6-41)和式(6-42)做拉普拉斯变换得

$$m_1s^2Y_1(s)+k_1Y_1(s)+c_2s[Y_1(s)-Y_2(s)]+k_2[Y_1(s)-Y_2(s)]=F(s) \tag{6-43}$$

$$m_2s^2Y_2(s)+c_2s[Y_2(s)-Y_1(s)]+k_2[Y_2(s)-Y_1(s)]=0 \tag{6-44}$$

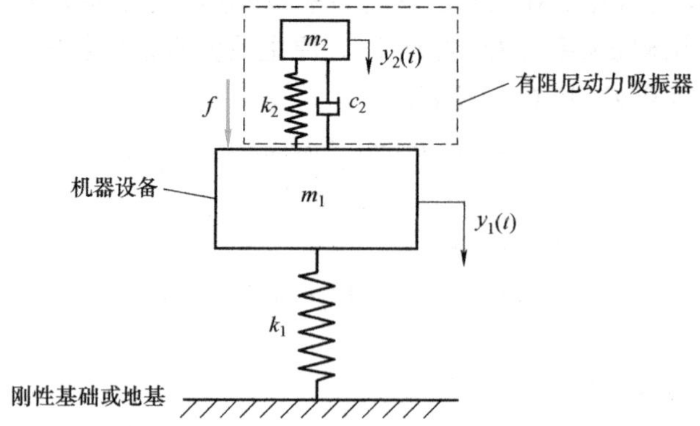

图 6-9 有阻尼动力吸振器系统动力学模型

其中，$F(s)$为$f_0\sin(\omega t)$的拉普拉斯变换，$|F(s)|=f_0$。因此，可得到$Y_1(s)$与$Y_2(s)$的解为

$$Y_1(s)=\frac{(m_2s^2+c_2s+k_2)F(s)}{(m_2s^2+c_2s+k_2)(m_1s^2+k_1+k_2+c_2s)-(c_2s+k_2)^2} \tag{6-45}$$

$$Y_2(s)=\frac{(c_2s+k_2)F(s)}{(m_2s^2+c_2s+k_2)(m_1s^2+k_1+k_2+c_2s)-(c_2s+k_2)^2} \tag{6-46}$$

同样地，设机器设备主质量和吸振器附加质量的稳态响应振幅分别为A_1、A_2，则

$$A_1=|Y_1(s)|=\frac{(k_2+\mathrm{j}\omega c_2-m_2\omega^2)f_0}{(k_2+\mathrm{j}\omega c_2-m_2\omega^2)(k_1+k_2+\mathrm{j}\omega c_2-m_1\omega^2)-(\mathrm{j}\omega c_2+k_2)^2} \tag{6-47}$$

$$A_2=|Y_2(s)|=\frac{(\mathrm{j}\omega c_2+k_2)f_0}{(k_2+\mathrm{j}\omega c_2-m_2\omega^2)(k_1+k_2+\mathrm{j}\omega c_2-m_1\omega^2)-(\mathrm{j}\omega c_2+k_2)^2} \tag{6-48}$$

根据式(6-47)和式(6-48)可求得主质量和附加质量的相对振幅为

$$\frac{A_1}{\delta_{st}}=\sqrt{\frac{(2\zeta\sigma_1)^2+(\sigma_1^2-\lambda^2)^2}{(2\zeta\sigma_1)^2(\sigma_1^2-1+\mu\sigma_1^2)^2+[\mu\lambda^2\sigma_1^2-(\sigma_1^2-1)(\sigma_1^2-\lambda^2)]^2}} \tag{6-49}$$

$$\frac{A_2}{\delta_{st}}=\sqrt{\frac{(2\zeta\sigma_1)^2+\lambda^4}{(2\zeta\sigma_1)^2(\sigma_1^2-1+\mu\sigma_1^2)^2+[\mu\lambda^2\sigma_1^2-(\sigma_1^2-1)(\sigma_1^2-\lambda^2)]^2}} \tag{6-50}$$

其中，阻尼比$\zeta=\dfrac{c_2}{2m_2\omega_1}=\dfrac{c_2}{2m_2}\sqrt{\dfrac{m_1}{k_1}}$，其他参数的定义同 6. 3. 1 节。

当$\mu=1/20$，$\lambda=1$时，不同ζ下原主系统振动幅值A_1/δ_{st}随激励频率与原主系统固有频率之比σ_1的变化关系曲线如图 6-10 所示。

从图 6-10 中可以得出如下结论：

1）当吸振器阻尼非常小时，尽管在$\sigma_1=1(\omega=\omega_1)$的位置处吸振效果最好(传递率趋近于 1)，但是会在原系统共振峰附近引入两个非常明显的共振峰。

2）增大阻尼，原系统共振峰附近的共振峰降低，但是在$\sigma_1=1(\omega=\omega_1)$的位置处吸振效果也随之下降。

3）当吸振器阻尼继续增大时，则失去了吸振作用。如果阻尼为无穷大($\zeta=\infty$)，原主系统质量m_1和吸振器附加质量m_2实际上是被固结在一起，系统本质上就变成一个质量

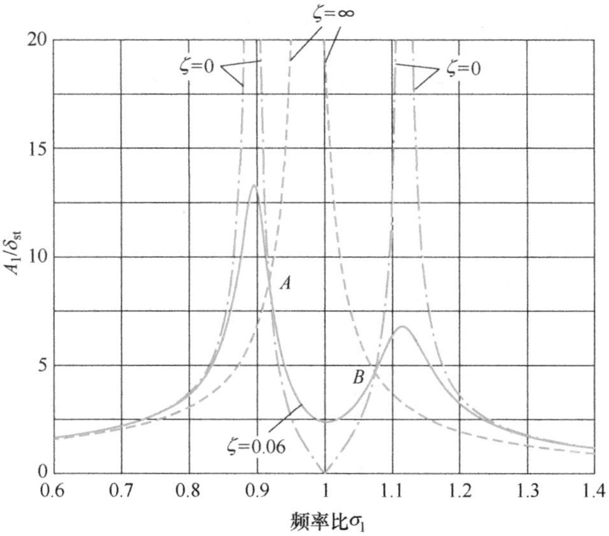

图 6-10　安装有阻尼动力吸振器的主系统幅频响应

为 $m_1+m_2=(21/20)m_1$、刚度为 k_1 的单自由度系统。

另外，从图 6-10 可以看出，对于不同的阻尼比，曲线均相交于 A、B 两点，将 $\zeta=0$ 和 $\zeta=\infty$ 两种临界情况代入式(6-49)，可得

$$\frac{A_1}{\delta_{st}}=\frac{(\sigma_1^2-\lambda^2)}{\mu\lambda^2\sigma_1^2-(\sigma_1^2-1)(\sigma_1^2-\lambda^2)} \tag{6-51}$$

$$\frac{A_1}{\delta_{st}}=\frac{1}{\sigma_1^2-1+\mu\sigma_1^2} \tag{6-52}$$

以上两式相等，整理得

$$\sigma_1^4-2\sigma_1^2\left(\frac{1+\lambda^2+\mu\lambda^2}{2+\mu}\right)+\frac{2\lambda^2}{2+\mu}=0 \tag{6-53}$$

式中的两个根即对应图中 A、B 两点的频率比，$\sigma_{1A}=\omega_A/\omega$，$\sigma_{1B}=\omega_B/\omega$。当 A、B 两点纵坐标相等时，吸振效果最好。在这种情况下，满足：

$$\begin{aligned}\frac{A_1}{\delta_{st}}&=\frac{(\sigma_{1A}^2-\lambda^2)}{\mu\lambda^2\sigma_{1A}^2-(\sigma_{1A}^2-1)(\sigma_{1A}^2-\lambda^2)}\\&=-\frac{(\sigma_{1B}^2-\lambda^2)}{\mu\lambda^2\sigma_{1B}^2-(\sigma_{1B}^2-1)(\sigma_{1B}^2-\lambda^2)}\end{aligned} \tag{6-54}$$

由方程(6-53)可得

$$\sigma_{1A}^2+\sigma_{1B}^2=\frac{2+2\lambda^2+2\mu\lambda^2}{2+\mu},\quad \sigma_{1A}\sigma_{1B}=\frac{2\lambda^2}{2+\mu}$$

因此可将方程(6-54)化简为

$$[1-(1+\mu)^2\lambda^2]\lambda^4=0 \tag{6-55}$$

因此，可得

$$\lambda=\frac{1}{1+\mu} \tag{6-56}$$

满足式(6-56)的动力吸振器称为调谐吸振器。调谐吸振器的原主系统振动幅值 A_1/δ_{st} 随激励频率与原主系统固有频率之比 σ_1 的变化关系曲线如图 6-11 所示。易知，ζ 的最优值应使响应曲线 A_1/δ_{st} 在峰值点 A 和 B 处尽可能的平缓，即曲线 A_1/δ_{st} 在 A、B 两点的切线为水平直线。

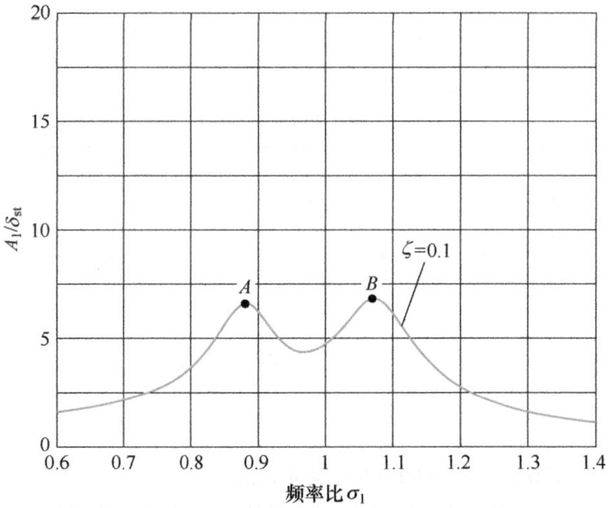

图 6-11　安装有阻尼调谐动力吸振器的主系统幅频响应

为此，先将式(6-56)代入式(6-49)，使所得方程对应着最优调谐设计的情况。然后将化简后的式(6-49)对 σ_1 求导，得到曲线 A_1/δ_{st} 的斜率。令斜率在 A 和 B 处为零，可得：

在 A 点，有

$$\zeta^2=\frac{\mu\left(3-\sqrt{\frac{\mu}{\mu+2}}\right)}{8(1+\mu)^3}$$

在 B 点，有

$$\zeta^2=\frac{\mu\left(3+\sqrt{\frac{\mu}{\mu+2}}\right)}{8(1+\mu)^3}$$

在进行设计时，一般取二者的均值，即

$$\zeta_{ave}^2=\frac{3\mu}{8(1+\mu)^3} \tag{6-57}$$

相应地，A_1/δ_{st} 最大值(最优值)为

$$\left(\frac{A_1}{\delta_{st}}\right)_{max}=\left(\frac{A_1}{\delta_{st}}\right)_{optimal}=\sqrt{1+\frac{2}{\mu}} \tag{6-58}$$

注意：

1）设计了吸振器之后，主系统的振动虽然降低，但是附加的吸振器振动显著增加。所以，在应用时要注意吸振器振幅是否有限制，会不会造成结构疲劳；

2）一般而言，吸振器的阻尼很小，通常被忽略。根据经验，可以在某些吸振带宽很

窄(质量比低)的情况下，增加阻尼，降低吸振效果，提高鲁棒性。

在航空航天工业中，常常遇到许多大型结构(多为多自由度、连续体系统)，在宽带激励下，这些结构的许多模态都有可能发生共振，在这种场合使用动力吸振器，就要涉及多自由度动力吸振器。多自由度动力吸振器要控制的是模态振动，因而其设计和安装不仅要考虑吸振频率(时间量)，还要考虑安装的空间位置，从而达到对某些模态的吸振效果。点力作用在模态最大幅值处所产生的力最大，因此，吸振器放在模态的最大幅值处。在模态最大幅值处的振动能量相对较大，等效质量相对较小，这些都支持将吸振器放在模态最大幅值处的做法。

6.4 反馈主动振动控制

在 6.2 节和 6.3 节中介绍了被动隔振技术，被动隔振器在阻尼元件的选择中需进行权衡，即减小隔振系统的共振响应只能以降低高频隔振性能为代价。而主动振动控制能够解决这个问题。在实际应用中，主动振动控制的实现需要引入一种能够产生作用力的装置，用于对控制系统施加额外的控制力，这种装置称为作动器。然后将控制算法写进嵌入式控制器中，嵌入式控制器基于控制算法根据传感器采集的信号(位移、速度或加速度)计算控制信号，驱动作动器产生抵消受控对象振动的作动力。这个过程需要各设备之间协同工作，要求极高的稳定性，因此主动振动控制是十分复杂的一门技术。

本节主要介绍反馈最优控制器的设计方法。对于一般的时变振动主动控制系统，其含主动控制力与外激励的运动微分方程可写作状态方程，即

$$\dot{\boldsymbol{x}}(t)=\boldsymbol{A}(t)\boldsymbol{x}(t)+\boldsymbol{B}(t)\boldsymbol{u}(t)+\boldsymbol{d}(t) \tag{6-59}$$

式中，$\boldsymbol{x}(t)$为状态变量组成的向量；$\boldsymbol{u}(t)$为控制向量(主动控制力)；$\boldsymbol{d}(t)$为由外激励引起的确定性外扰向量；$\boldsymbol{A}(t)$,$\boldsymbol{B}(t)$都是具有相应维数的时变矩阵。

振动控制目标便是求得一个最优控制向量$\boldsymbol{u}^*(t)$，使得状态变量$\boldsymbol{x}(t)$跟踪到零。需要注意的是，反馈控制策略依赖于系统状态的持续监测，通过实时调整控制输入来保证状态变量跟踪到零，从而间接应对外部扰动。因此，在反馈控制系统的设计过程中需要忽略外部扰动$\boldsymbol{d}(t)$，状态方程变为

$$\dot{\boldsymbol{x}}(t)=\boldsymbol{A}(t)\boldsymbol{x}(t)+\boldsymbol{B}(t)\boldsymbol{u}(t) \tag{6-60}$$

其中，初始条件$\boldsymbol{x}(t_0)=x_0$。

考虑有限时间的振动控制，即控制终止时刻$t_f\neq\infty$。定义以下系统二次型性能指标：

$$J(\boldsymbol{u})=\frac{1}{2}\boldsymbol{x}^{\mathrm{T}}(t_f)\boldsymbol{F}\boldsymbol{x}(t_f)+\frac{1}{2}\int_{t_0}^{t_f}(\boldsymbol{x}^{\mathrm{T}}(t)\boldsymbol{Q}(t)\boldsymbol{x}(t)+\boldsymbol{u}^{\mathrm{T}}(t)\boldsymbol{R}(t)\boldsymbol{u}(t))\mathrm{d}t \tag{6-61}$$

式中，$\boldsymbol{F}$为半正定对称常数加权矩阵；$\boldsymbol{Q}(t)$为半正定对阵时变加权矩阵；$\boldsymbol{R}(t)$为正定对阵时变加权矩阵；t_0为控制开始时刻；t_f为控制终止时刻。

注意：

1）对于某一实对称矩阵$\boldsymbol{A}$，若$\forall \boldsymbol{x}\neq 0$，$\boldsymbol{x}^{\mathrm{T}}\boldsymbol{A}\boldsymbol{x}>0$，则$\boldsymbol{A}$为正定矩阵；若$\forall \boldsymbol{x}\neq 0$，$\boldsymbol{x}^{\mathrm{T}}\boldsymbol{A}\boldsymbol{x}\geqslant 0$，则$\boldsymbol{A}$为半正定矩阵；

2）实对称阵$\boldsymbol{A}$为正定(半正定)矩阵的充要条件是全部特征值>0(或≥0)；

3）以上加权矩阵$\boldsymbol{F}$,$\boldsymbol{Q}(t)$,$\boldsymbol{R}(t)$均可化为对称形式。

加权矩阵 $\boldsymbol{F}, \boldsymbol{Q}(t), \boldsymbol{R}(t)$ 的意义如下：

1）$\boldsymbol{F}, \boldsymbol{Q}(t), \boldsymbol{R}(t)$ 是衡量误差分量和控制分量的加权矩阵，可根据各分量的重要性灵活选取。

2）采用时变矩阵 $\boldsymbol{Q}(t), \boldsymbol{R}(t)$ 更能适应各种特殊情况。例如 $t=t_0$ 时，$\boldsymbol{x}(t_0)$ 很大，但初始响应是在控制开始前形成，并不反映控制性能的好坏。因此，$\boldsymbol{Q}(t)$ 可以开始取小值，而后取大值。

最优控制的本质是用较小的控制力使状态保持在零值附近，以达到能量和控制效果综合最优的目的。从式(6-61)表示的目标函数来看，它是兼顾响应与控制两个方面的要求，但这两个方面的要求又是相互矛盾的，从物理上容易理解，要使系统响应很快地趋向零，施加的控制力必然要大；而要使施加的控制力小，就不可能要求系统响应很快地趋向零。因此，几个权矩阵的取值就反映了人们对相互矛盾的两个方面要求的重视程度，即若要使施加的控制力小，就将 $\boldsymbol{R}(t)$ 相对取较大的值；若要使系统响应很快地趋向零，则将 $\boldsymbol{Q}(t)$ 和 $\boldsymbol{F}$ 相对取较大的值。当然，$\boldsymbol{R}(t), \boldsymbol{Q}(t)$ 和 $\boldsymbol{F}$ 矩阵本身各元素的取值大小，也反映了对各个控制或响应的不同要求。

下面应用最小值原理求解 $\boldsymbol{u}(t)$ 的关系式。为方便推导，忽略标识(t)，构造哈密顿函数为

$$\boldsymbol{H}=\frac{1}{2}\boldsymbol{x}^{\mathrm{T}}\boldsymbol{Q}\boldsymbol{x}+\frac{1}{2}\boldsymbol{u}^{\mathrm{T}}\boldsymbol{R}\boldsymbol{u}+(\boldsymbol{x}^{\mathrm{T}}\boldsymbol{A}^{\mathrm{T}}+\boldsymbol{u}^{\mathrm{T}}\boldsymbol{B}^{\mathrm{T}})\boldsymbol{\lambda} \tag{6-62}$$

式中，$\boldsymbol{\lambda}=\boldsymbol{\lambda}(t)$ 为拉格朗日乘子向量。

因控制不受约束，故最优 $\boldsymbol{u}^*(t)$ 满足

$$\frac{\partial \boldsymbol{H}}{\partial \boldsymbol{u}}=\boldsymbol{R}\boldsymbol{u}+\boldsymbol{B}^{\mathrm{T}}\boldsymbol{\lambda}=0 \tag{6-63}$$

因此，可解出

$$\boldsymbol{u}^*(t)=-\boldsymbol{R}^{-1}\boldsymbol{B}^{\mathrm{T}}\boldsymbol{\lambda} \tag{6-64}$$

注意到 $\boldsymbol{R}$ 为正定对阵时变加权矩阵，因此其逆矩阵一定存在。

将式(6-64)代入式(6-60)，化为规范方程组为

$$\begin{cases}\dot{\boldsymbol{x}}=\boldsymbol{A}\boldsymbol{x}-\boldsymbol{B}\boldsymbol{R}^{-1}\boldsymbol{B}^{\mathrm{T}}\boldsymbol{\lambda}\\ \dot{\boldsymbol{\lambda}}=-\dfrac{\partial \boldsymbol{H}}{\partial \boldsymbol{x}}=-\boldsymbol{Q}\boldsymbol{x}-\boldsymbol{A}^{\mathrm{T}}\boldsymbol{\lambda}\\ \boldsymbol{\lambda}(t_f)=\dfrac{\partial\left[\dfrac{1}{2}\boldsymbol{x}^{\mathrm{T}}(t_f)\boldsymbol{F}\boldsymbol{x}(t_f)\right]}{\partial \boldsymbol{x}(t_f)}=\boldsymbol{F}\boldsymbol{x}(t_f)\end{cases} \tag{6-65}$$

写成矩阵形式为

$$\begin{bmatrix}\dot{\boldsymbol{x}}\\ \dot{\boldsymbol{\lambda}}\end{bmatrix}=\begin{bmatrix}\boldsymbol{A} & -\boldsymbol{B}\boldsymbol{R}^{-1}\boldsymbol{B}^{\mathrm{T}}\\ -\boldsymbol{Q} & -\boldsymbol{A}^{\mathrm{T}}\end{bmatrix}\begin{bmatrix}\boldsymbol{x}\\ \boldsymbol{\lambda}\end{bmatrix} \tag{6-66}$$

求得上述方程的解为

$$\begin{bmatrix}\boldsymbol{x}(t)\\ \boldsymbol{\lambda}(t)\end{bmatrix}=\boldsymbol{\phi}(t,t_0)\begin{bmatrix}\boldsymbol{x}(t_0)\\ \boldsymbol{\lambda}(t_0)\end{bmatrix} \tag{6-67}$$

将式(6-67)写成向终端转移形式，即由 t 时刻向 t_f 时刻转移，有

$$\begin{bmatrix} \boldsymbol{x}(t_f) \\ \boldsymbol{\lambda}(t_f) \end{bmatrix} = \boldsymbol{\phi}(t_f,t)\begin{bmatrix} \boldsymbol{x}(t) \\ \boldsymbol{\lambda}(t) \end{bmatrix} = \begin{bmatrix} \phi_{11} & \phi_{12} \\ \phi_{21} & \phi_{22} \end{bmatrix}\begin{bmatrix} \boldsymbol{x}(t) \\ \boldsymbol{\lambda}(t) \end{bmatrix} \tag{6-68}$$

即

$$\boldsymbol{x}(t_f) = \phi_{11}\boldsymbol{x}(t) + \phi_{12}\boldsymbol{\lambda}(t) \tag{6-69}$$

$$\boldsymbol{\lambda}(t_f) = \phi_{21}\boldsymbol{x}(t) + \phi_{22}\boldsymbol{\lambda}(t) \tag{6-70}$$

式(6-70)减去 $\boldsymbol{F}$ 乘以式(6-69)可得

$$\boldsymbol{\lambda}(t_f) - \boldsymbol{F}\boldsymbol{x}(t_f) = (\phi_{21} - \boldsymbol{F}\phi_{11})\boldsymbol{x}(t) + (\phi_{22} - \boldsymbol{F}\phi_{12})\boldsymbol{\lambda}(t) = 0 \tag{6-71}$$

因此，有

$$\boldsymbol{\lambda}(t) = (\phi_{22} - \boldsymbol{F}\phi_{12})^{-1}(\boldsymbol{F}\phi_{11} - \phi_{21})\boldsymbol{x}(t) \tag{6-72}$$

令

$$\boldsymbol{P}(t) = (\phi_{22} - \boldsymbol{F}\phi_{12})^{-1}(\boldsymbol{F}\phi_{11} - \phi_{21}) \tag{6-73}$$

则

$$\boldsymbol{\lambda}(t) = \boldsymbol{P}(t)\boldsymbol{x}(t) \tag{6-74}$$

因此可见 $\boldsymbol{\lambda}(t)$ 与 $\boldsymbol{x}(t)$ 是线性关系，将 $\boldsymbol{\lambda}(t)$ 代入 $\boldsymbol{u}^*(t)$ 表达式(6-64)，则有

$$\boldsymbol{u}^*(t) = -\boldsymbol{R}^{-1}\boldsymbol{B}^{\mathrm{T}}\boldsymbol{\lambda} = -\boldsymbol{R}^{-1}\boldsymbol{B}^{\mathrm{T}}\boldsymbol{P}(t)\boldsymbol{x}(t) \tag{6-75}$$

由式(6-75)求得的控制向量 $\boldsymbol{u}^*(t)$ 即可实现最优反馈控制。将 $\boldsymbol{u}^*(t)$ 代入式(6-59)得

$$\dot{\boldsymbol{x}}(t) = [\boldsymbol{A}(t) - \boldsymbol{B}(t)\boldsymbol{R}^{-1}\boldsymbol{B}^{\mathrm{T}}\boldsymbol{P}(t)]\boldsymbol{x}(t) + \boldsymbol{d}(t) \tag{6-76}$$

由式(6-76)积分即可得到状态变量的解。

下面求解 $\boldsymbol{P}(t)$，但直接利用式(6-73)求解，涉及矩阵求逆，运算量大。因此，应用其性质求解 $\boldsymbol{P}(t)$，即

$$\dot{\boldsymbol{\lambda}} = \dot{\boldsymbol{P}}\boldsymbol{x} + \boldsymbol{P}\dot{\boldsymbol{x}} = \dot{\boldsymbol{P}}\boldsymbol{x} + \boldsymbol{P}(\boldsymbol{A}\boldsymbol{x} - \boldsymbol{B}\boldsymbol{R}^{-1}\boldsymbol{B}^{\mathrm{T}}\boldsymbol{P}\boldsymbol{x}) = (\dot{\boldsymbol{P}} + \boldsymbol{P}\boldsymbol{A} - \boldsymbol{P}\boldsymbol{B}\boldsymbol{R}^{-1}\boldsymbol{B}^{\mathrm{T}}\boldsymbol{P})\boldsymbol{x} \tag{6-77}$$

式(6-77)与式(6-65)中 $\dot{\boldsymbol{\lambda}}$ 表达式相等，可得

$$\dot{\boldsymbol{P}} = -\boldsymbol{P}\boldsymbol{A} - \boldsymbol{A}^{\mathrm{T}}\boldsymbol{P} + \boldsymbol{P}\boldsymbol{B}\boldsymbol{R}^{-1}\boldsymbol{B}^{\mathrm{T}}\boldsymbol{P} - \boldsymbol{Q} \tag{6-78}$$

式(6-78)即为里卡蒂(Riccati)方程，由式(6-65)与式(6-74)可知，此里卡蒂方程满足以下边界条件：

$$\boldsymbol{P}(t_f) = \boldsymbol{F} \tag{6-79}$$

对于里卡蒂方程的求解问题，可以证明，$\boldsymbol{P}(t)$ 为对称矩阵，只需求解 $n(n+1)/2$ 个一阶微分方程组。里卡蒂方程为非线性微分方程，大多数情况下只能通过计算机求出数值解。

由以上推导，总结出反馈最优控制器的设计方法如下：

1）根据系统要求和工程实际经验，选取加权矩阵 $\boldsymbol{F}$，$\boldsymbol{Q}$，$\boldsymbol{R}$；

2）求解里卡蒂微分方程 $\dot{\boldsymbol{P}} = -\boldsymbol{P}\boldsymbol{A} - \boldsymbol{A}^{\mathrm{T}}\boldsymbol{P} + \boldsymbol{P}\boldsymbol{B}\boldsymbol{R}^{-1}\boldsymbol{B}^{\mathrm{T}}\boldsymbol{P} - \boldsymbol{Q}$，$\boldsymbol{P}(t_f) = \boldsymbol{F}$，求得矩阵 $\boldsymbol{P}(t)$；

3）求最优控制 $\boldsymbol{u}^*(t) = -\boldsymbol{R}^{-1}(t)\boldsymbol{B}^{\mathrm{T}}(t)\boldsymbol{P}(t)\boldsymbol{x}(t)$；

4）求解状态变量 $\boldsymbol{x}(t)$。

在实际工程中常遇到的都是时不变振动控制问题，取控制终止时刻 $t_f = \infty$，对应的最优控制为

$$\boldsymbol{u}^*(t) = -\boldsymbol{R}^{-1}\boldsymbol{B}^{\mathrm{T}}\boldsymbol{P}\boldsymbol{x}(t) \tag{6-80}$$

其中，$\boldsymbol{P}$ 为正定常数矩阵，满足下列里卡蒂矩阵代数方程

$$\boldsymbol{P}\boldsymbol{A} + \boldsymbol{A}^{\mathrm{T}}\boldsymbol{P} - \boldsymbol{P}\boldsymbol{B}\boldsymbol{R}^{-1}\boldsymbol{B}^{\mathrm{T}}\boldsymbol{P} + \boldsymbol{Q} = \boldsymbol{O} \tag{6-81}$$

状态变量满足下列线性定常齐次方程

$$\dot{\boldsymbol{x}}(t)=[\boldsymbol{A}-\boldsymbol{B}\boldsymbol{R}^{-1}\boldsymbol{B}^{\mathrm{T}}\boldsymbol{P}]\boldsymbol{x}(t)+\boldsymbol{d}(t) \tag{6-82}$$

例 6.2　如图 6-12 所示，两个需防振设备的质量分别为 m_1，m_2，均与中间质量块 m_3 通过刚度为 k_3 的弹簧连接，中间质量块 m_3 由两个刚度为 k_1、k_2 的弹簧支撑在刚性隔振箱内，刚性隔振箱与基座固连。两个需防振设备上安装有传感器，f_1，f_2 为根据传感器信号计算的主动控制力，分别作用于 m_1，m_2，主动控制力对中间质量块 m_3 没有作用。假定刚性基础做简谐运动 $z=Z_0\sin(\omega t)$，求系统的最优反馈控制。

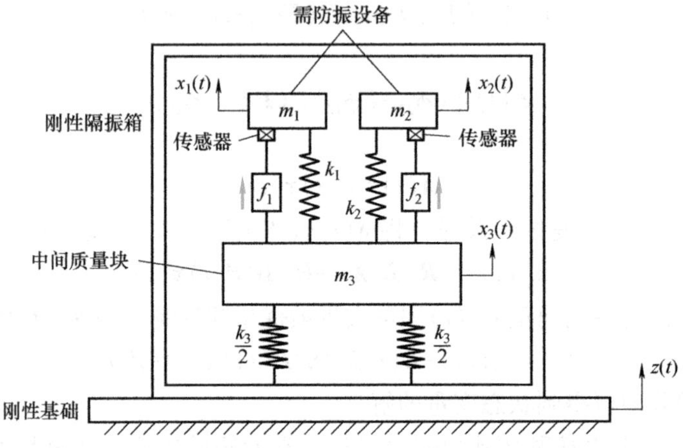

图 6-12　三自由度主动振动控制系统

解：根据拉格朗日方程推出含主动控制力与基础激励的系统运动微分方程为

$$\begin{cases} m_1\ddot{x}_1+k_1(x_1-x_3)=f_1 \\ m_2\ddot{x}_2+k_2(x_2-x_3)=f_2 \\ m_3\ddot{x}_3+k_3x_3+k_1(x_3-x_1)+k_2(x_3-x_2)=k_3z \end{cases}$$

令 $\boldsymbol{q}=[q_1,q_2,q_3,q_4,q_5,q_6]^{\mathrm{T}}=[x_1,\dot{x}_1,x_2,\dot{x}_2,x_3,\dot{x}_3]^{\mathrm{T}}$，将上述方程组写为状态变量表达形式，即

$$\begin{cases} \dot{q}_1=q_2 \\ \dot{q}_2=-\dfrac{k_1}{m_1}q_1+\dfrac{k_1}{m_1}q_5+\dfrac{1}{m_1}f_1 \\ \dot{q}_3=q_4 \\ \dot{q}_4=-\dfrac{k_2}{m_2}q_3+\dfrac{k_2}{m_2}q_5+\dfrac{1}{m_2}f_2 \\ \dot{q}_5=q_6 \\ \dot{q}_6=\dfrac{k_1}{m_3}q_1+\dfrac{k_2}{m_3}q_3-\dfrac{k_1+k_2+k_3}{m_3}q_5+\dfrac{k_3}{m_3}z \end{cases}$$

化为矩阵形式为

$$\dot{\boldsymbol{q}}(t)=\boldsymbol{A}\boldsymbol{q}(t)+\boldsymbol{B}\boldsymbol{u}(t)+\boldsymbol{d}(t)$$

其中，

$$\dot{\boldsymbol{q}}(t)=[\dot{q}_1,\dot{q}_2,\dot{q}_3,\dot{q}_4,\dot{q}_5,\dot{q}_6]^{\mathrm{T}}=[\dot{x}_1,\ddot{x}_1,\dot{x}_2,\ddot{x}_2,\dot{x}_3,\ddot{x}_3]^{\mathrm{T}}$$

$$\boldsymbol{q}(t)=[q_1,q_2,q_3,q_4,q_5,q_6]^{\mathrm{T}}=[x_1,\dot{x}_1,x_2,\dot{x}_2,x_3,\dot{x}_3]^{\mathrm{T}}$$

$$\boldsymbol{u}(t)=[f_1,f_2]^{\mathrm{T}}$$

$$\boldsymbol{d}(t)=\left[0,0,0,0,0,\frac{k_3}{m_3}z\right]^{\mathrm{T}}$$

$$\boldsymbol{A}=\begin{bmatrix}0&1&0&0&0&0\\-\frac{k_1}{m_1}&0&0&0&\frac{k_1}{m_1}&0\\0&0&0&1&0&0\\0&0&-\frac{k_2}{m_2}&0&\frac{k_2}{m_2}&0\\0&0&0&0&0&1\\\frac{k_1}{m_3}&0&\frac{k_2}{m_3}&0&-\frac{k_1+k_2+k_3}{m_3}&0\end{bmatrix},\boldsymbol{B}=\begin{bmatrix}0&0\\\frac{1}{m_1}&0\\0&0\\0&\frac{1}{m_2}\\0&0\\0&0\end{bmatrix}$$

由式(6-80)可知，实现反馈最优控制的控制力为

$$\boldsymbol{u}^*(t)=-\boldsymbol{R}^{-1}\boldsymbol{B}^{\mathrm{T}}\boldsymbol{P}\boldsymbol{q}(t)=-\boldsymbol{K}\boldsymbol{q}(t)$$

其中，$\boldsymbol{P}$ 为以下里卡蒂方程的解，即

$$\boldsymbol{PA}+\boldsymbol{A}^{\mathrm{T}}\boldsymbol{P}-\boldsymbol{PBR}^{-1}\boldsymbol{B}^{\mathrm{T}}\boldsymbol{P}+\boldsymbol{Q}=\boldsymbol{O}$$

则原状态方程可化为

$$\dot{\boldsymbol{q}}(t)=(\boldsymbol{A}-\boldsymbol{BK})\boldsymbol{q}(t)+\boldsymbol{d}(t)$$

上式即为施加反馈最优控制后的系统状态控制方程。

令

$$\boldsymbol{R}=\begin{bmatrix}1&0\\0&1\end{bmatrix},\boldsymbol{Q}=\begin{bmatrix}100&0&0&0&0&0\\0&100&0&0&0&0\\0&0&100&0&0&0\\0&0&0&100&0&0\\0&0&0&0&100&0\\0&0&0&0&0&100\end{bmatrix}$$

结构参数取值为 $m_1=2\text{kg}$，$m_2=5\text{kg}$，$m_3=10\text{kg}$，$k_1=2000\text{N/m}$，$k_2=2000\text{N/m}$，$k_3=2000\text{N/m}$，基础激励为 $z=\sin(20\pi t)$。利用 MATLAB 中 lqr( ) 函数计算最优控制反馈增益 K(程序为 K=lqr(A,B,Q,R))，代入 $\dot{\boldsymbol{q}}(t)=(\boldsymbol{A}-\boldsymbol{BK})\boldsymbol{q}(t)+\boldsymbol{d}(t)$ 进行求解。在 Simulink 搭建求解模型，所有初值均设为零，在 10s 时开启控制。

图 6-13 给出了位移 x_1，x_2 的变化曲线。前 10s 为无控制时系统的振动响应，由第 2 章内容可知，对于一个受外激励作用的无阻尼系统，其振动响应包含自由伴随振动响应(由外激励引起的与系统固有频率相同的响应)与受迫振动响应(由外激励引起的与外激励频率相同的响应)，因此振动响应曲线不是简谐的。在施加反馈控制后，由图 6-13 可以看出，系统历经约 6s 达到稳定控制状态，受控位移响应是简谐的。图 6-14 给出了控制力 f_1,f_2 的变化曲线。在开启控制的瞬间，控制力突变，且幅值较大，随后逐渐收敛至稳定状态。

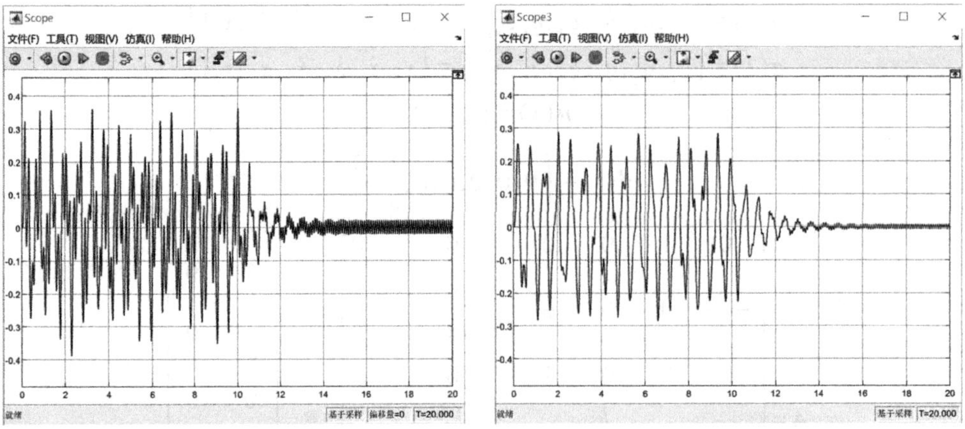

a) 位移 x_1　　b) 位移 x_2

图 6-13　位移 x_1，x_2 变化曲线

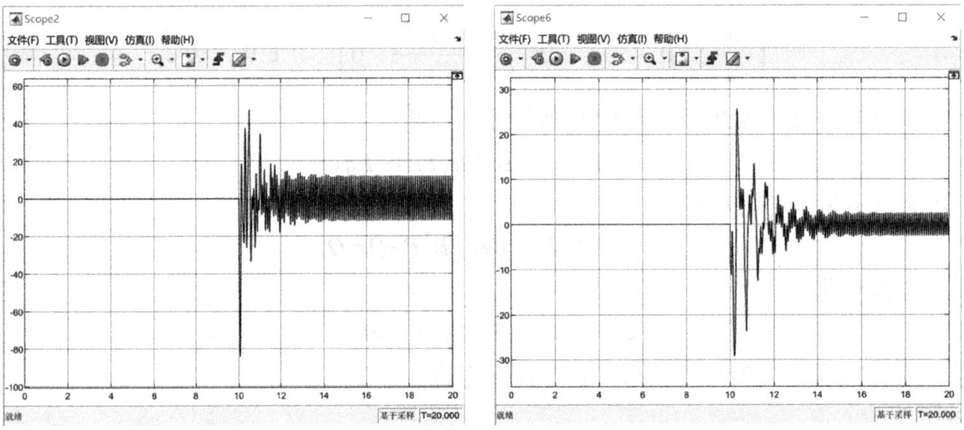

a) 控制力 f_1　　b) 控制力 f_2

图 6-14　控制力 f_1，f_2 变化曲线

6.5 自适应前馈主动振动控制

自适应前馈主动振动控制技术主要用于处理受控对象及其参数存在严重不确定性的情况。与反馈主动控制相比，自适应前馈主动控制具有以下特点。

1）实时性：自适应前馈控制能够实时调整控制策略，以适应环境和系统参数的变化，从而提高控制效果。

2）预测性：通过对扰动的预测和补偿，前馈控制可以在扰动影响系统前进行干预，相比反馈控制能更快地减少或消除振动。

3）准确性：利用精确的数学模型和算法，前馈控制能够精确地计算出所需的控制信号，减少系统的响应时间和稳态误差。

本节所介绍的自适应前馈主动振动控制方法以自适应滤波器为基础，其基本思想是根据外部扰动与振动系统响应设计一个自适应滤波器，滤波器的输出通过作动器产生反相控制力作用于受控对象，以抵消由外扰引起的振动响应。常见的自适应滤波算法有最小均方算法(Least Mean Square，LMS)、递推最小二乘算法(Recursive Least Square，RLS)等，其中 LMS 算法结构简单、计算量少，应用最多。本节主要讨论基于 LMS 算法的自适应前馈主动振动控制。

6.5.1 LMS 自适应滤波

LMS 算法最早由美国人 Widrow 与 Hoff 在 20 世纪 50 年代末提出。对于输入信号 $x(n)$，其通过参数可调的有限脉冲响应(Finite Impulse Response，FIR)横向滤波器后，输出为 $y(n)$，LMS 算法根据滤波器的输出信号 $y(n)$ 与期望信号 $d(n)$ 的误差自动调整滤波器的参数，从而使得滤波器适应随机信号的时变统计特性，LMS 算法的结构如图 6-15 所示。

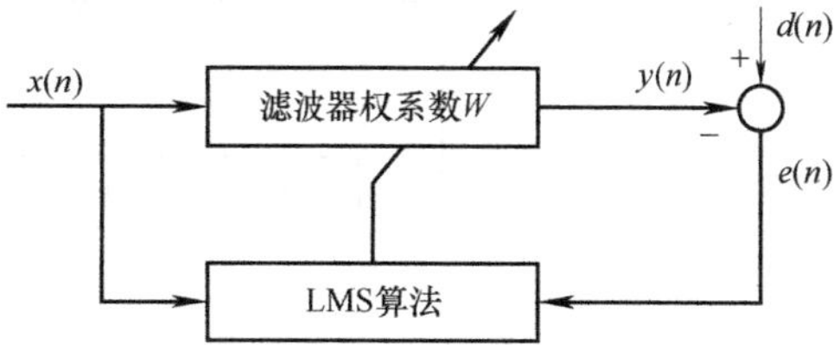

图 6-15 LMS 自适应滤波算法框图

滤波器的输入是一个时间序列，对于第 n 时刻，设滤波器输入信号为向量 $\boldsymbol{X}(n)=[x(n),x(n-1),\cdots,x(n-L+1)]^{\mathrm{T}}$，滤波器的输出为 $y(n)$，则

$$y(n)=\sum_{i=0}^{L-1} w_i x(n-i)=\boldsymbol{W}^{\mathrm{T}}(n)\boldsymbol{X}(n) \tag{6-83}$$

式中，$\boldsymbol{W}(n)=[w_0(n),w_1(n),\cdots,w_{L-1}(n)]^{\mathrm{T}}$ 为滤波器的权系数；L 为滤波器的阶数。

定义误差信号为 $e(n)$，期望信号为 $d(n)$，则

$$e(n)=d(n)-y(n)=d(n)-\boldsymbol{W}^{\mathrm{T}}(n)\boldsymbol{X}(n) \tag{6-84}$$

LMS 算法的准则是使均方误差达到最小，即期望信号与滤波器实际输出之差的平方的期望值，则

$$J(n)=E[e^2(n)] \tag{6-85}$$

$J(n)$ 随时间的变化表征了滤波器的收敛速度与收敛精度。当 $J(n)$ 取最小值时，滤波器的权系数可以达到最优。

利用最速下降算法，沿着性能曲面最速下降方向(负梯度方向)调整滤波器权向量 $\boldsymbol{W}(n)$，搜索性能曲面的最小点，求解最优权向量，可得到

$$\boldsymbol{W}(n+1)=\boldsymbol{W}(n)+\mu(-\nabla J) \tag{6-86}$$

式中，μ 为步长因子，影响算法稳定性与收敛速度；∇J 为梯度，满足：

$$\nabla J=\frac{\partial[e^2(n)]}{\partial \boldsymbol{W}(n)}=-2e(n)\boldsymbol{X}(n) \tag{6-87}$$

因此，计算 LMS 自适应滤波器权向量的更新公式为

$$\boldsymbol{W}(n+1)=\boldsymbol{W}(n)+2\mu e(n)\boldsymbol{X}(n) \tag{6-88}$$

综上所述，LMS 自适应滤波算法过程为

$$y(n)=\boldsymbol{W}^{\mathrm{T}}(n)\boldsymbol{X}(n) \tag{6-89}$$

$$e(n)=d(n)-\boldsymbol{W}^{\mathrm{T}}(n)\boldsymbol{X}(n) \tag{6-90}$$

$$\boldsymbol{W}(n+1)=\boldsymbol{W}(n)+2\mu e(n)\boldsymbol{X}(n) \tag{6-91}$$

6.5.2 基于 LMS 自适应滤波的前馈主动振动控制

一般的基于 LMS 自适应滤波的前馈主动振动控制结构图如图 6-16 所示。图中，$d(n)$ 为受控对象无控制时的输出，$e(n)$ 为受控对象在有控制时的输出，$y(n)$ 为控制器(N 阶 FIR 滤

波器)的输出，C 为受控对象特性矩阵(初级通道)，H 为控制通道特性矩阵(次级通道)，W 为控制器参数矩阵(权系数)。

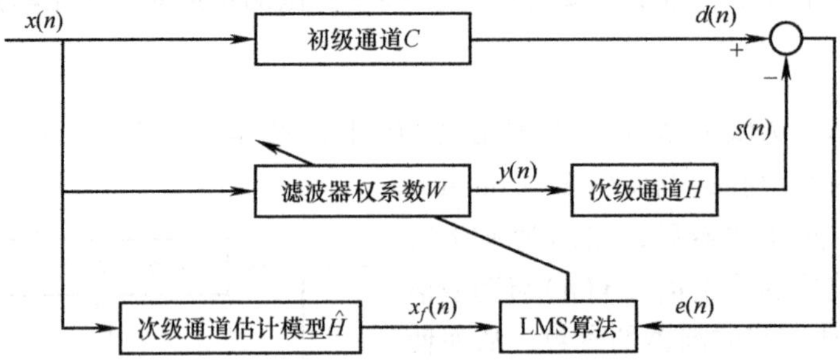

图 6-16　基于 LMS 自适应滤波的前馈主动振动控制结构图

对于第 n 时刻，设参考输入信号为 $\boldsymbol{X}(n)=[x(n),x(n-1),\cdots,x(n-N+1)]^{\mathrm{T}}$，则控制器产生的控制信号(滤波器输出)为

$$y(n)=\sum_{i=0}^{N-1}w_i x(n-i)=\boldsymbol{W}^{\mathrm{T}}(n)\boldsymbol{X}(n) \tag{6-92}$$

其中，滤波器权系数 $\boldsymbol{W}(n)=[w_1(n),w_2(n),\cdots,w_N(n)]^{\mathrm{T}}$。

引入次级通道的真实模型 H，采用 M 阶 FIR 滤波器对其建模(该建模过程也称作辨识)，得到次级通道的估计模型 $\hat{H}$，即

$$\hat{H}=[h_0,h_1,\cdots,h_{M-1}] \tag{6-93}$$

$x_f(n)$ 为参考信号通过次级通道估计模型 $\hat{H}$ 滤波后的输入信号，则

$$x_f(n)=\sum_{i=0}^{M-1}H_i x(n-i) \tag{6-94}$$

如果认为在 N 个采样点内滤波器权系数基本保持不变，那么有

$$s(n)=\sum_{i=0}^{N-1}w_i x_f(n-i)=\boldsymbol{W}^{\mathrm{T}}(n)\boldsymbol{X}_f(n) \tag{6-95}$$

其中，$s(n)$ 为用于抵消 $d(n)$ 的信号，其也为滤波器输出 $y(n)$ 经过次级通道后得到的响应；$\boldsymbol{X}_f(n)=[x_f(n),x_f(n-1),\cdots,x_f(n-N+1)]^{\mathrm{T}}$ 为滤波输入信号。

因此，误差信号为

$$e(n)=d(n)-s(n)=d(n)-\boldsymbol{W}^{\mathrm{T}}(n)\boldsymbol{X}_f(n) \tag{6-96}$$

根据 LMS 算法，可得到控制器权系数 $\boldsymbol{W}(n)$ 的更新公式为

$$\boldsymbol{W}(n+1)=\boldsymbol{W}(n)+2\mu e(n)\boldsymbol{X}_f(n) \tag{6-97}$$

以上即为单通道前馈自适应控制算法的原理，可以看到控制器采用横向 FIR 滤波器，实现简单，在主动振动控制中被广泛采用。该算法通过引入一个次级通道估计模型，将滤波后原始参考信号作为 LMS 算法的输入信号，进行权重更新，以预测和补偿由初级通道引起的振动。因此，该基于 LMS 自适应滤波的前馈主动振动控制算法也被称为 FxLMS 算法(Filtered-x Least Mean Squares)。

例 6.3　对某一振动控制系统，其控制方程为$m\ddot{x}+c\dot{x}+kx=F-m\ddot{z}$，其中，$F$ 为控制力，

$\ddot{z}$ 为系统受到的外部基础加速度激励，系统绝对加速度为 $\ddot{x}+\ddot{z}$。设 $m=1$，$c=10$，$k=100$，$\ddot{z}=-2\cos(20\pi t)$，试设计 FxLMS 控制器对该系统实现主动振动抑制。

解：首先需要对控制通道(次级通道)进行估计，以确定系统在控制力单独作用下的响应。对控制方程作拉普拉斯变换得

$$(ms^2+cs+k)X(s)=F$$

因此，由控制力至系统绝对加速度的次级通道传递特性为

$$H=\frac{s^2X(s)}{F}=\frac{s^2}{ms^2+cs+k}=\frac{s^2}{s^2+10s+100}$$

例 6.3 讲解

依据 LMS 算法，搭建如图 6-17 所示的辨识仿真模型。

辨识结果如图 6-18 所示，随着时间增加，误差逐渐减小，最终趋向于零，滤波器输出成功拟合期望信号。

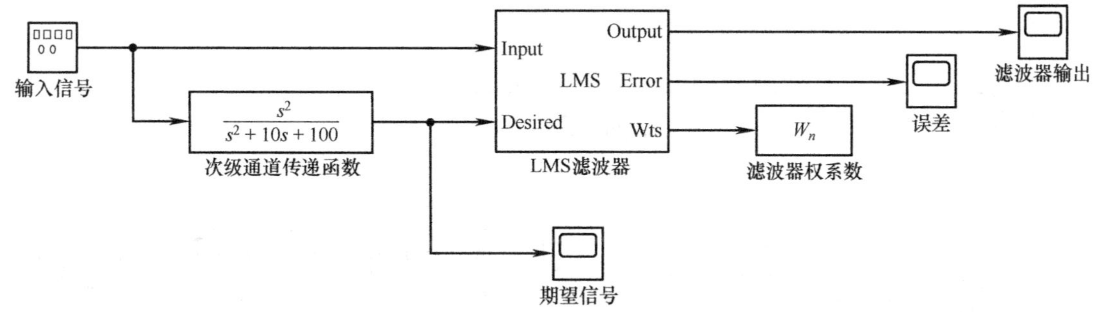

图 6-17　控制通道(次级通道)辨识仿真模型

由基础加速度 $\ddot{z}$ 至系统绝对加速度的初级通道传递特性为

$$C=\frac{s^2[X(s)+Z(s)]}{s^2Z(s)}=\frac{X(s)+Z(s)}{Z(s)}=\frac{10s+100}{s^2+10s+100}$$

搭建如图 6-19 所示控制仿真模型，在 3s 时开启控制。

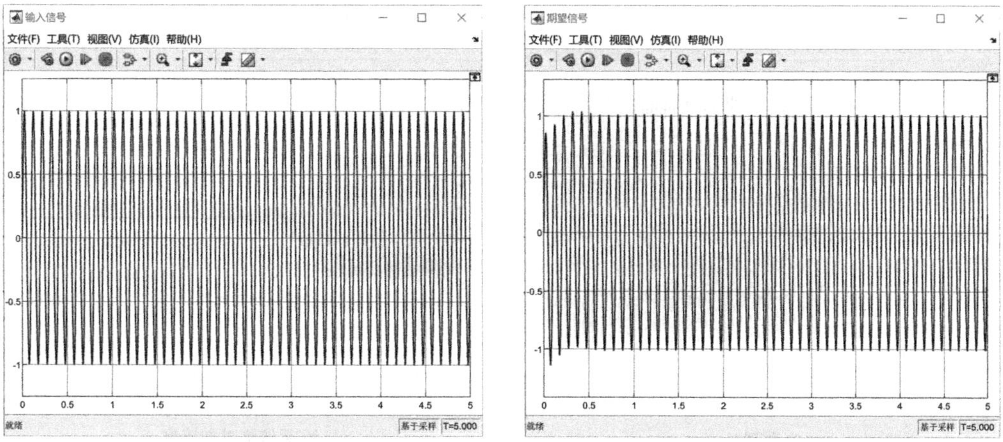

a) 输入信号(力)　　b) 期望信号(系统绝对加速度响应)

图 6-18　次级通道辨识结果

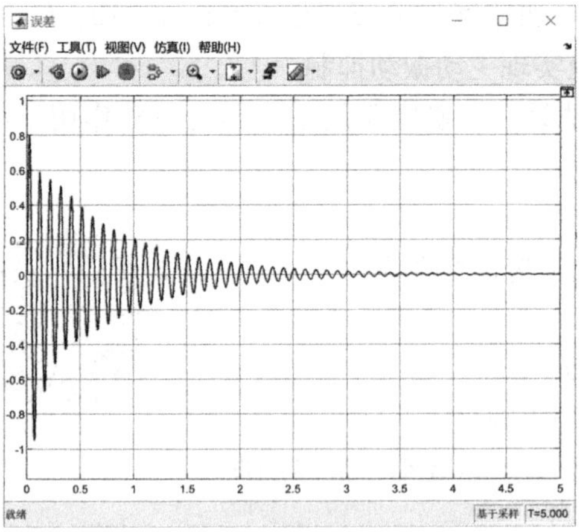

c) 误差

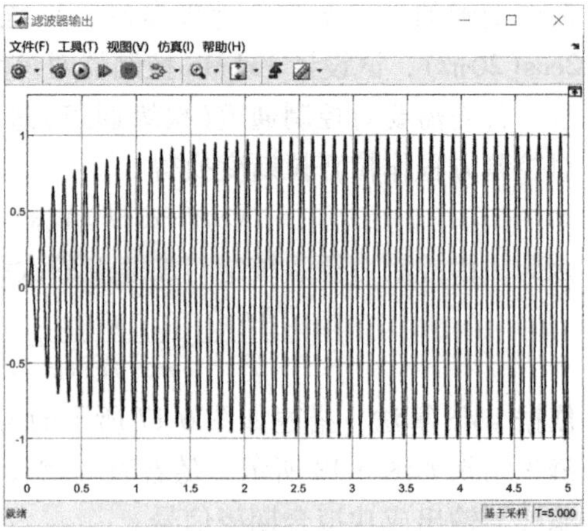

d) 滤波器输出信号

图 6-18　次级通道辨识结果(续)

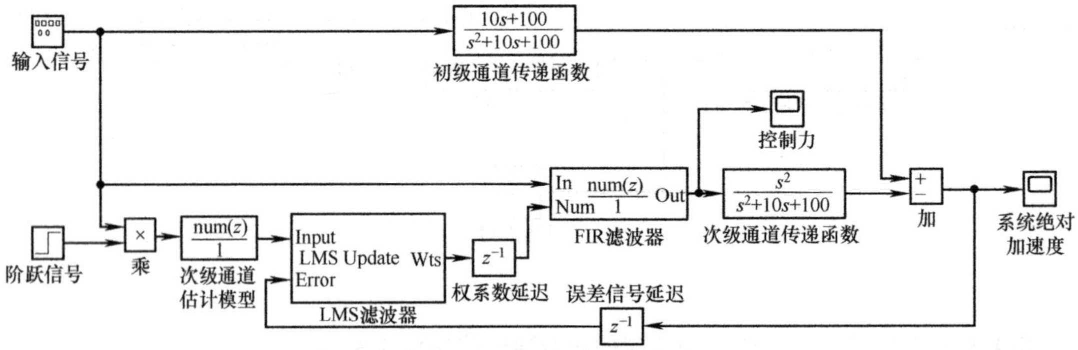

图 6-19　控制仿真模型

控制仿真结果如图 6-20 所示。在开启控制后，系统绝对加速度随着控制力的增大而逐渐降低，最终收敛于零。

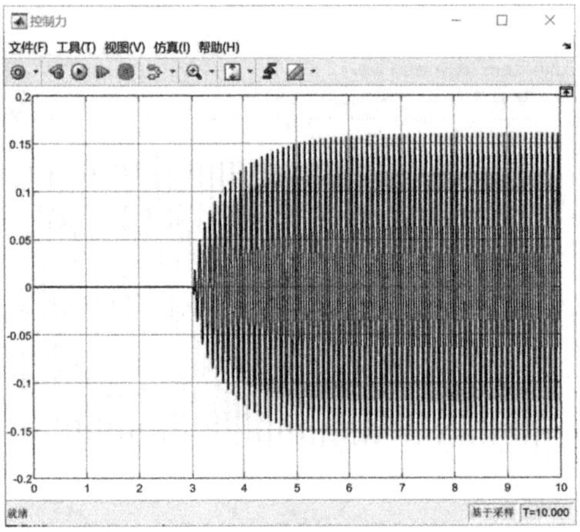

a) 控制力

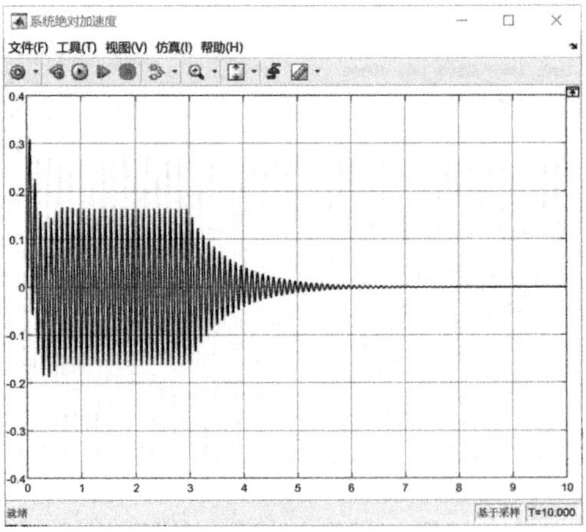

b) 系统绝对加速度

图 6-20　控制仿真结果

6.6 本章习题

习题 6.1　如图 6-21 所示，在航天器在轨工作过程中，其上精密仪器安装在刚性隔振箱内，质量为 20kg，弹簧刚度 $k=30000\text{N/m}$。如果航天器产生的竖向简谐运动为 $y=0.02\sin(10t)$（y 的单位为 m），求该仪器的最大位移、最大速度和最大加速度。

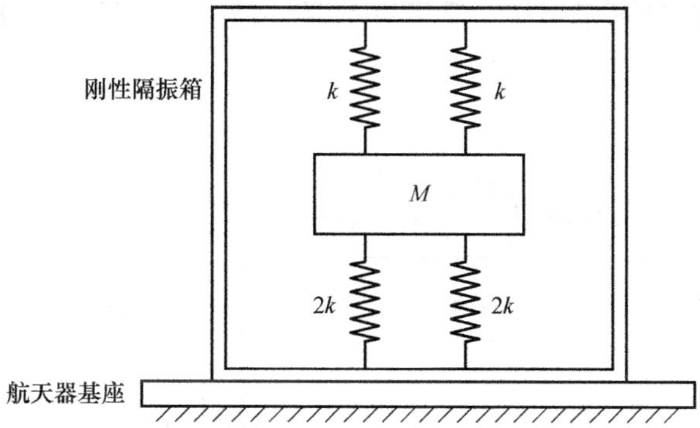

图 6-21　习题 6.1 图

解：根据拉格朗日方程容易推导得到系统的运动微分方程为

$$m\ddot{x}+6kx=6ky$$

设初值为零，做拉普拉斯变换得

$$ms^2X(s)+6kX(s)=6kY(s)$$

因此，求得振动传递率为

$$T=\frac{|X(s)|}{|Y(s)|}=\left|\frac{6k}{ms^2+6k}\right|=\left|\frac{6k}{6k-m\omega^2}\right|$$

将 $m=20\text{kg}$，$k=50000\text{N/m}$ 代入上式，得

$$\frac{|X(s)|}{|Y(s)|}=\left|\frac{6\times30000}{6\times30000-20\times\omega^2}\right|=\left|\frac{180000}{180000-20\omega^2}\right|$$

因此，仪器的位移幅值为

$$|X(s)|=\left|\frac{180000}{180000-20\omega^2}\right|\cdot|Y(s)|$$

仪器的速度幅值为

$$|sX(s)|=\left|\frac{180000\omega}{180000-20\omega^2}\right|\cdot|Y(s)|$$

仪器的加速度幅值为

$$|s^2X(s)|=\left|\frac{180000\omega^2}{180000-20\omega^2}\right|\cdot|Y(s)|$$

当 $y=0.02\sin(10t)$ 时，$|Y(s)|=0.02$，$\omega=10$，因此可得仪器的最大位移为

$$|X(s)|=\left|\frac{180000}{180000-20\times10^2}\right|\cdot|0.02|\text{m}=0.0202\text{m}$$

仪器的最大速度为

$$|sX(s)|=\left|\frac{180000\times 10}{180000-20\times 10^2}\right|\cdot|0.02|\text{m/s}=0.2022\text{m/s}$$

仪器的最大加速度为

$$|s^2X(s)|=\left|\frac{180000\times 10^2}{180000-20\times 10^2}\right|\cdot|0.02|\text{m/s}^2=2.0225\text{m/s}^2$$

习题 6.2　如图 6-22 所示系统，质量块 M 受一简谐力作用，求使质量块 M 的稳态位移为零的条件。

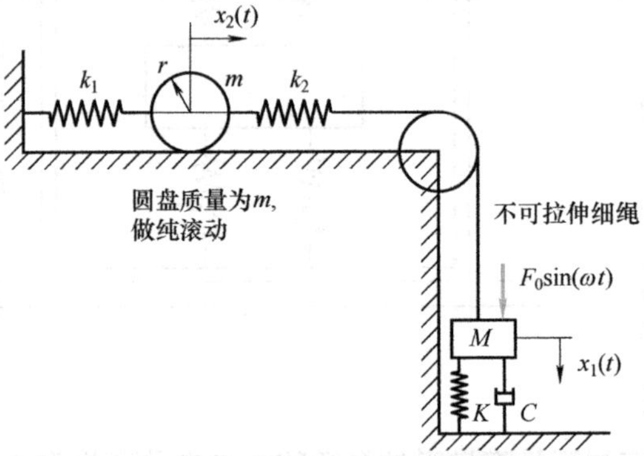

图 6-22　习题 6.2 图

解：

1）首先根据拉格朗日方程推导系统的运动微分方程，广义坐标 x_1 为质量块 M 的绝对位移，广义坐标 x_2 为圆盘 m 质心的绝对位移。

质量块 M 的动能为

$$T_1=\frac{1}{2}M\dot{x}_1^2$$

圆盘 m 做纯滚动，其质心的绝对速度为 $\dot{x}_2$，因此其转动角速度为

$$\dot{\theta}=\frac{\dot{x}_2}{r}$$

圆盘 m 的动能为质心平动动能与绕质心转动动能之和，则

$$T_2=\frac{1}{2}m\dot{x}_2^2+\frac{1}{2}\cdot\frac{1}{2}mr^2\cdot\dot{\theta}^2=\frac{3}{4}m\dot{x}_2^2$$

可得系统总动能为

$$T=T_1+T_2=\frac{1}{2}M\dot{x}_1^2+\frac{3}{4}m\dot{x}_2^2$$

系统总势能为

$$V=\frac{1}{2}k_1x_2^2+\frac{1}{2}k_2\ (x_1-x_2)^2+\frac{1}{2}Kx_1^2$$

因此，系统的拉格朗日函数为

$$L=T-V=\frac{1}{2}M\dot{x}_1^2+\frac{3}{4}m\dot{x}_2^2-\left[\frac{1}{2}k_1x_2^2+\frac{1}{2}k_2\ (x_1-x_2)^2+\frac{1}{2}Kx_1^2\right]$$

系统总耗散功为

$$D=\frac{1}{2}C\dot{x}_1^2$$

假设系统产生位移 x_1，x_2，外力所做功为

$$W=F_0\sin(\omega t)x_1$$

因此广义力为

$$Q_1=\frac{\partial W}{\partial x_1}=F_0\sin(\omega t),\ Q_2=\frac{\partial W}{\partial x_2}=0$$

分别计算$\frac{\partial L}{\partial \dot{x}_i},\frac{\mathrm{d}}{\mathrm{d}t}\left(\frac{\partial L}{\partial \dot{x}_i}\right),\frac{\partial L}{\partial x_i},\frac{\partial D}{\partial \dot{x}_i}(i=1,2)$，代入拉格朗日方程，即

$$\frac{\mathrm{d}}{\mathrm{d}t}\left(\frac{\partial L}{\partial \dot{x}_i}\right)-\frac{\partial L}{\partial x_i}+\frac{\partial D}{\partial \dot{x}_i}=Q_i$$

得到系统运动微分方程为

$$M\ddot{x}_1+C\dot{x}_1+(K+k_2)x_1-k_2x_2=F_0\sin(\omega t)$$

$$\frac{3}{2}m\ddot{x}_2-k_2x_1+(k_1+k_2)x_2=0$$

2）设初值均为零，对运动微分方程做拉普拉斯变换，有

$$Ms^2X_1(s)+CsX_1(s)+(K+k_2)X_1(s)-k_2X_2(s)=F(s)$$

$$\frac{3}{2}ms^2X_2(s)-k_2X_1(s)+(k_1+k_2)X_2(s)=0$$

可解出

$$X_1(s)=\frac{3ms^2+2k_1+2k_2}{(Ms^2+Cs+K+k_2)(3ms^2+2k_1+2k_2)-2k_2^2}F(s)$$

因此，质量块 M 的稳态位移幅值为

$$A_1=|X_1(s)|=\left|\frac{3ms^2+2k_1+2k_2}{(Ms^2+Cs+K+k_2)(3ms^2+2k_1+2k_2)-2k_2^2}\right||F(s)|$$

质量块 M 的稳态位移为零，即

$$|3ms^2+2k_1+2k_2|=0$$

令 $s=\mathrm{j}\omega$，得

$$2k_1+2k_2-3m\omega^2=0$$

所以需满足

$$k_1+k_2=\frac{3m\omega^2}{2}$$

其中，ω 为激励力圆频率。

实际上，在这个系统中，圆盘与弹簧 k_1，k_2 构成了一个无阻尼动力吸振器，当 $k_1+k_2=3m\omega^2/2$ 时，质量块主系统受频率为 ω 的简谐力作用的受迫振动就被完全抑制。

习题 6.3　如图 6-23 所示，某悬臂梁受固定端一个电磁作动器（20Hz 的简谐基础加速度 $\ddot{z}$）作用，在其自由端装有加速度传感器，电磁作动器置于梁的中点。采用 Fx-LMS 算法，通过辨识实验得到次级通道传递关系 H 与初级通道传递关系 C。利用辨识结果进行主动振动控制仿真。

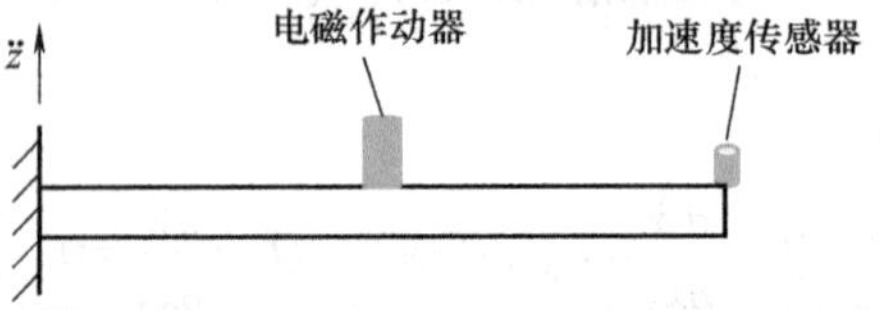

图 6-23　习题 6.3 图

解：离线辨识实验采用图 6-24 所示的 Simulink 辨识程序。输入信号为 20Hz 正弦信号，分别产生相应的基础加速度或作动力，采集加速度传感器信号进行辨识。辨识结果为两个 256 阶滤波器 $\boldsymbol{H}=[h_0,h_1,\cdots,h_{255}]$，$\boldsymbol{C}=[c_0,c_1,\cdots,c_{255}]$。

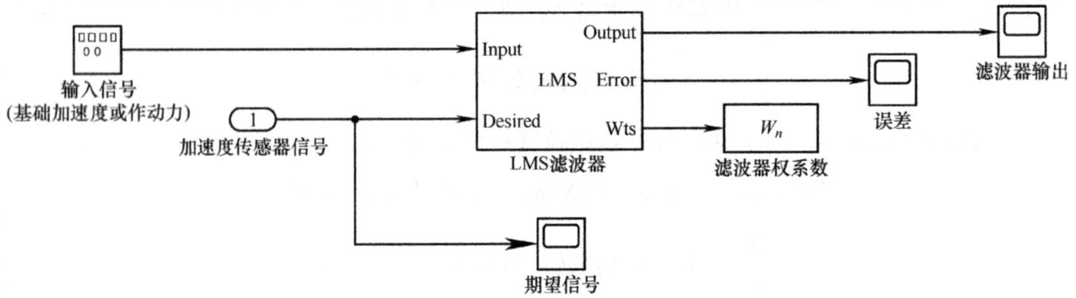

图 6-24　Simulink 辨识程序

搭建如图 6-25 所示控制仿真模型。控制仿真结果如图 6-26 所示。在开启控制后，系统绝对加速度随着控制力的增大而逐渐降低，最终收敛于零。

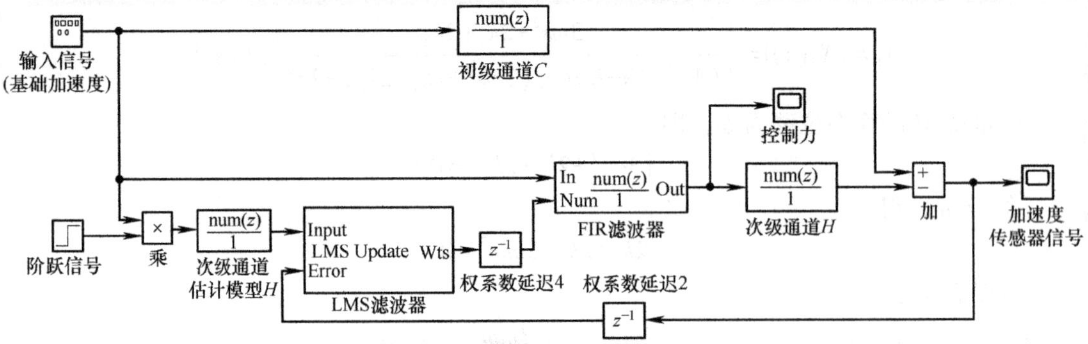

图 6-25　控制仿真模型

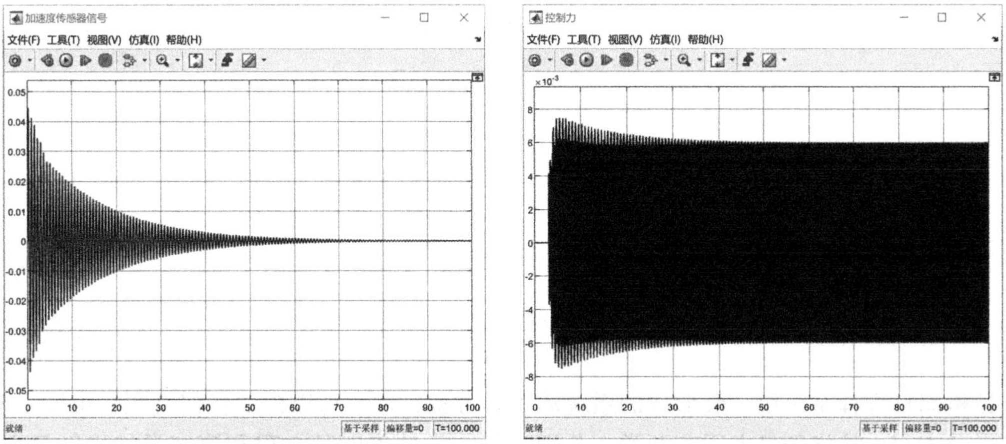

a) 加速度传感器信号　　b) 控制力

图 6-26　控制仿真结果

附录 拉格朗日方程的推导

拉格朗日方程是一组一般形式的系统动力学方程，用它可以建立任何有限自由度系统的运动微分方程。拉格朗日方程有两类，分别为第一类拉格朗日方程和第二类拉格朗日方程。通常说的拉格朗日方程是指第二类拉格朗日方程，它是用广义坐标表示的一组系统动力学方程，只能用于完整系统；而第一类拉格朗日方程是用不独立坐标表示的一组系统动力学方程，它与约束方程一起构成封闭方程组，适用于所有系统。拉格朗日方程结构形式规范优美，使用过程直接简便，因此它是建立有限自由度系统动力学方程的最常用和最有效的方法之一。本书所有振动微分方程均基于拉格朗日方程推导。

1. 拉格朗日方程

设一个完整理想系统由 N 个质点组成，其自由度为 n，对应的广义坐标用 $q_1,q_2,\cdots,q_n$ 表示。基于理论力学中的达朗贝尔原理，用广义力表示的完整系统动力学普遍方程为

$$F_{Qi}+F_{Gi}=0 \quad (i=1,2,\cdots,n) \tag{F-1}$$

式中，F_{Qi}为主动力系的广义力；F_{Gi}为惯性力系的广义力。

对于任一质点，其矢径为

$$\boldsymbol{r}_k=\boldsymbol{r}_k(q_1,q_2,\cdots,q_n,t) \quad (k=1,2,\cdots,N) \tag{F-2}$$

因此，速度矢量为

$$\dot{\boldsymbol{r}}_k=\frac{\mathrm{d}\boldsymbol{r}_k}{\mathrm{d}t}=\sum_{j=1}^{n}\frac{\partial \boldsymbol{r}_k}{\partial q_j}\dot{q}_j+\frac{\partial \boldsymbol{r}_k}{\partial t} \quad (k=1,2,\cdots,N) \tag{F-3}$$

将上式对广义坐标 q_i 求偏导数可得

$$\frac{\partial \dot{\boldsymbol{r}}_k}{\partial q_i}=\sum_{j=1}^{n}\frac{\partial^2 \boldsymbol{r}_k}{\partial q_i \partial q_j}\dot{q}_j+\frac{\partial^2 \boldsymbol{r}_k}{\partial q_i \partial t} \tag{F-4}$$

将$\frac{\partial \boldsymbol{r}_k}{\partial q_i}$直接对 t 求全导数可得

$$\frac{\mathrm{d}}{\mathrm{d}t}\left(\frac{\partial \boldsymbol{r}_k}{\partial q_i}\right)=\sum_{j=1}^{n}\frac{\partial^2 \boldsymbol{r}_k}{\partial q_i \partial q_j}\dot{q}_j+\frac{\partial^2 \boldsymbol{r}_k}{\partial q_i \partial t} \tag{F-5}$$

比较式(F-4)与式(F-5)可得

$$\frac{\mathrm{d}}{\mathrm{d}t}\left(\frac{\partial \boldsymbol{r}_k}{\partial q_i}\right)=\frac{\partial \dot{\boldsymbol{r}}_k}{\partial q_i} \quad (i=1,2,\cdots,n) \tag{F-6}$$

对式(F-3)关于 $\dot{q}_i$ 求偏导数，得

$$\frac{\partial \dot{\boldsymbol{r}}_k}{\partial \dot{q}_i}=\frac{\partial \boldsymbol{r}_k}{\partial q_i} \quad (i=1,2,\cdots,n) \tag{F-7}$$

式(F-6)、式(F-7)便是两个拉格朗日经典关系式。

对式(F-1)表示的广义惯性力做以下推导：

$$\begin{aligned} F_{Gi} &= \sum_{k=1}^{N}(-m_k\boldsymbol{a}_k)\frac{\partial \boldsymbol{r}_k}{\partial q_i}=-\sum_{k=1}^{N} m_k \frac{\mathrm{d}\dot{\boldsymbol{r}}_k}{\mathrm{d}t}\frac{\partial \boldsymbol{r}_k}{\partial q_i} \\ &=-\frac{\mathrm{d}}{\mathrm{d}t}\sum_{k=1}^{N} m_k\dot{\boldsymbol{r}}_k\frac{\partial \boldsymbol{r}_k}{\partial q_i}+\sum_{k=1}^{N} m_k\dot{\boldsymbol{r}}_k\frac{\mathrm{d}}{\mathrm{d}t}\frac{\partial \boldsymbol{r}_k}{\partial q_i} \end{aligned} \tag{F-8}$$

将式(F-6)、式(F-7)代入上式，得

$$\begin{aligned} F_{Gi} &=-\frac{\mathrm{d}}{\mathrm{d}t}\sum_{k=1}^{N} m_k\dot{\boldsymbol{r}}_k\frac{\partial \boldsymbol{r}_k}{\partial q_i}+\sum_{k=1}^{N} m_k\dot{\boldsymbol{r}}_k\frac{\mathrm{d}}{\mathrm{d}t}\frac{\partial \boldsymbol{r}_k}{\partial q_i} \\ &=-\frac{\mathrm{d}}{\mathrm{d}t}\sum_{k=1}^{N} m_k\dot{\boldsymbol{r}}_k\frac{\partial \dot{\boldsymbol{r}}_k}{\partial \dot{q}_i}+\sum_{k=1}^{N} m_k\dot{\boldsymbol{r}}_k\frac{\partial \dot{\boldsymbol{r}}_k}{\partial q_i} \\ &=-\frac{\mathrm{d}}{\mathrm{d}t}\sum_{k=1}^{N}\frac{1}{2}\frac{\partial(m_k\dot{\boldsymbol{r}}_k\cdot\dot{\boldsymbol{r}}_k)}{\partial \dot{q}_i}+\sum_{k=1}^{N}\frac{1}{2}\frac{\partial(m_k\dot{\boldsymbol{r}}_k\cdot\dot{\boldsymbol{r}}_k)}{\partial q_i} \\ &=-\frac{\mathrm{d}}{\mathrm{d}t}\frac{\partial}{\partial \dot{q}_i}\left(\frac{1}{2}\sum_{k=1}^{N} m_k\dot{\boldsymbol{r}}_k\cdot\dot{\boldsymbol{r}}_k\right)+\frac{\partial}{\partial q_i}\left(\frac{1}{2}\sum_{k=1}^{N} m_k\dot{\boldsymbol{r}}_k\cdot\dot{\boldsymbol{r}}_k\right) \\ &=-\frac{\mathrm{d}}{\mathrm{d}t}\frac{\partial T}{\partial \dot{q}_i}+\frac{\partial T}{\partial q_i} \end{aligned} \tag{F-9}$$

其中，$T=\frac{1}{2}\dot{\boldsymbol{r}}_k\sum_{k=1}^{N} m_k\dot{\boldsymbol{r}}_k$ 为系统的动能。将式(F-9)代入式(F-1)得

$$\frac{\mathrm{d}}{\mathrm{d}t}\frac{\partial T}{\partial \dot{q}_i}-\frac{\partial T}{\partial q_i}=F_{Qi} \quad (i=1,2,\cdots,n) \tag{F-10}$$

记 $Q_i=F_{Qi}$，则

$$\frac{\mathrm{d}}{\mathrm{d}t}\frac{\partial T}{\partial \dot{q}_i}-\frac{\partial T}{\partial q_i}=Q_i \quad (i=1,2,\cdots,n) \tag{F-11}$$

这组方程(F-11)就是适用于完整系统的第二类拉格朗日方程，也就是我们通常所说的拉格朗日方程。

2. 广义力的计算

应用拉格朗日方程推导系统的运动微分方程，广义力的计算必不可少。按照广义力定义，有

$$Q_i=\sum_{k=1}^{N}\boldsymbol{F}_k\cdot\frac{\partial \boldsymbol{r}_k}{\partial q_i} \tag{F-12}$$

其中，$\boldsymbol{F}_k$ 为作用在质点上的所有力。

下面计算有势力的广义力。设系统受有势力作用，各个质点上作用的有势力及其矢径分别为

$$\boldsymbol{F}_k=F_{kx}\boldsymbol{i}+F_{ky}\boldsymbol{j}+F_{kz}\boldsymbol{k},\boldsymbol{r}_k=x_k\boldsymbol{i}+y_k\boldsymbol{j}+z_k\boldsymbol{k} \quad (k=1,2,\cdots,N) \tag{F-13}$$

设系统的势能为 V，则

$$F_{kx}=-\frac{\partial V}{\partial x_k},\ F_{ky}=-\frac{\partial V}{\partial y_k},\ F_{kz}=-\frac{\partial V}{\partial z_k}\quad (k=1,2,\cdots,N) \tag{F-14}$$

假定有势力场是定常的，则

$$\frac{\partial \boldsymbol{r}_k}{\partial q_i}=\frac{\partial x_k}{\partial q_i}\boldsymbol{i}+\frac{\partial y_k}{\partial q_i}\boldsymbol{j}+\frac{\partial z_k}{\partial q_i}\boldsymbol{k}\quad (i=1,2,\cdots,n) \tag{F-15}$$

因此，有势力的广义力为

$$Q_{Vi}=\sum_{k=1}^{N}\boldsymbol{F}_k\cdot\frac{\partial \boldsymbol{r}_k}{\partial q_i}=-\sum_{k=1}^{N}\left(\frac{\partial V}{\partial x_k}\frac{\partial x_k}{\partial q_i}+\frac{\partial V}{\partial y_k}\frac{\partial y_k}{\partial q_i}+\frac{\partial V}{\partial z_k}\frac{\partial z_k}{\partial q_i}\right)\quad (i=1,2,\cdots,n) \tag{F-16}$$

因为势能 V 是位置的函数，有

$$\frac{\partial V}{\partial q_i}=\sum_{k=1}^{N}\left(\frac{\partial V}{\partial x_k}\frac{\partial x_k}{\partial q_i}+\frac{\partial V}{\partial y_k}\frac{\partial y_k}{\partial q_i}+\frac{\partial V}{\partial z_k}\frac{\partial z_k}{\partial q_i}\right)\quad (i=1,2,\cdots,n) \tag{F-17}$$

所以，有势力的广义力为

$$Q_{Vi}=-\frac{\partial V}{\partial q_i}\quad (i=1,2,\cdots,n) \tag{F-18}$$

对于有阻尼系统，质点还受黏滞阻尼的作用，即作用在质点上的线性阻尼力。由于这种阻力使机械能耗散，又称之为耗散力。在拉格朗日方程中加入广义耗散力，阻尼力可以表示为

$$\boldsymbol{F}_{Rk}=-c_k\dot{\boldsymbol{r}}_k \tag{F-19}$$

其中，c_k 为黏性阻尼系数；$\dot{\boldsymbol{r}}_k$ 为质点的速度。

与阻尼力 $\boldsymbol{F}_{Rk}$ 相应的广义力为

$$Q_{Ri}=\sum_{k=1}^{N}-c_k\dot{\boldsymbol{r}}_k\cdot\frac{\partial \boldsymbol{r}_k}{\partial q_i}=\sum_{k=1}^{N}-c_k\dot{\boldsymbol{r}}_k\cdot\frac{\partial \dot{\boldsymbol{r}}_k}{\partial \dot{q}_i}=-\frac{\partial}{\partial \dot{q}_i}\frac{1}{2}\sum_{k=1}^{N}(c_k\dot{\boldsymbol{r}}_k\cdot\dot{\boldsymbol{r}}_k) \tag{F-20}$$

令

$$D=\frac{1}{2}\sum_{k=1}^{N}c_k\dot{\boldsymbol{r}}_k\cdot\dot{\boldsymbol{r}}_k \tag{F-21}$$

则式(F-21)称为耗散函数。系统所受阻尼力的广义力可由耗散函数表示，即

$$Q_{Ri}=-\frac{\partial D}{\partial \dot{q}_i} \tag{F-22}$$

对于除有势力、阻尼力之外的其他作用力，根据式(F-12)，也可以这样计算广义力：

$$Q_i=\frac{\partial\left(\sum_{k=1}^{N}\boldsymbol{F}_k\cdot\boldsymbol{r}_k\right)}{\partial q_i}=\frac{\partial W}{\partial q_i} \tag{F-23}$$

式中，$W=\sum_{k=1}^{N}\boldsymbol{F}_k\cdot\boldsymbol{r}_k$ 为作用在质点上的所有力所做的总功。

假设系统产生位移 $q_1,q_2,\cdots,q_n$，计算系统受除有势力、阻尼力之外的所有外力所做的总功 W，则广义力为 $Q_{qi}=\partial W/\partial q_i(i=1,2,\cdots,n)$。也可用求虚功的方法。因为广义坐标 $q_1,q_2,\cdots,q_n$ 是彼此独立的，可以取一组特殊的虚位移，令 $\delta q_i\neq0$，$\delta q_j=0(i\neq j)$，这时虚功为

$$\delta W=\delta W_i=Q_i\delta q_i \tag{F-24}$$

可求得广义力为

$$Q_{qi}=\frac{\delta W}{\delta q_i} \tag{F-25}$$

对于任意系统，广义力可分为有势力的广义力 Q_{Vi}、阻尼力的广义力 Q_{Ri}以及其他作用力的广义力 Q_{qi}，由式(F-18)、式(F-21)得

$$Q_i=Q_{Vi}+Q_{Ri}+Q_{qi}=-\frac{\partial V}{\partial q_i}-\frac{\partial D}{\partial \dot{q}_i}+Q_{qi} \tag{F-26}$$

将式(F-26)代入式(F-11)得

$$\frac{\mathrm{d}}{\mathrm{d}t}\left(\frac{\partial T}{\partial \dot{q}_i}\right)-\frac{\partial T}{\partial q_i}+\frac{\partial V}{\partial q_i}+\frac{\partial D}{\partial \dot{q}_i}=Q_{qi}\quad (i=1,2,\cdots,n) \tag{F-27}$$

因为 V 不含广义速度，上式可写为

$$\frac{\mathrm{d}}{\mathrm{d}t}\left(\frac{\partial L}{\partial \dot{q}_i}\right)-\frac{\partial L}{\partial q_i}+\frac{\partial D}{\partial \dot{q}_i}=Q_{qi}\quad (i=1,2,\cdots,n) \tag{F-28}$$

其中，$L=T-V$ 称为拉格朗日函数。

式(F-28)即为含耗散函数的拉格朗日方程，也是本书推导振动系统运动微分方程的主要方法。

拉格朗日方程使用方法：

1）定义相互独立的广义坐标 q_i；

2）推导系统总动能、总势能与总耗散功，进而得到拉格朗日函数表达式；

3）计算$\frac{\partial L}{\partial \dot{q}_i}$，$\frac{\mathrm{d}}{\mathrm{d}t}\left(\frac{\partial L}{\partial \dot{q}_i}\right)$，$\frac{\partial L}{\partial q_i}$与$\frac{\partial D}{\partial \dot{q}_i}$；

4）计算除有势力、阻尼力之外的对应各个广义坐标的广义力 Q_{qi}；

5）将$\frac{\mathrm{d}}{\mathrm{d}t}\left(\frac{\partial L}{\partial \dot{q}_i}\right)$，$\frac{\partial L}{\partial q_i}$，$\frac{\partial D}{\partial \dot{q}_i}$与 Q_{qi}代入拉格朗日方程(F-28)，推导得到系统运动微分方程。

参考文献

[1] 华中科技大学理论力学教研室. 理论力学[M]. 2版. 武汉：华中科技大学出版社，2018.

[2] 闻邦椿，刘树英，张纯宇. 机械振动学[M]. 2版. 北京：冶金工业出版社，2011.

[3] 殷祥超. 振动理论与测试技术[M]. 徐州：中国矿业大学出版社，2007.

[4] 孙炜海. 机械振动数学力学基础[M]. 北京：北京理工大学出版社，2021.

[5] 顾海明，周勇军. 机械振动理论与应用[M]. 南京：东南大学出版社，2007.

[6] 拉奥. 机械振动：第5版[M]. 李欣业，杨理诚，译. 北京：清华大学出版社，2016.

[7] 胡海岩. 机械振动基础[M]. 哈尔滨：哈尔滨工业大学出版社，2004.

[8] 毛君. 机械振动学[M]. 北京：北京理工大学出版社，2016.

[9] 曹志远. 板壳振动理论[M]. 北京：中国铁道出版社，1989.

[10] 刘人怀. 板壳力学[M]. 北京：机械工业出版社，1990.

[11] 顾仲权，马扣根，陈卫东. 振动主动控制[M]. 北京：国防工业出版社，1997.

[12] 丁文静. 减振理论[M]. 北京：清华大学出版社，1988.

[13] 张阿舟，姚起杭. 振动控制工程[M]. 北京：航空工业出版社，1989.

[14] 吴成军. 工程振动与控制[M]. 西安：西安交通大学出版社，2008.